油气上游业务生态环境保护工程实践与成效

黄山红　朱圣珍　王占生　于　涛　谢水祥　等编著

石油工业出版社

内 容 提 要

本书系统总结了"十二五"以来国内油气田开发业务在生态环境保护方面的探索与实践，包括油气上游业务钻井固体废物利用处置工程示范与应用、井下作业清洁生产工程应用及效果、含油污泥利用处置示范工程及效果、污水处理与回用技术工程应用、废气治理与回收工程及效果等方面的内容。

本书可供从事油气田环境保护工作的管理人员和技术人员，以及高等院校相关专业师生阅读和参考。

图书在版编目（CIP）数据

油气上游业务生态环境保护工程实践与成效/黄山红等编著．—北京：石油工业出版社，2024.2
　　ISBN 978-7-5183-5844-1

　　Ⅰ．①油…　Ⅱ．①黄…　Ⅲ．①油气田开发-关系-生态环境保护-研究　Ⅳ．①X741

中国国家版本馆 CIP 数据核字（2024）第 014819 号

出版发行：石油工业出版社
　　　　　（北京安定门外安华里 2 区 1 号　100011）
　　　　　网　　址：www.petropub.com
　　　　　编辑部：（010）64523546　图书营销中心：（010）64523633
经　　销：全国新华书店
印　　刷：北京中石油彩色印刷有限责任公司

2024 年 2 月第 1 版　2024 年 2 月第 1 次印刷
787×1092 毫米　开本：1/16　印张：15
字数：350 千字

定价：120.00 元
（如出现印装质量问题，我社图书营销中心负责调换）

《油气上游业务生态环境保护工程实践与成效》
编 委 会

前　言

　　加大国内油气勘探开发力度是中国石油天然气集团有限公司(简称中国石油)上游业务肩负的保障国家能源安全的一项重任，生态文明建设是关乎中华民族永续发展的根本大计，实现油气勘探开发业务在"保护中开发、开发中保护"是生态文明建设的必然要求。中国石油作为能源领域中央企业，是推动我国能源行业高质量发展的主力军，在保障国家能源安全中发挥着顶梁柱作用。作为国内最大的油气生产供应企业和国际知名的跨国石油公司，中国石油全面贯彻落实习近平生态文明思想，坚持"绿色发展、奉献能源，为客户成长增动力、为人民幸福赋新能"的价值追求，充分发挥示范带头作用，忠诚履行责任使命，在新时代建设能源强国征程中谱写"我为祖国献石油"的新篇章。

　　中国石油油气勘探开发业务所属大庆、长庆、辽河、塔里木、西南等16家油气田企业，遍布全国23个省、自治区，分布领域广，气候特征、地域特点差异大；所属企业共有各类油气站场2万余座，各类生产井35万余口；每年钻井工作量近2万口，大型压裂15万井次，年钻井废弃物产生量达2000多万吨，压裂返排液产生量达3亿多立方米，属于典型的点多、线长、面广、不间断生产、连续作业的业务类型，且生产作业过程中存在高温高压、易燃易爆、有毒有害、井喷失控、油气泄漏等安全环保风险。随着油气田大规模、长时间的开发建设，其不可避免地对区域环境造成了一定影响，主要是对植被、土壤和水环境的影响。尤其在油田开发初期，受工艺技术、生产条件、装备水平以及政策局限性等因素限制，开发过程中没有很好地注重环境保护，对油田环境的破坏比较严重，使区域生态环境质量有所下降，也逐渐形成了油田环保隐患治理的历史欠账，环保问题复杂。在国家加强安全发展、绿色发展、高质量发展的大背景下，各类挑战前所未有。如何实施油气上游业务生态环境保护工程，有效管控 HSE 风险始终成为国内上游业务面临的最大难题。

近年来，中国石油积极践行油气绿色开发理念，始终坚持以习近平生态文明思想为指引，坚持走生态优先、绿色发展之路，将"绿水青山就是金山银山"的理念贯穿于勘探开发全过程，认真贯彻落实国家和地方相关环保法律法规、标准和规划计划要求，持续强化绿色发展理念，坚决打赢蓝天保卫战，着力打好碧水保卫战，扎实推进净土保卫战，加大污染防治与减排各项投入，持续实施了一系列环境隐患治理和生态保护工程，各油气田环境隐患得到有效治理，环境污染风险进一步降低，环保管理能力不断提升，环保形势保持总体稳定态势，并且形成了一系列的水、气、固"三废"污染防治的减排措施，为勘探板块各企业可持续发展和高质量发展奠定了良好基础。

在实施系列污染治理和生态保护工程的同时，中国石油上游业务在迎接挑战中全方位创新、多维度施策，不断自我加压、自主探索，经过艰辛努力，逐步形成了一条适合国内油气勘探开发业务的安全环保管控模式，走出了一条探索与实践的成功之路。持续开展油气生产单位绿色矿山建设，吉林、冀东等油田年度新增省级绿色矿山 20 个；组织 9 家油气田企业开展绿色企业试点创建，长庆油田、塔里木油田、西南油气田和南方石油勘探开发有限公司 4 家企业率先荣获中国石油绿色企业标杆。清洁生产技术得到广泛应用，钻井不落地及资源化利用技术、清洁作业技术逐步规模化应用；优化能源过程管控，开展损耗气现场调研与分析，大力开展放空气回收，启动挥发性有机化合物（VOCs）对标排查，编制完成总体治理方案；细化分解黄河流域、长江经济带等重点流域区域专项治理方案，认真落实北京冬奥会空气质量保障措施，推动国家生态保护红线差别化管控政策的调整与落地，有序开展禁止开发区域内油气设施合规整治。油气上游业务绿色低碳发展和清洁生产水平全面提升，能效系统优化和能源综合利用取得实效。

本书共六章，系统介绍了油气上游业务钻井固体废物利用处置工程示范与应用、井下作业清洁生产工程应用及效果、含油污泥利用处置示范工程及效果、污水处理与回用技术工程应用、废气治理与回收工程及效果等。其中，第一章由任雯、梁林佐、于涛、王占生、谢水祥等编写，第二章由谢水祥、许毓、云箭等编写，第三章由王占玲、石媛丽编写，第四章由李春晓、李颖、王庆吉、许毓等编写，第五章由云箭、袁野、冯兆国编写，第六章由杨琴、石媛丽等编写。全书由朱圣珍、黄山红、王占生等负责审稿。

本书梳理了油气田上游业务绿色开发、生态环境保护等安全环保工作思考、艰辛探索、有益实践与成功做法，系统总结了国内勘探与生产上游业务"十二五"以来在生态环境保护方面的探索与实践，以期为国内油气田企业主动适应新发展、新形势和新要求，全面提升 HSE 管理绩效，提供有效借鉴，也为社会各界了解国内油气勘探开发上游业务在安全环保工作中所付出的努力和取得的成效提供参考素材。

由于编者水平有限，书中难免存在不足之处，敬请各位读者批评指正。

目 录

第一章 绪 论

国民经济快速发展的同时，国内油气资源的利用率及开发程度也在不断提高，2022 年我国石油进口比例为 71%，是世界最大的石油进口国之一。尽管近年来我国大力发展新能源产业，但短时间内，我国依然难以改变对外依存度高的现状。因此，大力开发油气勘探开发新技术、探索新型高效原油采收新技术是当前油气开发领域的重中之重[1]。

油气开发过程中往往伴随着大量钻井固体废物的产生，我国油气开发区域较为分散，从油、气井至各中间处理站间污染源众多、分散化严重，呈现出"无规律、高风险、难处理"特点，对大气、水源、土壤、植被等生态环境造成了较大隐患。党的十八大以来，国家出台了众多针对水源、土壤、大气等相关法律法规，表明了我国对生态文明建设的重视力度不断加大，通过加强文化宣传、国家提供法律支撑的形式，在固体废物防治、废水污染治理、废气降低排放方面取得了较为可观的成效，相关监测及检测能力大幅提升。形成了采油污水和炼化污水达标处理与回用、含油固体废物资源化处理、VOCs 管控和场地调查与修复等系列成套技术，大力开发并成功实践钻井固体废物不落地碎钻处理技术、油基页岩钻屑资源化处理技术、蒸汽喷射干化处理含油污泥技术及高效纳米催化 VOCs 治理技术，为推进中国石油绿色低碳发展提供了动力支撑和有力保障。

第一节 钻井固体废物利用处置

随着我国社会经济的飞速发展和工业规模的快速扩张，对石油、天然气等化石能源的需求也日益增加。2020 年，我国油气勘探和开采投资分别达 710 亿元和 2250 亿元，共完成探井 2956 口和开发井 17297 口。而油气开采过程也会伴随着大量废弃钻井液与钻井岩屑(以下简称钻屑)的产生，废弃钻井液与钻屑统称为钻井固体废物[2]。

废弃钻井液性质稳定，包含烃类、盐类与各类聚合物、重晶石中的杂质和沥青等改性物，具有成分复杂、化学需氧量(COD)高、矿化度高、色度深、含有多种污染因子、污染负荷大等特点。

钻屑的污染特性与钻井液组成以及地层情况联系紧密。钻屑主要包括清水基钻屑、水基钻屑、油基钻屑。清水基钻屑对环境不具有危害性；水基钻屑主要包含钻井液中的添加剂(包括润滑剂、氯化钾、纯碱、聚合醇等物质)，还包含地层中的石油类和重金属等物质，含油率为 2%~5%。页岩气的开采主要集中在南方地区，南方地区多为复杂构造地区，地域条件复杂，造成了页岩气资源开采艰难，因此，在钻井过程中添加油基钻井液，油基钻井液减少了井壁坍塌剥落、频繁憋泵、卡钻等问题。油基钻屑由 70%~85% 的灰分、15%~27% 的有机物和 1%~15% 的水分组成，有机物来源于调制钻井液的基础油和各类有机添加剂，主要成分为烷烃、多环芳烃、苯系物和烯烃，有机物中油类的比例最大，油基钻屑具有废弃物和资源的双重属性。

目前，油田水基钻井废弃物处理方式主要有回收再利用技术、钻井液池就地固化（或无害化）、生物处理技术、固液分离法、化学法等，其技术发展总体趋于将多种单一技术有机协同组合。工艺上首先考虑对其进行破胶脱稳，使大分子污染物断键成为小分子易处理的污染物，同时对悬浊液状的固体废物加水进行均质化，尽量使固体中的污染物溶入液相，针对液相使用成熟的水处理工艺，达到对钻井固体废物多元协同处置的目的。我国生态环境部于 2021 年 12 月发布公告，将水基钻屑列入《危险废物排除管理清单（2021 年版）》。目前，水基钻屑按照一般工业固体废物进行管理。国内水基钻屑的常见处置方式为坑内填埋及固化，资源化途径为建材资源化，如制砖、制混凝土、作道路基底层等[3]。

与水基钻井液相比，油基钻井液具有很强的特殊性和差异性，其连续相以柴油、白油等为主，添加一定量的润湿剂、乳化剂、凝聚剂、缓蚀剂、亲油胶体等钻井液处理剂。因此油基钻屑的含油量较高，一般为 6.5%~23.6%，甚至更高。此外，虽然油基钻屑中的非极性油类对重金属的浸出具有缓释效应，但其重金属污染环境的风险依然存在。油基钻屑利用处置的关键在于油类的控制，利用处置技术可分为两类：（1）隔绝油基钻屑与环境接触，即隔油技术，如坑内密封技术、回注技术等；（2）去除油基钻屑的油分，即除油技术，如生物处理技术、热处理技术、超临界 CO_2 萃取技术和化学清洗技术等。此外，去除油分后的油基钻屑残渣也可用于制备建筑材料，如制备烧结砖、水泥、陶粒等。

经过持续多年探索与应用，国内目前已经形成了集钻井固体废物综合处理技术、水基钻井废弃物综合处理技术、油基钻井废弃物回用处理技术和含油钻屑电磁加热脱附等多种综合性处理技术，对国内油气钻井固体废物处理提供了有利支撑，助力了国内油气资源高效、绿色开发。

第二节 井下作业清洁生产

石油井下作业包括试油、试气、测试、压裂等工艺作业，种类繁多、过程复杂，主要作业内容如下[4]。

（1）试油（气）作业。试油（气）是指通过专业的方法测量油气层产能等数据，主要有通井、装井口、射孔等一系列工序。

（2）酸化作业。酸化作业是采用酸性溶液酸化油（气）层堵塞，从而使油（气）层孔疏通，恢复近井地带的渗透性能，使油气井产量提高。

（3）压裂作业。压裂作业是把高黏度液体注入井中，使地层中出现裂缝，然后将压裂液注入裂缝中，这时裂缝不断扩张，并充满了支撑剂，这样一条填砂裂缝即形成，它长度足够长，宽度足够宽，高度足够高。施工要经过摆车、循环、试压等一系列工序才能完成。

（4）防砂、堵水作业。防砂、堵水作业是采用特殊装置进行防砂运动和堵水操作，根据作用原理不同，防砂分为机械防砂、堵水和化学防砂、堵水。防砂和堵水两项工艺可用来提高油（气）井采收率。

（5）油（水）井小修作业。油（水）井小修作业是通过冲砂、换封等处理操作使油（水）井正常运作的一项工作，用来清理采油（气）或者注水时，底层表面出现的一些杂质。

（6）油（水）井大修作业。当油（水）井出现大的故障时（如管柱出现卡死的情况或者井下有东西落入），这时油（水）井不能正常运作和生产，此时油（水）提取率降低，甚至井不出水或油，此时需进行大修操作。大修操作通常有换套管、井下事故处理等。

井下作业是保证油（气）井正常生产、高效开发的重要举措，由于以上井下作业工艺不可避免产生大量返排液与含油污泥，对环境产生巨大的潜在威胁，生产前后时期不同，油田井下存在的潜在污染因素也有所不同。

油田井下作业的潜在污染可分为腐蚀因素、凝固因素、生产因素、土壤应力因素和钻孔因素五个方面。由于油田井所处的地质环境复杂多样，油田井下油管柱容易受到电化学腐蚀、化学腐蚀、生化腐蚀等风险的影响，因此应对油管柱进行防腐保护，以减少井下作业和人工成本，并显著减少腐蚀管道造成的环境污染。凝固因素是与水泥、井斜和井身不规则性有关的问题，这些问题大大缩短了油井寿命。生产因素是管柱支撑力不足或高压注入造成的环境污染，导致破裂区或井下裂缝的出现，从而直接损坏井下管道。钻探工作受限制程度的差异直接关系地面的安全，使原油沉淀池等出现注水置换的现象。沙尘暴等特殊危害严重影响地面环境的安全，进而影响井下设备和管道的安全，管道破裂可能会直接污染井眼。钻孔因素是井底的地质复合体含有大量页岩和钻井液。如果钻孔不正确，岩层可能会破裂。注水后，钻井液被浸泡，应力就随之改变，进而造成井下事故发生。

在油田井作业实施过程中，主要存在控制泵因素、现场测试因素和测量因素三个污染因素。水泵检查点的建设往往集中在输油管道井的建设上，而忽略了一些剩余油和原油。过时的设备如果继续使用可能会出现原油泄漏到油田周围土地的情况，严重污染土壤环境。在油田建设之前，必须进行实验性洗井，以避免废水污染原油。测量时井口钢丝绳在井底作业时来回摩擦，损坏了胶水，降低了密封能力，这些过程会产生残余液体形成污染物，严重污染土壤和水井。

针对油（气）井生产存在的污染问题，国内外已形成高度集成的工作环境保护自动化工艺技术，主要分为两类：（1）高度集成多模块自动化工艺技术包括作业平台系统、自动吊卡系统、自动上卸系统、油管扶正推拉系统、油管举升系统、环境保护地面管道控制等多系统应用程序。地面可以一个人操作，自动化程度高，成本高（一套系统几千万元），作业场地要求高，搬运和组装费用高，国内油田应用较少；（2）多模块半自动化工艺技术包括工作平台系统、管桥滑动系统等不同多模块的集成配套元件应用形式。施工时，钻头、水井、地面各一个人可以实现管柱顺利起下，工人的劳动强度低，工作安全性高[5]。

随着新《中华人民共和国环境保护法》（以下简称《环保法》）和《中华人民共和国安全生产法》的落地实施，国家和地方政府对安全环保工作的重视程度和监管力度前所未有，传统的井下作业模式面临两大突出挑战：一是作业溢流大，有效控制难，环保压力大。现有清洁化作业技术无法满足所有工况施工要求，环保形势十分严峻，亟须进一步发展完善。二是自动化程度低，劳动强度大，安全风险高。传统作业施工主要依靠人工摘挂吊卡、上卸扣、摆放杆管，体力劳动繁重，作业员工常年处于冬天一身冰、夏天一身泥、常年一身油的恶劣工作环境中，稍有疏忽大意，极易发生机械伤人、高空坠落等人身事故。井下作业对自动化技术的需求十分迫切。为了解决井下作业过程中井液出井污染环境的问题，减轻劳动强度，降低安全风险，各油田应着力发展清洁化、自动化作业技术，实现修井作业安全、绿色、高效施工。

第三节　含油污泥利用处置

我国含油污泥的产量每年约 300×10^4 t，是石油石化企业在开采、运输、炼化及其他生产运营过程中产生的一种危险废物。在石化工业的每个生产环节均会产生含油污泥，其中落地污泥、浓缩沉淀池污泥、储罐清洗过程中产生的储罐底部污泥和化学精炼过程中产生的含油污泥的产量占比较大[6]。

含油污泥是主要由三相[水相（30%~50%）、油相（5%~86%）和固相（10%~20%）]组成的稳定悬浮乳状液。水相中含有大量的盐类、重金属离子及其他氧化物的混合物。油相主要由碳氢化合物组成，包括脂肪族、芳香族、氮硫氧化合物和沥青质。其中，脂肪族和芳香族常见的化合物有烷烃、环烷烃、苯、甲苯、二甲苯、酚和各种多环芳烃；氮硫氧化合物主要有环烷酸、硫醇、噻吩和吡啶等极性化合物；沥青质则主要由戊烷不溶物和胶质化合物组成。固相主要包含盐、方解石、高岭石、石英等。含油污泥脱水效果很差，污泥成分和物理性质受污水水质、处理工艺和药剂种类等多种因素影响，其成分和物理性质差异性大，致使含油污泥处理难度大。在处理过程中部分产物具有回收再利用价值，且含油污泥含有重金属等有害物质，对环境还具有放射性污染[7]。

依据处理方式不同，含油污泥处理方法可分为含油污泥机械分离法、含油污泥调质—脱水法、含油污泥焚烧法、含油污泥强化化学热洗法、含油污泥热解法、含油污泥超热蒸汽闪蒸处理法、萃取法和微生物无害化处理法等，依据相关环保要求，部分油气田已筛选、工业化应用了含油污泥调质—脱水法、含油污泥强化化学热洗法等多种含油污泥无害化与资源化的技术方法。含油污泥处理方法的技术选择应取决于污泥特性、处理能力、成本和处置规定要求及时间限制。处理技术的选择涉及多种标准，单一标准很难评价其整体性能可用性。每种含油污泥处理方法都有其优点和限制。在今后的研究中，综合不同的处理方法，可获得更有效的处理效果[8]。

第四节　污水处理与回用

在油田开采过程中，水作为稳定地层压力和提高采收率的重要介质，已成为驱油剂的主要介质，并随着油气田开发工作的不断推进，我国大部分油田的油田采出液含水率已达到 90% 以上，步入高含水开发后期，这导致油田污水量不断增加，特别是近年来包括聚合物驱和三元复合驱的化学驱技术在油田的大规模应用，直接导致大量高乳化、高黏度、高含油污水的产生，进一步加深了含油污水（oil production sewage，OPS）的处理难度。OPS是一个多相复杂的混合系统，通常由固体杂质、溶解气体、无机盐、多环芳烃、微生物等组成，具有聚合物含量高（通常浓度为 200 ~ 500mg/L）、油滴直径小（平均直径为 3 ~ 5μm）、乳化稳定效果强、黏度高、可生化性差、细菌和悬浮物含量高等特性[9]。

含水原油往往都是油气和水的混合体，为获得合格的油气产品，需要对含水原油进行油气和水的分离，而分离过程都伴随着水的产生，其中含有原油和其他杂质，称为油田采出水。除油田采出水外，油田含油污水还包括钻井污水、洗井污水和采气污水等。我国油田分布广泛，各油田产生的含油污水具有不同的特征。与其他油田相比，中原油田含油污水总矿化度最高，可达 80g/L，辽河油田相对较小，仅为 2g/L；胜利油田、大庆油田、吉林油田和吐哈油田污水含油量均在 400mg/L 以上，其中吐哈油田的含油量最高为 867mg/L；各油田含油污水中均检出硫化物、巯基乙酸异辛酯和硫酸盐还原菌。综上所述，我国主要油田含油污水具有矿化度高、含多种有机化合物和含油量高等特点。

当前技术条件下，油田污水处理方法可分为三种，即物理法、化学法与生物法。物理法涵盖重力分离法、离心分离法、粗粒化、过滤与蒸发等，物理法可有效处理油田污水中的各类矿物质、固体悬浮物以及其他油脂成分。化学法包含混凝沉淀法、化学转化法与化学中和法，化学法主要应对油田污水中的胶质及其他溶解性物质，如含油污水中常见的乳化油成分。生物法相对复杂，如厌氧生物法、好氧生物法、好氧—厌氧生物法等，生物法以微生物为主要处理载体，借助微生物新陈代谢过程，可有效处理油田污水中的各类有机物与有毒物质，这些有机物与有毒物质转化为更为简单且无毒的无机物，最终实现油田污水无害化处理。与此同时，生物法同样包含厌氧/好氧法（A/O 法）、接触氧化法、上流式厌氧污泥床、序批式活性污泥法、曝气生物滤池等，油田企业通常会将这些方法组合使用，污水处理效果相对理想，但生物法的实际处理效率相对较低。

现如今，我国油田水处理技术仍处于起步阶段，很多油田企业对于无害化处理技术了解不深，新型油田水处理技术应用不够广泛，油田水污染问题仍然严重。油田水处理技术应用难点体现在多个层面：其一，油田企业环保意识不足，其管理人员缺少必要的环保责任感。其二，油田水处理技术本身存在很大的应用限制，油田企业需投入大量人力、物力与财力，这就导致油田企业在油田水处理工作方面积极性不强，技术升级与创新困难重重。其三，我国油田水处理技术起步较晚，行业整体发展水平不高，加之监管力量不足，油田水处理体系不够完善。其四，我国油田水处理水质要求及制度规范方面不够系统，各地对油田污水处理的最终指标不够统一。近些年，油田开采对环境带来的负面影响已广受关注，我国环保执法力度也在快速增强，相关企业在对油田水处理技术的应用也提上日程。为深入贯彻生态文明发展思维，石油开采工作已进入全新阶段，石油开发与生态环境保护工作得以协调发展。在此背景下，油田企业在油田污水处理技术探索与开发工作方面投入更多资源，现有的石油污水处理技术得到系统化整理，在污水成分、排放量等要素影响下，处理技术优化创新步伐明显加快[10]。

油田水处理技术应用期间，设备资源必不可少，且设备本身对油田水的处理效果影响巨大。因此，油田企业应对油田水处理技术工艺需求进行深度分析与研究，明确油田水处理设备的应用情况，加快实施水处理设备优化设计，结合最新工艺应用特性，引进并采购更先进的水处理设备。此外，油田水处理设备研发及生产企业也要与油田企业进行深度合作，了解当前水处理设备的具体使用方向与需求，注重功能开发。例如，微生物处理技术与膜渗透技术融合期间，水处理设备生产厂家应从二者融合的具体实施模式角度着手，做好技术开发，做好市场调研，投入足够的人力与物力，确保设备实际功能与油田水处理场景之间保持匹配，研发出符合市场要求的高效能设备。

近些年，油田企业在油田水处理药剂研发方面已投入大量精力，关于油田水处理技术的各类杂志与论文也公布了大量新型高效水处理药剂，这些新型药剂多为新型氧化剂与有机高分子化合物及无机高分子化合物进行调和，这些药剂可快速破坏油田水中的原油结构，大幅降低油田污水中采出水黏度，并可促使油珠凝聚在一起，实现油水快速分离。伴随着行业关注度的不断提高，油田水处理单位及科研人员也找到大量更为有效的絮凝剂，理论层面，这些高效絮凝剂可提高污水处理功效，但这些药剂的应用并没有真正改善污水处理现状，尤其是油田水引发的各类水污染问题。对此，相关科研机构与从业人员应做好更为深入的技术研发与创新，找到功能更突出的新型处理药剂，在提高絮凝功能的同时，也要具备杀菌、消毒、除垢等多重功效，如此方可在油田水处理应用场景中发挥其市场价值。

第五节　废气治理与回收

油气田挥发性有机物（VOCs）是指参与大气光化学反应的有机化合物，或根据有关规定确定的有机化合物。按其化学结构可分为烷烃类、芳烃类、酯类、醛类和其他等，目前已鉴定出300多种。最常见的有苯、甲苯、二甲苯、苯乙烯、三氯乙烯、三氯甲烷、三氯乙烷、甲苯二异氰酸酯（TDI）、二异氰酸甲苯酯等。废气中的大气污染物主要包括 SO_2、NO_x、H_2S、非甲烷总烃、烟尘、镍及化合物等[11]。

油气田开发 VOCs 主要来源于：开发建设期钻试作业、设备燃料燃烧及井喷事故等过程产生的废气无组织排放；生产运行期锅炉(加热炉)燃料燃烧、火炬燃烧、设备动(静)密封处泄漏、油气储存和装卸过程损失及废水收集、储存、处置过程逸散等废气无组织排放。

(1) 挥发损失。油品储罐(未稳定原油、凝析油等)与含 VOCs 物料的敞开式废液储存和处理设施在静止或工作过程中逸散出的气体。

(2) 水处理系统逸散。油气田废水处理系统逸散出的气体。

(3) 动静密封点泄漏。站场法兰、阀门、集输管线、设备设施等密封点泄漏。

(4) 装卸过程挥发损失。偏远井组拉油、卸油台及各类液体装卸过程中泄漏或逸散出的气体。

(5) 套管气排放。油田生产过程中未回收排放的伴生气。

(6) 火炬排放。油气田场站超压等紧急状态下通过火炬放空排放的气体。

(7) 检维修排放。油气井场、站场开停工及检维修过程中泄压和吹扫排放的气体。

(8) 事故排放。站内安全阀超压泄放或集输管道事故排放等。

(9) 燃烧废气。加热炉、锅炉、燃驱压缩机、脱水橇等燃料燃烧排放的烟气。

(10) 勘探开发排放。钻井、试油气等过程中的废钻井材料及设施、井口作业的放空气等。

石油石化行业废气排放量大，区域性大气环境问题日趋严重。国家对石油石化行业大气污染物排放的控制提出了更高要求，生态环境部对 SO_2、NO_x、H_2S、非甲烷总烃、镍及化合物等的排放制定了严格的标准限值。VOCs 作为 $PM_{2.5}$ 和 O_3 的重要前驱体，已成为导致国内严重雾霾天气产生的重要因素之一，威胁人体健康。此外，部分 VOCs 废气排放入大气后，还会对臭氧层造成破坏，加剧温室效应。生产中所产生的废气主要包括四种，分别为不凝气、非甲烷总烃、油泥密闭旋转蒸馏系统卸料扬尘和烟气，这些废气在处理中的最后一个存放地为含油污泥暂存地和装置区，经处理之后进行无组织排放。在处理和排放中需要参考的各项标准包括 GB 9078—1996《工业炉窑大气污染物排放标准》和 DB32/4041—2021《大气污染物综合排放标准》，废气验收检测中需要参考前者的二级标准限值，无组织排放工作则主要参考后者所规定限值[12]。

近年来，油田通过实施地面密闭集输、原油稳定以及泄漏检测与修复(LDAR)等工作，最大限度减少了废气排放，降低了油气损耗。但通过对输油单位和油气生产单位大型场站VOCs 抽样检测数据分析与论证，储罐与污水系统 VOCs 排放量较大，密封泄漏和其他排放量占比相对非常小。油气田企业应将储罐和污水系统作为重点治理对象，并加强管控。2016 年，河北省发布了 DB13/2322—2016《工业企业挥发性有机物排放控制标准》，制定了有机化学工业有机废气排放口废气排放标准，VOCs 排放量不得高于 $100mg/m^3$。对不能稳定达标排放的 VOCs 污染企业，一律要求停止排放污染物，停产整顿。

目前油田站场内的含油污水池大部分为敞口设置，不能做到防风、防雨、防晒，含油污水储存过程中有大量 VOCs 排放到周围环境中。根据相关法律、法规以及近两年地方政府制定的各项环保政策，对工厂废气的控制标准越来越严格，各油田对油田挥发气的治理力度也越来越大。特别是含油量较高的污水池，散发到大气中的VOCs很难及时扩散，在污水池周围弥漫，低洼死角处积聚，如遇到点火源很有可能发生着火爆炸，存在严重的安全隐患，污水池的密闭问题亟待解决。

污水池采用全接液式浮盖方式，不产生气相空间，不需要再进行油气回收；采用彩钢板、玻璃钢、钢筋混凝土和反吊膜方式进行密闭，会产生VOCs，需要进行处理。根据回收VOCs的处理方式，目前的VOCs回收处理装置主要有两种类型，一种是油田常用的挥发气回收装置，主要有螺杆压缩机式挥发气回收装置、活塞压缩机式挥发气回收装置、活塞气液泵式挥发气回收装置等类型；抽气装置将储罐等单元产生的VOCs通过抽气装置进行回收，回收后的VOCs供站场加热炉进行燃烧或直接外销。另一种是目前在储油库和炼化企业常用的油气处理装置，主要包括吸附型油气处理装置、冷凝式油气处理装置、催化氧化式油气处理装置以及两种以上的组合处理工艺装置。VOCs通过油气回收装置处理达标后外排。对于钢筋混凝土和反吊膜密闭方案，由于基本能够实现全密闭，在进行油气回收过程中不会有大量空气进入，在污水池密闭后，将初始的混合气体采用惰性气体置换，此后污水池挥发的气体基本不含有氧气，可以通过VOCs回收装置回收后供加热炉进行燃烧。

参 考 文 献

[1] 潘继平. 中国油气勘探开发新进展与前景展望[J]. 石油科技论坛，2023，42(1)：23-31，40.

[2] 石昌森，董明，崔磊，等. 国内钻井废弃物无害化处理技术现状[J]. 西部探矿工程，2023，35(2)：25-27.

[3] 弭如梦，刘文静，张嫣然，等. 钻井固废资源化利用现状[J]. 当代化工研究，2023(2)：111-113.

[4] 于济源. 油田清洁化作业的技术研究与应用[J]. 石油石化节能，2023，13(2)：56-60.

[5] 刘腾. 清洁生产措施在石油井下作业中的应用[J]. 中国石油和化工标准与质量，2022，42(18)：38-40.

[6] 王方炯，李强，吴玉曼，等. 含油污泥处理与资源化利用技术研究进展[J]. 化工科技，2024，32(1)：83-86.

[7] 徐颖彤，高宁，王云博，等. 含油污泥催化热解技术研究进展[J]. 现代化工，2023，43(11)：70-74.

[8] 冯宪明，周金喜，王邻睦，等. 含油污泥热化学清洗剂研究进展[J]. 辽宁石油化工大学学报，2023，43(5)：7-13.

[9] 苑丹丹，李璐，沈筱彦，等. 油田含油污水处理技术现状与研究进展[J]. 工业用水与废水，2023，54(3)：1-5.

[10] 周春于，汪燕秋，王俊. 油田采油废水处理技术的研究进展[J]. 现代化工，2020，40(02)：67-71，75.

[11] 田鸣邦，李慧. 油田化工废气中VOCs治理装置研究及应用[J]. 石油石化节能，2020，10(11)：22-24+4.

[12] 耿雅琴. 浅析油田固定污染源废气监测与综合评价[J]. 石化技术，2017，24(4)：284，133.

第二章　钻井固体废物利用处置工程示范与应用

钻井固体废物主要包括废弃钻井液和钻屑，废弃钻井液中的有机物及其分解产物、无机物和可能存在的具有放射性的岩屑及其自身黏附的钻井液处理剂，如不能达到环保要求进行处理和回收利用，会对环境产生一定程度的危害和影响。据估算，水基钻屑、水基钻井废弃物所占比例分别为 64.7% 和 35.0%，二者约占钻井固体废物总量的 99.7%，油基钻井废弃物(油基钻屑、油基钻井废弃物)约占钻井固体废物总量的 0.3%。

据统计，中国石油年钻井约 2 万口，产生废弃物 $(1200 \sim 1400) \times 10^4 m^3$。2015 年前，以固化填埋处理为主，部分井位密集区域采取集中固化处理方式，少数采用压滤机进行固液分离。2015 年，随着新《环保法》的实施，中国石油下发了《钻井废液与钻屑处理管理规定(暂行)》，对钻井废液与钻屑的处理处置提出了进一步的要求，强调必须严格遵守国家、地方相关法律法规要求和相关技术标准规定，实现废弃物的达标处理和回收再利用。

经过几年的技术攻关及现场应用，形成了钻井固体废物综合利用处理技术、聚磺钻井废液废弃物处理回用与资源化技术、水基钻井废弃物过程减量及资源化技术等水基钻井固体废物处理主体技术，开发了油基钻井废弃物 LRET 回用处理技术和含油钻屑电磁加热脱附处理技术，并在国内外多个油田进行了应用，取得了显著的工程示范应用效果，有力支撑了油气绿色开发[1-4]。

第一节　钻井固体废物产生及特性

钻井液废物是指油气勘探开发过程中钻井液使用过程中产生的废弃钻井液和钻屑，分为水基钻井废弃物和油基钻井废弃物，以聚磺钻井固体废物及油基钻屑对环境的影响最大，也是废弃物处理的重点和难点。中国石油每年油气勘探开发产生的水基钻井废弃物总量为 $(1100 \sim 1300) \times 10^4 m^3$，油基钻井固体废物总量为 $(30 \sim 50) \times 10^4 m^3$，钻井固体废物来源及特性和钻井固体废物图片分别如表 2-1-1 和图 2-1-1 所示。

表 2-1-1　钻井固体废物来源及特性

序号	种类	主要来源	物性特征
1	水基钻屑	常规勘探开发水基钻井液钻井	含水率为 5%~11.5%，主要污染物为有机物，钻遇油层含石油类，特殊井含重金属

续表

序号	种类	主要来源	物性特征
2	水基废弃钻井液	常规勘探开发水基钻井液钻井	pH 值为 8.5~12，含水率 65%~90%，组成复杂，污染物含量高，包括盐类、各种有机聚合物等，COD 含量高达 5000~168000mg/L，钻遇油层存在石油类污染
3	油基钻屑	深井超深井，页岩气、致密油气开发油基钻井液钻井	主要污染物为污油，固含量 65%~80%，含油率 10%~40%，含水率小于 5%，颗粒直径小于 30mm，密度为 1.8~2.2g/cm³；白油基终馏点小于 200℃，柴油基终馏点小于 280℃

(a)水基钻屑　　　　　　　　(b)水基废弃钻井液　　　　　　　　(c)油基钻屑

图 2-1-1　钻井固体废物

第二节　水基钻井废弃物处理与利用技术研究

一、水基钻井废弃物电化学吸附再生利用技术

近年来，针对不同钻井液体系的钻井固体废物，国内先后开发了化学脱稳固液分离、随钻处理等系列新技术，取得了显著效果，钻井固体废物不落地处理技术得到快速发展和现场应用。但大部分现场应用对废弃钻井液中的有价值成分未加以回收利用，现有振动筛、离心机等固液分离技术及设备均很难实现粒径≤10μm 的有害固相及超细微颗粒的去除。

另外，国外学者对电吸附技术的研究较早，应用方面也较为成熟，在水处理中的应用较为广泛。早在 20 世纪 60 年代，国外 Ayrnac 等就采用多孔活性炭作为电极去除水中的盐分。随着电力和电极材料的不断发展，电吸附技术的应用也更加广泛，不仅用于废水中无机盐、重金属、酸根离子等的去除，也应用于有机污染物及某些胶体颗粒的去除。但尚未见到将电吸附技术用于废弃钻井液处理的报道。电吸附技术应用于废弃钻井液的再生处理

（吸附处理废弃钻井液中的有害固相）技术研究，在不添加化学处理剂的情况下实现废弃钻井液劣质固相的去除，提高再生钻井液的性能，为废弃钻井液的循环利用提供了一条新的途径。

（一）电吸附静态实验装置

钻井液的电吸附实验是在如图 2-2-1 所示的电吸附实验装置中进行的，由电源控制器、绝缘电解槽和插入式电吸附极板 3 部分构成。

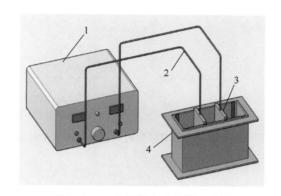

图 2-2-1　电吸附实验装置示意图

1—电源控制器；2—电线；3—电吸附极板；4—绝缘电解槽

（二）实验方法

（1）将配制好的钻井液（5%膨润土钻井液）装入电解槽中，电吸附极板插入对应的卡槽里，调至实验电压，待达到实验电压时开始计时，实验结束后，用刮片刮下极板上吸附的固相颗粒物，盛入已知质量的烧杯中，送入烘箱烘干，称量，通过差减法计算，得到对应条件下的固相颗粒物吸附量。

（2）记录实验过程中钻井液吸附前后的电导率及电流变化。每次实验钻井液量为 2L，极板没入钻井液中的面积为 92.4cm²（长×宽＝12cm×7.7cm）。

（三）实验结果

1. 电吸附电压与电吸附时间对电吸附效果的影响

电化学具有电分解、电吸附等多种作用，水的分解电压通常介于 1.3~1.6V。国内外学者研究表明，应用电吸附技术时通常将电压控制在 1.6V 以下，避免发生分解反应影响去除效果。因此，实验电压须高于水的分解电压，电吸附占主导作用。实验条件：吸附时间为 5min，正负极板间距为 1 格（5cm），膨润土质量分数为 5%。

考察了电吸附电压和电吸附时间与钻井液中被吸附的固相颗粒质量之间的关系，实验结果如图 2-2-2 所示，随着电吸附电压的升高，被吸附的固相颗粒质量也随之增加，同时吸附的初始电流也随着提高，由于人体能够承受的安全电压为 36V，将电吸附电压控制为 36V。实验条件：电吸附电压为 36V，极板间距为 1 格，膨润土质量分数为 5%。考察了不同电吸附时间下极板对模拟钻井液中固相颗粒的吸附能力。随着电吸附时间的延长，固相颗粒的吸附量也在逐渐增加，0~5min 的增幅最大。根据实验现象及结果分析，将吸附时间选为 5min。

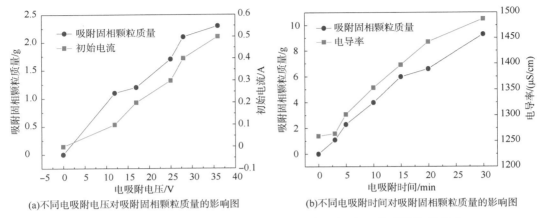

(a)不同电吸附电压对吸附固相颗粒质量的影响图   (b)不同电吸附时间对吸附固相颗粒质量的影响图

图 2-2-2　不同电吸附电压与电吸附时间对吸附固相颗粒质量的影响图

2. 膨润土质量浓度的影响

在电吸附电压为 36V、极板间距为 1 格、电吸附时间为 5min 的条件下，研究不同膨润土质量浓度下极板对模拟钻井液中固相颗粒的吸附能力。实验结果如图 2-2-3 所示，随着膨润土质量浓度的增加，固相颗粒的吸附量也随之提高。考虑到实际钻井液中膨润土的质量分数一般为 5%，将膨润土的质量分数确定为 5%。

3. 极板间距的影响

实验条件：电吸附电压为 36V、电吸附时间为 5min，膨润土质量分数为 5%。考察了不同极板间距下电吸附极板对模拟钻井液中固相颗粒的吸附能力。实验结果如图 2-2-4 所示，随着极板间距的靠近，固相颗粒的吸附量也随之增加，初始电流也随之提高。由于设备尺寸限制，在实验中将极板间距定为 1 格(5cm)。

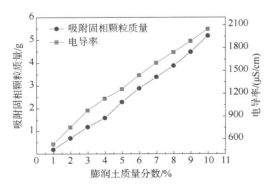

图 2-2-3　不同膨润土质量分数对吸附
固相颗粒质量及电导率的影响图

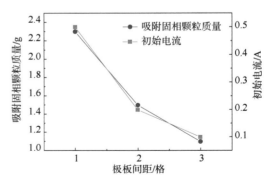

图 2-2-4　不同极板间距对吸附固相
颗粒质量及初始电流的影响图

4. 盐浓度的影响

使用钻井液时，通常会加入各种无机盐类物质用以改善和提高钻井液性能。在电吸附电压为36V、电吸附时间为5min、膨润土质量分数为5%、极板间距为5cm的条件下，对NaCl、KCl、CaCl$_2$、Na$_2$CO$_3$ 4种常用的无机盐进行单因素考察，并分别考察了不同浓度下电吸附极板对模拟钻井液中固相颗粒的吸附能力，实验结果如图2-2-5所示。

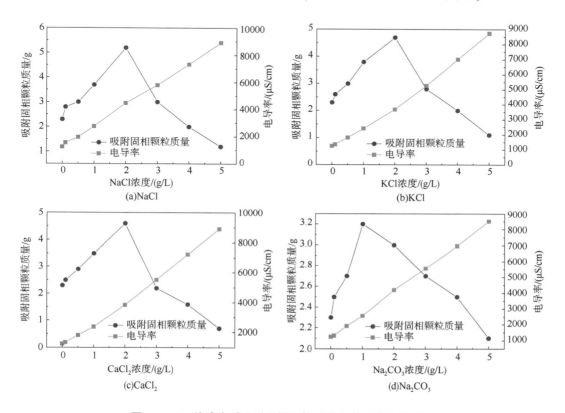

图2-2-5　盐浓度对吸附固相颗粒质量及电导率的影响图

随着盐浓度的提高，钻井液的电导率、初始电流及固相颗粒的吸附量也增加。当NaCl、KCl、CaCl$_2$浓度为2g/L时，固相颗粒的吸附量达到最大，同时在实验过程中发现，电极板上的气泡量也迅速提高，表明此时以电解反应为主导；之后随着其浓度的增加，固相颗粒吸附量迅速减小；当Na$_2$CO$_3$浓度为1g/L时，固相颗粒的吸附量达到最大，之后随着其浓度的增加，固相颗粒的吸附量减少，同时在实验过程中发现，当Na$_2$CO$_3$浓度超过1g/L时，分解反应并不十分明显，但吸附在极板上的固相颗粒松散易脱落，导致最终吸附量较小。

5. 聚磺钻井废液电吸附处理效果

通常在钻井液中，膨润土的粒度范围大致介于0.03~5μm，而钻屑的粒度处于0.05~10000μm这样一个极宽的范围。在1μm以下的胶体颗粒和亚微米颗粒中，膨润土的体积

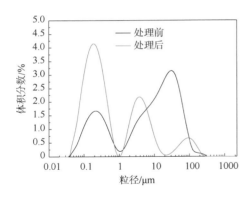

图 2-2-6　聚磺钻井废液电吸附
处理前后的固相颗粒粒径分布图

分数明显高于钻屑，而在 5μm 以上的较大颗粒中，几乎全部是钻屑颗粒。通常经过离心机的处理，废弃钻井液中 10μm 以上的固相颗粒基本能得到清除，而电吸附处理废弃钻井液的目的是吸附去除 10μm 及以下的固相颗粒。

室内以国内某油田现场采集的聚磺钻井废液（取样井深 4580m）为电吸附处理对象，电吸附条件为：电吸附电压为 36V、电吸附时间为 5min、极板间距为 5cm。实验结果如图 2-2-6 所示。聚磺钻井废液经电化学处理后，大于 90% 的劣质固相（粒径在 1~10μm）被去除，吸附在电极板上，验证了电吸附法对聚磺钻井废液的有效性。

二、 抗高温聚磺水基钻井废弃物处理技术研究

（一）处理技术

钻屑一体化处理装置是按照固液分离、分类处理、综合利用的原则进行运转的。第一步利用岩屑分离装置把岩屑从钻井液中分离出来；第二步利用污泥脱稳及固液分离装置将第一步分离出来的钻井液脱稳后进行固液分离[加入破胶剂和絮凝剂组合：0.02% GLK-1+0.02% GXPJ-3+聚合氯化铁+分子量为（1200~1600）×10⁴ 的聚丙烯酰胺 20mg/L]，滤水后进入污水处理流程，分离出的固相被压成滤饼，待干化后综合利用；第三步是通过污水脱稳气浮装置、污水氧化絮凝分离装置、污水储存氧化反应罐和精细及吸附过滤装置对污泥脱稳及固液分离装置脱出的污水进行处理（加入 40mg/L 除油剂 CY-16，用盐酸将 pH 值调节至 1~2，然后用强氧化剂（次氯酸钙约 2.5%，高锰酸钾 0.3%，活性炭 0.5%）氧化脱色，最后经精细过滤器（以活性炭和金属滤料 KDF 作为精细过滤器的吸附过滤介质）强化吸附过滤[5-7]。

（二）现场浆处理实验结果

1. 聚磺钻井废液基础配方及性能

基础配方：土浆+0.3%~0.5% PMHA-Ⅱ+0.8%~1%NH₄-HPAN+1%~2% SPNH+2% GT-98+2%低荧光磺化沥青+2%~3%液体润滑剂，油田现场聚磺钻井废液性能及处理效果见表 2-2-1 和表 2-2-2。

表 2-2-1　油田现场聚磺钻井废液性能

钻井液密度/（g/cm³）	表观黏度/（mPa·s）	塑性黏度/（mPa·s）	动切力/Pa	切力/Pa	静滤失量/mL	高温高压滤失量/mL	pH 值
1.39	45	43	0.5	0.5/1.0	3.0	8	8

表 2-2-2　油田现场聚磺钻井废液处理效果

配方	基浆	0.02% GLK-1	0.02% GLK-1+ 0.02% GXPJ-3	0.02% GLK-1+ 0.02% GXPJ-3+ 絮凝剂	0.02% GLK-1+0.02% GXPJ-3+聚合氯化铁+分子量为(1200~1600)×10⁴ 的聚丙烯酰胺 20mg/L
Φ_{600} ①	90	60	58	56	57
表观黏度/(mPa·s)	45	40	37	35	34
破胶率/%	—	11.1	17.8	22.2	24.4

注：以上实验测定钻井液性能时的 pH 值均为 8。

① 六速旋转黏度计 600r/min 下的黏度值。

2. 聚磺钻井废液化学氧化、脱色研究

现场聚磺钻井废液经过破胶、絮凝和离心分离等一系列处理后，离心分离的废液呈黑褐色。往黑褐色废液中加入 3mL 浓盐酸调节 pH 值为 1~2，然后加入 0.2~0.5g 高锰酸钾，多次化学氧化后，用活性炭吸附过滤。实验结果如图 2-2-7 所示。

图 2-2-7　氧化脱色处理效果

现场废弃钻井液处理比较容易，经破胶、絮凝、离心后，废液呈黑褐色，用酸调节 pH 值，少量高锰酸钾氧化，经活性炭吸附过滤后为乳黄色溶液。

3. 聚磺钻井废液化学氧化、吸附精细过滤研究

现场聚磺钻井废液经吸附过滤后处理效果如图 2-2-8 所示。

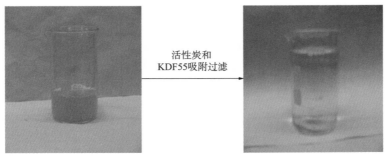

图 2-2-8　吸附过滤处理效果

现场聚磺钻井废液处理比较容易，经化学氧化后呈乳黄色，经活性炭与电化学金属滤料吸附及过滤强吸附作用后为无色溶液，实验结果见表2-2-3。

表2-2-3 现场聚磺钻井废液脱色

脱色后COD/(mg/L)	吸附过滤COD/(mg/L)	COD去除率/%	pH值
823.3	282.8	65.7	7

实验结果表明，现场聚磺钻井废液脱色成乳黄色，经活性炭与电化学金属滤料过滤强吸附作用后为无色溶液，COD最低为282.8mg/L。现场聚磺钻井废液处理后悬浮物含量见表2-2-4。实验结果表明，现场聚磺钻井废液通过实验室过滤处理后，最终的悬浮物含量为146mg/L，处理后的废水悬浮物含量值低于设计指标200mg/L。

表2-2-4 悬浮物含量

测量次数	第一次	第二次	第三次	平均值
悬浮物含量/(mg/L)	144	146	148	146

（三）聚磺钻井废液处理

模拟废弃聚磺钻井液和现场聚磺钻井废液经破胶、絮凝、离心、氧化脱色、吸附处理后达到指标，实验结果见表2-2-5。

表2-2-5 聚磺钻井废液处理结果

检测项目	COD/(mg/L)	油含量/(mg/L)	悬浮物/(mg/L)	pH值
设计指标	≤500	≤50	≤200	7
模拟聚磺钻井废液	367.6	36	164	7
现场聚磺钻井废液	282.8	36	146	7

实验结果表明，模拟的聚磺钻井废液和现场的废弃钻井液处理后各项指标都达到设计指标要求。第三方检测机构对废弃抗高温聚磺水基钻井液处理后废水的检测结果见表2-2-6和表2-2-7。

表2-2-6 第三方检测机构(北京华测北方检测技术有限公司)检测结果

检测项目	结果/(mg/L)		pH值
	现场聚磺钻井废液处理后的废水	模拟聚磺钻井废液处理后的废水	
COD_{Mn}	55.7	24.3	7

表2-2-7 第三方检测机构(谱尼测试中心)检测结果

检测项目	结果/(mg/L)		pH值
	现场聚磺钻井废液处理后的废水	模拟聚磺钻井废液处理后的废水	
COD_{Mn}	40.2	28.2	7

三、 页岩气废弃钻井液破胶压滤技术研究

（一）钻井液脱水现场试验

1. 钻井液来源

钻井液来源见表2-2-8。

表2-2-8　钻井液来源

编号	井号	钻井液体系	钻井液密度/（g/cm³）	体积/m³
1	磨溪008-7-X1	钾聚磺	1.81	100
2	磨溪008-7-X1	钾聚磺	2.06	100
3	磨溪009-3-X3	聚磺	1.76	80
4	磨溪009-3-X3	聚磺	2.15	100
5	威204H11-3	钾聚磺	1.80	100
6	威204H11-3	钾聚磺	1.90	90
7	磨溪008-20-X1	聚磺	1.77	60
8	磨溪109	钾聚磺	2.05	40
9	高石113	钾聚磺	1.98	40
10	高石112	钾聚磺	1.95	40
合计				750

2. 钻井液固相含量、滤液分析

使用钻井液固相含量测定仪测定各个样品固相含量（表2-2-9），对钻井液滤液中Ca^{2+}和Cl^-含量进行测定，为后期试验提供计算依据和处理方向指导。

表2-2-9　钻井液固相含量、滤液分析

编号	钻井液密度/（g/cm³）	固相含量/%	Ca^{2+}/（mg/L）	Cl^-/（mg/L）
1	1.81	31	180	23000
2	2.06	40	220	18600
3	1.76	30	560	15200
4	2.15	42	120	19000
5	1.80	31	440	17800
6	1.90	35	380	23200
7	1.77	30	280	16400
8	2.05	40	160	19800
9	1.98	37	380	26000
10	1.95	37	420	19800

3. 试验流程

现场试验流程图如图 2-2-9 所示。

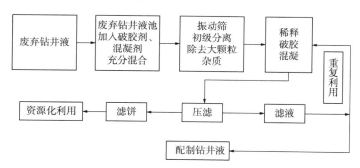

图 2-2-9　现场试验流程图

4. 固液分离后滤饼含水率测定、滤液离子分析

钻井液固液分离后，对滤饼进行含水率测定，为钻井液脱水率计算提供数据支持，对滤液进行离子分析，为液相回用配制钻井液提供数据支持（表 2-2-10）。

表 2-2-10　固液分离后滤饼含水率、滤液离子分析和钻井液脱水率

编号	钻井液密度/(g/cm³)	滤饼含水率/%	Ca²⁺/(mg/L)	Cl⁻/(mg/L)	钻井液脱水率/%
1	1.81	26	2900	13600	39.9
2	2.06	30	3120	11200	16.2
3	1.76	28	2600	9800	40.3
4	2.15	25	2760	10800	18.8
5	1.80	25	2680	13500	41.3
6	1.90	26	3220	16800	32.5
7	1.77	25	3100	12200	43.3
8	2.05	28	3080	14400	19.4
9	1.98	26	2960	11200	27.9
10	1.95	25	2880	12800	30.0
平均	1.92	26.40	—	—	30.96

5. 钻井液脱水率的影响因素分析

钻井液脱水率计算公示如下：

$$V\% = \frac{V_{钻井液} \times V_{水\%} - \dfrac{(V_{钻井液} \times \rho_{钻井液} - V_{钻井液} \times V_{水\%} \times \rho_{水}) \times \omega_{水\%}}{\rho_{水}}}{V_{钻井液}}$$

式中　$V\%$——钻井液脱水率（体积分数）；

$V_{钻井液}$——钻井液体积；

$V_{水\%}$——钻井液含水率；

$\rho_{钻井液}$——钻井液密度；

$\rho_{水}$——清水密度；

$\omega_{水\%}$——滤饼含水率(质量分数)。

忽略量纲、单位，加上已知条件，公式可以简化为：

$$V\% = V_{水\%} - (\rho_{钻井液} - V_{水\%}) \times \omega_{水\%}$$

钻井液脱水率与钻井液的密度、固相含量成反比，钻井液的密度越高，钻井液的固相含量越高，钻井液的脱水率越低。

对于同一批次钻井液，固液分离后滤饼含水率是钻井液脱水率的决定因素，滤饼含水率越高，钻井液脱水率越低。可以看出，钻井液的破胶、混凝、絮凝和固液分离是钻井液脱水中最重要的环节(图2-2-10)。

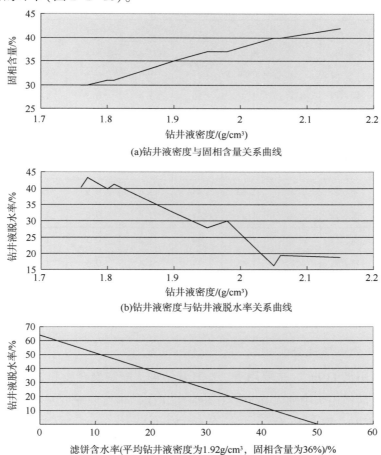

(a)钻井液密度与固相含量关系曲线

(b)钻井液密度与钻井液脱水率关系曲线

(c)滤饼含水率与钻井液脱水率关系曲线

图2-2-10 试验各曲线图

(二) 回用现场试验

由于回用水中 Ca^{2+}、Cl^- 含量较高，对钻井液性能影响较大，因此选取影响相对较小的浅表层井段进行现场试验以确保安全。

1. 威 204H9-6 现场试验

本井转运回用水 120m^3，主要用于一、二开钻进，配制聚合物无固相和聚合物钻井液。首先去除 Ca^{2+}，向回用水中加入 0.5%~0.8% Na_2CO_3，$Ca^{2+}+Na_2CO_3 \longrightarrow CaCO_3+2Na^+$。

按配方配制钻井液：30%预水化土浆（10%浓度）+70%回用水+0.3%~0.5% KPAM+1%~2% PAC-LV+1%~3% FRH+0.3%~0.5% CaO+重晶石至需要密度。

试验井段 747~1952m，钻进过程中井下正常，钻井液性能稳定，回用水所配制钻井液能够满足钻井生产。

入井 10 天后钻井液性能见表 2-2-11。

表 2-2-11　入井 10 天后钻井液性能

入井时间	设计/实际井深/m	层位	岩性	钻井液参数						
				密度/(g/cm^3)	黏度/s	API 失水/mL	滤饼厚度/mm	初切/终切/Pa	动切力/Pa	pH 值
第 1 天	747	须六段	泥岩	1.37	50	3.4	0.5	1/5	2.5	9
第 2 天	756.3	须六段	泥岩	1.37	50	3.2	0.5	1/4	7.5	9
第 3 天	895.95	须六段	泥岩	1.4	46	3.8	0.5	1/3	3.5	9
第 4 天	1000	须六段	泥岩	1.4	41	3.8	0.5	1/3	3	9
第 5 天	1243	须一段	泥岩	1.43	44	3.6	0.5	1/3	3	10
第 6 天	1302	雷二段	灰岩	1.43	44	3.2	0.5	1/3	3	10
第 7 天	1361	雷二段	灰岩	1.43	44	3.2	0.5	1/3	3	10
第 8 天	1600	嘉五段	灰岩	1.45	48	4.4	0.5	1/4	3	10
第 9 天	1600	嘉五段	灰岩	1.45	48	4.4	0.5	1/5	3	10
第 10 天	1952	嘉二段	灰岩	1.47	50	4.2	0.5	1/6	3	9

2. 磨溪 119 井现场试验

该井转运回用水 110m^3，主要用于二、三开钻进，配制聚合物和 KCl-聚合物钻井液。首先去除 Ca^{2+}，向回用水中加入 0.5%~0.8% Na_2CO_3。再按照配方配制钻井液：30%预水化土浆（10%浓度）+70%回用水+0.3%~0.5% KPAM+1%~2% PAC-LV+1%~3% FRH+3%~5% KCl+0.3%~0.5% CaO+重晶石至需要密度。

试验井段 493~1402m，钻进过程中井下正常，回用水所配制钻井液能够满足钻井生产，入井 10 天后钻井液性能见表 2-2-12。

表 2-2-12　入井后 10 天钻井液性能

入井时间	设计/实际井深/m	层位	岩性	钻井液参数						
				密度/（g/cm³）	黏度/s	API 失水/mL	滤饼厚度/mm	初切/终切/Pa	动切力/Pa	pH 值
第 1 天	493	沙二段	泥岩	1.22	44	5	0.5	0.5/1.5	4	0.3
第 2 天	1057	沙二段	泥岩	1.45	44	5	0.5	0.5/3.5	4	0.3
第 3 天	1146.75	沙二段	泥岩	1.53	41	5	0.5	0.5/2	4	0.3
第 4 天	1262.07	沙二段	泥岩	1.53	47	5	0.5	0.5/2	4.5	0.3
第 5 天	1271.05	沙一段	泥岩	1.53	47	5	0.5	0.5/2	4.5	0.3
第 6 天	1296.2	沙一段	泥岩	1.55	53	5	0.5	0.5/2	4.5	0.3
第 7 天	1306.8	沙一段	泥岩	1.53	53	5	0.5	1.5/5	4.5	0.3
第 8 天	1343.1	凉高山组	泥岩	1.53	58	5	0.5	1.5/8	4.5	0.3
第 9 天	1391.2	凉高山组	泥岩	1.53	53	5	0.5	1/8	4.5	0.3
第 10 天	1402	凉高山组	泥岩	1.53	52	5	0.5	1/8	4.5	0.3

四、 聚磺钻屑资源化处理技术研究

（一）聚磺钻井固体废物主要污染物分析

对聚磺钻井固体废物主要污染物进行了分析。聚磺钻井固体废物主要有聚磺钻井废液和聚磺钻屑，因此采用《污水综合排放标准》（GB 8978—1996）一级标准规定的相关指标和分析方法，对聚磺钻井废液的色度、COD、石油类、SS、六价铬、矿化度、pH 值进行了分析；采用《农用污泥中污染物控制标准》（GB 4284—84）（pH≥6.5）规定的相关指标和分析方法，对聚磺钻井废液、聚磺钻屑的重金属含量进行分析。聚磺钻井废液主要污染物分析见表 2-2-13。聚磺钻井废液、聚磺钻屑重金属含量分析（干基）见表 2-2-14。

表 2-2-13　聚磺钻井废液主要污染物分析

项目	色度/倍	COD/（mg/L）	石油类/（mg/L）	pH 值
聚磺钻井废液	5000~7000	1000~70000	0.8~16.6	10~12
标准①	≤50	≤100	≤5	6~9

项目	SS/（mg/L）	六价铬/（mg/L）	矿化度/（mg/L）
聚磺钻井废液	1000~5000	1.5~7.0	50000~90000
标准①	≤70	≤0.5	—

①《污水综合排放标准》（GB 8978—1996）一级标准。

表 2-2-14　聚磺钻井废弃物重金属含量分析(干基)　　　　单位：mg/kg

项目	Cd	Hg	Cr	Pb
聚磺钻井废液	0.82~2.17	0.02~0.06	424.3~615.9	110.9~274.6
钻屑	1.08~2.90	0.03~0.09	543.1~788.4	168.6~431.1
标准[①]	≤20	≤15	≤1000	≤1000
项目	As	Ni	Cu	Zn
聚磺钻井废液	ND[②]	4.18~6.46	10.32~19.45	102.50~194.37
钻屑	ND	5.43~8.40	11.87~22.76	121.98~231.30
标准[①]	≤75	≤200	≤500	≤1000

①《农用污泥中污染物控制标准》(GB 4284—84)(pH≥6.5)。

② 未检出。

由表 2-2-13 和表 2-2-14 可以看出，聚磺钻井固体废物具有色度高(棕褐色~黑褐色)、悬浮固体含量高、COD 含量高、pH 值高等特点。

(二)聚磺钻屑制备铺路基土实验

为验证聚磺钻井固体废物制成铺路基土的可行性，以西南油气田聚磺水基钻屑为研究对象，开展了制备铺路基土实验，并从环保性能指标和建材性能指标两方面进行了检测。实验方法如下：

(1) 称取 500g 处理后剩余固体样品，加入 15~25g 固化剂、60~75g 增强剂，充分搅拌均匀；

(2) 在不锈钢模具中充分搅拌、振荡，采用薄膜覆盖放入养护箱进行养护；

(3) 按照《公路水泥混凝土路面设计规范》(JTG D40—2002)测试 28d 成型样品的 CBR 值(加州承载比，California bearing ratio)、塑性指数等参数。

铺路基土样品浸出液检测结果见表 2-2-15。

表 2-2-15　铺路基土样品浸出液检测结果

项目	样品 1	样品 2	样品 3	样品 4	样品 5	标准[①]
pH 值	8.16	8.18	8.63	8.25	7.92	6~9
色度/倍	4	4	5	4	4	≤50
COD/(mg/L)	70.1	75.2	81.3	78.2	68.3	≤100
石油类/(mg/L)	0.26	0.18	0.29	0.19	0.15	≤5
Cr/(mg/L)	0.014	0.009	0.022	0.025	0.016	≤1.5
Cd/(mg/L)	ND	ND	ND	ND	ND	≤0.1
Pb/(mg/L)	0.13	ND	ND	0.5	ND	≤1.0
As/(mg/L)	ND	ND	ND	ND	ND	≤0.5
Hg/(mg/L)	ND	ND	ND	ND	ND	≤0.05
Zn/(mg/L)	ND	ND	ND	ND	ND	≤2.0

①《污水综合排放标准》(GB 8978—1996)一级标准。

由表 2-2-15 可以看出，铺路基土浸出液的 pH 值、色度、COD、石油类以及 Cr、Cd、Pb、As、Hg、Zn 等重金属指标均达到《污水综合排放标准》（GB 8978—1996）一级标准。

经测试，制备铺路基土 CBR 值为 8.3%，塑性指数为 19.4，达到了《公路路基设计规范》（JTG D30—2015）的 CBR≥3%、塑性指数≤26 的标准要求。

铺路基土放射性检测结果见表 2-2-16。由表 2-2-16 可以看出，铺路基土无放射性。

表 2-2-16 铺路基土放射性检测结果

项目	检测值	项目	检测值
内照射指数（I_{Ra}）	0.21	外照射指数（I_r）	0.34

注：《建筑主体材料放射性核素限量》（GB 6566—2010）规定：（1）建筑主体材料放射性比活度同时满足 I_{Ra}≤1.0 和 I_r≤1.0 时，其产销与使用范围不受限制；（2）对空心率≥25% 的建筑主体材料，其放射性比活度同时满足 I_{Ra}≤1.0 和 I_r≤1.3 时，其产销与使用范围不受限制。

（三）聚磺钻屑制备免烧条石实验

为验证聚磺钻井固体废物制成免烧条石的可行性，以西南油气田聚磺钻屑为研究对象，开展了制备免烧条石实验，并从环保性能指标和建材性能指标两方面进行了检测。实验方法如下：

（1）称取 500g 处理后剩余固体样品，加入 25g 固化剂、60~75g 增强剂，充分搅拌均匀；

（2）将混合料先倒入水泥胶砂搅拌机中预搅拌 1min，再搅拌 3min，共计搅拌时间 4min；

（3）将搅拌好的钻屑和固化剂物料装入 40mm×40mm×160mm 钢模中，捣打成型或用万能机压制成型；

（4）将成型好的钢试模用塑料袋密封，在恒温、恒湿养护室中养护。

免烧条石样品浸出液检测结果见表 2-2-17。由表 2-2-17 可以看出，免烧条石浸出液的 pH 值、色度、COD、石油类以及 Cr、Cd、Pb、As、Hg、Zn 等重金属指标均达到了《污水综合排放标准》（GB 8978—1996）一级标准。

免烧条石样品建材指标检测结果及放射性检测结果分别见表 2-2-18 和表 2-2-19。

表 2-2-17 免烧条石样品浸出液检测结果

项目	样品 1	样品 2	样品 3	样品 4	样品 5	标准[①]
pH 值	8.82	8.50	9.10	8.75	7.92	6~9
色度/倍	3	2	2	3	2	≤50
COD/（mg/L）	35.5	39.2	46.4	41.2	37.5	≤100
石油类/（mg/L）	0.01	0.01	0.01	0.01	0.01	≤5
Cr/（mg/L）	0.028	0.016	0.032	0.010	0.013	≤1.5

项目	样品1	样品2	样品3	样品4	样品5	标准①
Cd/（mg/L）	ND	ND	ND	ND	ND	≤0.1
Pb/（mg/L）	ND	0.16	0.09	ND	ND	≤1.0
As/（mg/L）	ND	ND	ND	ND	ND	≤0.5
Hg/（mg/L）	ND	ND	ND	ND	ND	≤0.05
Zn/（mg/L）	ND	ND	ND	ND	ND	≤2.0

① 《污水综合排放标准》（GB 8978—1996）一级标准。

表2-2-18 免烧条石样品建材指标检测结果

项目	检测值	项目	检测值
抗压强度平均值/MPa	11.8	抗压强度标准值/MPa	6.8
变异系数	0.21		

表2-2-19 免烧条石样品放射性检测结果

项目	检测值	项目	检测值
内照射指数	0.21	外照射指数	0.34

注：《建筑主体材料放射性核素限量》（GB 6566—2010）规定。

由表2-2-17和表2-2-18可以看出，免烧条石达到了《普通混凝土小型砌块》（GB/T 8239—2014）要求，28d后抗压强度≥10MPa。由表2-2-19可以看出，免烧条石无放射性。

第三节　水基钻井废弃物利用处置工程示范

一、常规钻井固体废物的不落地随钻过程减量化处理工程示范

（一）工程背景

常规无害化固化回填处理方式需要开挖使用废液池，占地大，污染风险高，且常规固化回填处理方式需要专车拉运污染物，管理要求高，风险大。因此，各油田单位都在积极发展钻井固体废物不落地处理技术。海南省生物多样性突出，水源保护地、农田保护区等生态功能服务区数量多、分布广，生态环境敏感。海南省已将全岛33.5%的陆域面积划为生态红线区，环境保护标准高、要求严，土地征用困难。政府监管趋严，从明确职责定位、完善红线要求、强化违法处罚几方面加强监管。传统挖钻井液坑循环钻井液及固化处理废弃钻井液方法存在占用土地面积大、雨季钻井固体废物溢出等风险，并且固化后还有潜在的环保隐患（图2-3-1）。

(a)传统挖钻井液坑循环钻井液

(b)固化处理废弃钻井液

图 2-3-1　传统处理废弃钻井液方法

（二）处理工艺

钻井固体废物随钻处理是通过废弃物收集、破胶脱稳、固液分离、滤液回用四个专用单元设备，将钻井产生的废弃物通过加药搅拌、破胶、脱稳，使废弃钻井液初步固液分离，再将浆体泵入压滤机强化固液分离。压滤出的滤液可以在现场处理后实现配浆回用，滤饼混合后制砖用于基础建设(图 2-3-2)。

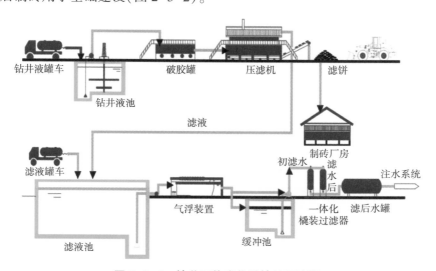

图 2-3-2　钻井固体废物随钻处理流程

工艺说明：

（1）距综合利用中心 20km 以内的作业队产生的钻井液运送至中心进行压滤处理，压滤污水经过处理达标后回注；

（2）距综合利用中心 20km 以外的作业队产生的钻井液经随钻处理后，将压滤污水运送至中心经过处理达标后回注；

（3）所有的压滤后滤饼作为免烧砖的原料，再加入其他原料制成相应规格的基建产品；

（4）作业污水运送至中心经过处理达标后回注。

（三）处理设备

1. 固液分离系统工艺及设备

图 2-3-3　固液分离系统设备

按照加药—破胶脱稳—固液分离的程序，实现废弃钻井液的固液相分离。主要设备包括：钻井液储存池单元（两座 90m³ 储存池，用于临时存放罐车拉运的废弃钻井液）、破胶脱稳单元（两个 20m³ 破胶脱稳罐以及自动加药、搅拌装置）和固液分离单元（TH-300 型压滤机，钻井液处理能力为 10m³/h），如图 2-3-3 所示。

2. 污水处理工艺及设备

钻井液固液分离后的液相按照气浮—过滤程序进行处理，含油污水按照隔油—气浮—过滤程序进行处理（图 2-3-4）。主要设备包括：蓄水池（5000m³ 以上蓄水能力，具备收集及应急储存能力）、隔油装置（18.5kW，处理能力 25m³/h）、气浮装置（18.5kW，处理能力 50m³/h）和过滤装置（采用活性炭、核桃壳作为滤料，处理能力 20m³/h），如图 2-3-4 所示。

(a)蓄水池

(b)气浮装置

(c)隔油装置

(d)过滤装置

图 2-3-4　污水处理工艺设备

3. 制免烧砖生产线

将压滤后的滤饼按照一定的配比加入水泥、石粉、胶黏剂等材料制砖(图2-3-5)。主要设备设施包括：制砖机(型号 QFT-10-15 机械压砖机，45.38kW，每小时生产 6000 块标准砖)、原材料堆放区(3000m²)和成品砖养护跺码区(5000m²)，如图2-3-5所示。

(a)滤饼制砖区   (b)机械化制砖机

图2-3-5   制免烧砖生产线设备

4. 视频监控及 PLC 控制系统

场区设高清网络摄像机 9 台、网络硬盘录像机 1 台。在搅拌器、加药泵、加药阀门、压滤机压榨泵、滤液水泵等关键装置以及部位安装远程测控终端(RTU)和交换机，实时采集、监控、传输橇装生产数据，实现设备远程控制启停及状态监测，如图2-3-6所示。

(四) 工程示范效果

2013 年 12 月，随钻处理工艺通过了海南省组织的专家论证，认为可以防止钻井固体废物污染扩散，符合国家和海南省对油田开发环境保护的管理要求。

2016 年 1 月 7 日，中国石油勘探与生产分公司(以下简称勘探与生产分公司)组织召开了南方石油勘探开发有限责任公司(以下简称南方公司)钻井固体废物无害化处理与资源化利用示范工程验收会，中国环境科学研究院、海南省固体废物管理中心、中国石油安全环保技术研究院有限公司(以下简称安全环保院)、南方公司施工单位、监理单位、设计单位的代表及特邀专家参加会议。专家组经过充分讨论，认为此工程工艺设计先进、现场运行有效，项目建设达到了设计要求，并在钻井固体废物处理及资源化利用方面转变观念和思路，技术推广将起到较好的示范和带动作用，具有较好的环境效益、社会效益和一定的经济效益。

自 2014 年 12 月，南方公司已实现全部随钻处理，取消全部钻井液坑，彻底消除了传统的废弃钻井液挖坑固化填埋方式带来的土壤、水体环境污染隐患。不仅有效解决了废弃钻井液、试油作业污水的处理问题，保障了公司勘探生产工作的顺利进行，更响应了在海南国际旅游岛、自贸区执行最严格生态保护制度的要求。截至 2014 年 12 月，已完成 189 口

(a)机柜安装图   (b)中控室

(c)视频监控安装图   (d)仪表控制室

图 2-3-6 视频监控及 PLC 控制系统

井随钻处理，处理固相 75400m³、液相 114000m³，并展示出显著的环境效益和社会效益。

（1）研发出破胶脱稳、絮凝沉淀两大系列五种专用药剂，根据钻井液体系性能和处理后废弃物所要达到的指标，针对性加药，使处理后的固体和液体彻底分离（图 2-3-7）。

图 2-3-7 视频监控及 PLC 控制系统

（2）研发专用处理剂，滤液现场配浆回用，实现无害化处理和循环利用。配浆液与现场处理剂具有良好的配伍性，配制的钻井液与清水配浆性能相当，抑制性更优。可通过多种途径实现钻井滤液的再利用，且可用于各个开次钻井（图2-3-8）。

图2-3-8　钻井工人现场配浆

（3）采用隔膜压滤机，科学设计处理参数，固相含水率低，便于后续处理利用（图2-3-9）。

图2-3-9　隔膜压滤机现场

二、　聚磺钻井固体废物利用处置工程示范

（一）工程背景

为系统解决钻井固体废物资源化利用问题，2014年10月10日，勘探与生产分公司决定立即启动"钻井固体废物无害化处理及资源化利用示范工程"项目。10月21日，安全环保院牵头组织完成示范工程的实施方案编制，方案通过论证。2015年，安全环保院根据勘探与生产分公司油勘〔2014〕189号文件要求，在西南油气田磨溪009-3-X3井，开展聚磺钻井固体废物随钻不落地处理试点工程。在西南油气田和川庆钻探公司大力支持与配合下，试点工程顺利完成随钻处理服务，取得了理想效果，并解决了当前国内外深井聚磺钻井液难处理和资源化的技术难题[8-9]。

为了进一步对深井聚磺钻井液资源化工艺技术进行改进、优化和完善，据勘探与生产分公司2016年2月《关于钻井固体废物无害化处理剂资源化利用示范工程的情况报告》及报告的批示，以及《关于钻井固体废物处理示范工程有关问题的批复》（油勘函〔2016〕92

号），安全环保院承担在西南油气田开展泸201井、南充3井、磨溪022-X3井钻井固体废物处理和资源化利用试点工程，针对不同地区、不同钻井液体系和不同井深等情况，进一步开展钻井固体废物处理示范研究工作。

截至2020年底，钻井固体废物无害化处理及资源化利用示范工程已完成规定研究内容，形成适用于川渝地区的钻井固体废物随钻处理成套技术与工艺，解决了川渝等环境敏感区的钻井固体废物处理难题，为油气田可持续发展提供钻井环保技术支持。

实施钻井固体废物无害化处理及资源化利用示范工程，是中国石油履行企业社会责任的重要内容，是积极应对两高院❶新的司法解释、新《环保法》等国家和地方环保新要求的重大举措，是公司治理环境隐患的关键工作，是保障页岩气开发突破环境保护瓶颈的重要内容，对中国石油勘探与生产业务意义重大。

（二）聚磺钻井固体废物来源与特性

废弃钻井液主要为废弃的水基钻井液，包括钻井阶段转聚合物钻井液前钻井、转聚合物钻井液后钻井、转油基钻井液后钻井、完钻期间产生的钻井废液和钻屑。水基钻井液中含大量的化学剂，如碱、羧甲基纤维素（CMC）、聚合物、润滑剂、磺化褐煤（SMC）、磺化酚醛树脂（SMP）、磺化沥青（SAS）、抑制剂、硅酸钠、腐殖酸和堵漏剂等。钻井废液不仅含有一定量的油类物质、酚类物质和硫化物，而且还有需要生物降解的可溶性有机小分子和高分子化合物。分析表明，钻井废液具有色度高（棕褐色—黑褐色）、悬浮固体含量高（1000~5000mg/L）、COD含量高（1000~70000mg/L）、pH值高等特点[10-16]。

（三）处理工艺

水基钻井固体废物不落地随钻处理新工艺由物料收集与输送系统、液相再生回用系统和固相资源化系统三个处理系统组成，如图2-3-10所示。

1. 物料收集与输送系统

系统功能：钻屑、钻井液体系替换时外排废弃钻井液不落地分类收集。

系统组成：可拆卸钻井液储存罐、可拆卸钻屑暂存池、螺旋输送机等设备。

2. 液相再生回用系统

系统功能：去除废弃钻井液中的劣质固相，再生处理后回用井场。

系统组成：高离心力干燥筛、脱液离心机、缓冲罐、钻井液提升泵等设备。

3. 固相资源化系统

系统功能：钻屑资源化处理后制备铺路基土、砌块。

系统组成：混拌输送机、资源化单元、固化剂加药装置、砌块机等设备组成。

（四）处理工艺说明

（1）对钻井液四级固控系统排放的固液相废弃物（钻屑和废弃钻井液）进行随钻收集，

---

❶ 中华人民共和国最高人民法院和最高人民检察院。

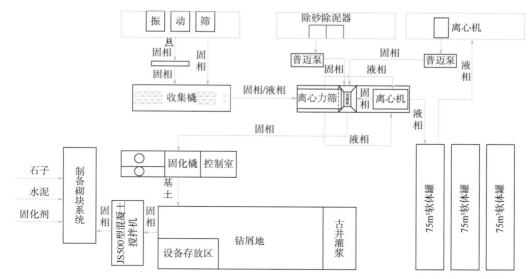

图 2-3-10 不落地随钻处理工艺流程图

井队三角罐的外排口安装专用离心除砂泵,该泵通过 PLC 自动控制,定时将三角罐中的沉砂输送至二次分离橇上的高离心力干燥筛中进行固液分离。

(2)钻井队钻井液循环系统振动筛产生的固相通过螺旋输送机加溜槽的输送方式进入收集橇。收集橇的底部安装两根平槽螺旋输送机,将收集橇收集的固相推向收集橇的右端。在收集橇的右端安装两台固相提升泵,将固相提升至二次分离橇的高离心力干燥筛中进一步分离后传入柱塞泵的进料仓;收集橇里的液相利用高杆泵送入二次分离橇的高离心力干燥筛进行固液分离。除砂除泥器排出的固相通过普迈泵输送至高离心力干燥筛,高离心力筛分离出的固相和液相分别进入二次分离橇中的柱塞泵进料仓,在高离心力干燥筛下面的液相储存仓中暂存。钻井队的离心机下设有普迈泵,离心机排出的固相通过该泵直接输送至柱塞泵进料仓或固化橇。

(3)二次分离橇配置脱液离心机,液相仓内安装搅拌器,防止固相沉淀,同时还安装液位传感器,达到一定量后脱液离心机的供液泵自动启动将钻井液输送至脱液离心机中进行处理,处理后的液相暂存于 75m³ 软体罐中,使用时通过高杆泵泵送至井队钻井液罐回用。脱液离心机分离的固相直接通过溜槽导入柱塞泵进料仓。钻井队的钻井液密度超标后,也可以通过二次分离橇的高离心力干燥筛和脱液离心机的协同处理达到钻井队的回用标准。所有不落地收集及固液分离的固相均由柱塞泵输送到固化橇。

(4)固化橇配有两个固化剂(Ⅰ型和Ⅱ型)储存仓和粉料计量装置,输送过来的钻屑进入钻屑计量斗。固化橇的主要作用是将岩屑和固化剂按比例和投料顺序分别计量后投送进固化橇搅拌机里充分搅拌固化。钻屑固化处理后达到环保要求,实现了无害化处理。固化处理后的钻屑,通过皮带机输送到岩屑池存放。无害化处理后的固相通过制备砌块系统制备成砌块。

(5)在可拆卸钻屑暂存池内设置一个 45m³ 区域,内衬防渗膜,形成一个软体罐。井队固井时的水泥混浆通过高杆泵输送到 45m³ 软体罐中，通过高杆泵和普迈泵及时将混浆输送至固化橇处理。

（6）钻井队更换钻井液或需要临时存放需要处理的钻井液，通过高杆泵输送到 75m³ 的钻井液池中存放，或者直接经过脱液离心机处理后进入 75m³ 钻井液池暂存，返回钻井液循环系统回用。

（五）工程示范效果

西南油气田 3 口井共计处理钻井固体废物 6653m³，其中废弃钻井液 1036m³、钻屑 5617m³，经处理后钻井液回用 971m³。共制备基土 6351m³，免烧砌块 157890 块，烧结砖 118×10⁴ 匹。资源化产品用于南充 8 井、磨溪 120 井、高石 001－XH26 等新井钻前工程。

1. 泸 201 井示范工程

泸 201 井位于四川省泸州市江阳区通滩镇罗石桥村 3 社。江阳区位于四川盆地南部，长江、沱江交汇处，东连合江县，南接纳溪区，西邻宜宾市江安县、自贡市富顺县，北以沱江为界与泸县、龙马潭区相邻，面积 649km²。气候属亚热带季风性湿润气候，日照时间较短，阴云天气较为常见。春秋暖和，夏季炎热，冬无严寒，霜雪极少，日光充足，雨量充沛，年平均气温 17.5～18.2℃，年均降雨量 1187～1228mm。江阳区内多西北风、西南风，平均风速 1.2m/s。

1）总体情况

泸 201 井钻井固体废物处理回用及资源化利用与钻井开钻时间同步进行，于 2016 年 9 月 28 日开钻，钻井井深为 3675m（设计井深 3565m）。

2016 年 9 月 28 日开钻至 2018 年 1 月 22 日（完钻），现场累计钻井固体废物总量为 1820m³，其中废弃钻井液 411m³，钻屑 1409m³。回用钻井液 383m³，制成铺路基土 1620m³（包括两次清理应急池制备基土 387m³），免烧砌块 55610 块，烧结砖 118×10⁴ 匹。

2）处理设备及平面布局

水基钻井固体废物不落地随钻处理装置由不落地随钻液相再生与回用系统、物料收集与输送系统、固相无害化处理系统和制备砌块系统组成（图 2-3-11 至图 2-3-13）。

2. 南充 3 井试点工程

南充 3 井位于四川省南充市仪陇县度门镇兰家坝村 6 组。仪陇县度门镇位于四川省南充市仪陇、南部、蓬安三县交界处，距仪陇新县城政府驻地 8km。全镇辖区面积 34.7km²。度门镇位于南充市境南部，城区东部。地处四川盆地中部、嘉陵江中游东岸，属低山丘陵区。年均降水量 1020mm，年均气温 12.3℃。水资源丰富，嘉陵江、螺溪河、万家河、蜿蜒河、罗家河及大小溪沟呈扇状分布。境内有石油、天然气、岩盐等矿产资源。成（都）达（川）铁路和 318 国道、南（充）前（锋）公路贯穿区境。名胜古迹有南充白塔、金城山森林公园和磨儿滩等，井口 500m 范围内最低海拔 340m。

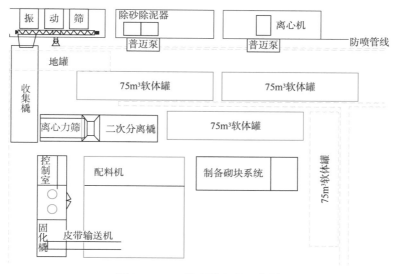

图 2-3-11 处理设备平面布局

图 2-3-12 泸 201 井钻井固体废物
随钻处理设备（无害化处理）

图 2-3-13 泸 201 井钻井固体废物
随钻处理设备（资源化处理）

位于典型的亚热带湿润季风气候区，冬夏季风更替明显，冬季气流来自北部高纬地区，气温较低，降水少，但因北有秦巴山地阻滞冷空气南下而较温暖。夏季多吹偏南风，气候炎热，降水集中。全市各地气温差别不大。除山区外，霜雪少见，无霜期长达 290~320d。年降水量为 980~1150mm，大致由西南向东北递减，降水季节分配不均。进入盛夏后，常有旱情发生，对农作物生长影响很大，尤其中南部为四川盆地伏旱严重地区之一。秋季受盆地地形影响，多秋雨绵绵天气，云量大，日照少，加之冬季多雾，是全省日照较少的地区。

1）总体情况

南充 3 井钻井固体废物处理回用及资源化利用与钻井开钻时间同步进行，于 2016 年 9 月 27 日开钻，钻井井深为 6225m（设计井深 6150m）。

2016 年 9 月 28 日开钻至 2017 年 10 月 20 日，现场累计钻井固体废物总量为 2431m³，其中废弃钻井液 450m³，钻屑 1981m³。回用钻井液 428m³，制成铺路基土 2281m³，免烧砌块 15581 块。

2）处理设备及平面布局

水基钻井废弃物不落地随钻处理装置由不落地随钻液相再生与回用系统、物料收集与输送系统、固相无害化处理系统和制备砌块系统组成（图 2-3-14 至图 2-3-16）。

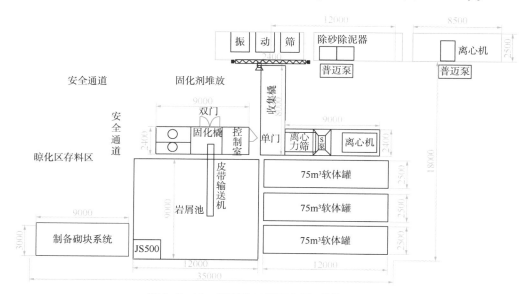

图 2-3-14　处理设备平面布局（单位：mm）

图 2-3-15　南充 3 井钻井固体废物随钻处理设备（无害化处理）

图 2-3-16　南充 3 井钻井固体废物随钻处理设备（资源化处理）

3. 磨溪022-X3井示范工程

磨溪022-X3井位于遂宁市安居区横山镇晒淀村9组,设计井深6346m。气候属亚热带季风性湿润气候,日照时间较短,阴云天气较为常见。春秋暖和,夏季炎热,冬无严寒,霜雪极少,日光充足,雨量充沛,年平均气温17.5~18.2℃,年均降雨量1187~1228mm。江阳区内多西北风、西南风,平均风速1.2m/s。

1)总体情况

磨溪022-X3井钻井固体废物处理回用及资源化利用试点工程与钻井施工同步实施,设备装置于2016年10月10日开始进场,2016年10月22日安装完毕,2016年10月24日开钻,钻井井深为6306m(设计井深6346m),现场累计钻井固体废物总量为2402m³,其中废弃钻井液175m³,钻屑2227m³。回用钻井液160m³,制成基土2450m³,免烧砌块86699块。

2)处理设备及平面布局

水基钻井固体废物不落地随钻处理装置由不落地随钻液相再生与回用系统、物料收集与输送系统、固相无害化处理系统和制备砌块系统组成(图2-3-17和图2-3-18)。

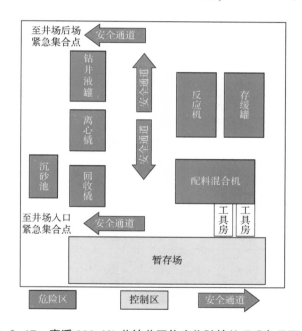

图2-3-17 磨溪022-X3井钻井固体废物随钻处理设备平面布局

(六)示范工程处理效果及资源化产品指标

在项目实施过程中,生产制备的聚磺钻屑资源化产品(免烧砌块和铺路基土),经四川省环境监测总站、自然资源部成都矿产资源监督检测中心、遂宁市环境监测站、西南油气田分公司川西北环境节能监测中心和四川省建材产品质量监督检验中心检测,浸出液主要指标pH=6~9、色度≤50倍、COD≤100mg/L、石油类≤5mg/L,达到了《污水综合排放

图 2-3-18　磨溪 022-X3 井钻井固体废物随钻处理设备（无害化处理）

标准》（GB 8978—1996）一级标准，抗压强度和放射性等指标均达到国家相关标准要求（表 2-3-1 和表 2-3-2）。

表 2-3-1　砌块和烧结砖强度和放射性检测结果

资源化产品	抗压强度/MPa	内照射指数 I_{Ra}	外照射指数 I_r
免烧砌块	15.9	0.32	0.29
烧结砖	21.6	0.4	0.6
标准值	10	≤1	≤1

表 2-3-2　基土和砌块浸出液检测结果

浸出液	pH 值	COD/(mg/L)	石油类/(mg/L)	色度/倍	Cr/(μg/L)	Cd/(μg/L)	Pb/(μg/L)	Hg/(μg/L)	Zn/(μg/L)	Cu/(μg/L)	Ni/(μg/L)
基土浸出液	8.27	46.7	ND	10	41	ND	ND	30	48	18	未检测
砌块浸出液	7.65	51	0.09	2	55	ND	ND	40	51	未检测	未检测
GB 8978—96（一级标准）	6~9	≤100	≤5	≤50	≤1500	≤100	≤1000	≤50	≤2000	500	≤1000

（七）工程取得的主要成效

（1）解决了聚磺钻井固体废物技术难题，取代了传统的钻井固体废物无害化填埋工艺，实现了聚磺钻井固体废物处理回用及资源化。

项目采用防渗可拆卸储存池和集成化橇装设备，取代了传统的钻井液坑。聚磺废钻井液再生处理后回用井场；废弃聚磺钻屑无害化和资源化处理，制备成铺路基土、免烧砖、免烧陶粒、免烧砌块等资源化产品（图 2-3-19），解决了聚磺钻井固体废物色度高、COD 高、pH 值高的技术难题。

图 2-3-19　聚磺钻井废物资源化利用

（2）开发了四套聚磺钻屑、高性能水基钻屑的多种类资源化产品工艺，并实现了资源化产品中钻屑的高比例使用。依托示范工程，通过室内技术攻关和现场试验，形成了聚磺废弃钻屑和高性能水基钻屑制备基土、免烧砖、免烧陶粒、免烧砌块等资源化产品工艺，钻屑在制备免烧砌块中占比 50% 以上，基土、砌块和烧结砖如图 2-3-20 所示。

(a)基土　　　(b)免烧砌块　　　(c)烧结砖　　　(d)免烧陶粒

(e)基土铺路　　　(f)护坡　　　(g)护坡　　　(h)内墙

(i)挡墙　　　(j)砌井　　　(k)堡坎　　　(l)台阶

图 2-3-20　基土、砌块和烧结砖

（3）形成了五套常规天然气、页岩气开发的钻井固体废物处理新工艺。

针对聚磺钻井固体废物，形成物理固液分离、液相回用+固相无害化处理+固相资源化处理工艺；针对聚合物钻井固体废物，形成加药破胶脱稳压滤分离—固相快速养护资源化+液相回用/回注处理工艺；针对高性能水基钻井固体废物，形成物理分离回收钻井液—固相快速养护资源化处理工艺；针对井下复杂情况废液，形成破胶—压滤分离—蒸汽快速养护资源化+液相回用/回注处理工艺；针对油基钻井固体废物，形成了电磁加热脱附处理工艺。

（4）开发了三套水基钻井固体废物技术不落地随钻处理成套装置，并进行了优化和升级。

开发了第一代"不落地收集+板框压滤机+无害化处理+钻屑资源化利用"成套设备一套；

开发了"不落地收集+高效物理固液分离+无害化处理+钻屑资源化利用（蒸汽快速养护）"成套设备两套（图2-3-21）。

图2-3-21　钻井废物不落地处理装备

（5）自主开发了两种聚磺钻井固体废物资源化处理剂，优选了三类钻屑、废弃钻井液和事故废液处理药剂（图2-3-22），形成了四套与水基钻井固体废物处理新工艺配套的处理药剂配方。

（6）建立了水基钻井固体废物处理技术经济评价体系（图2-3-23），形成了水基钻井固体废物处理处置技术规范。

三、　水基钻井废弃物集中利用处置工程示范

（一）工程背景

油田在开发生产过程中，不可避免地将会产生废弃钻井液。由于废弃钻井液中含有有机、无机类化学处理剂，存在高COD等污染指标，若不进行有效处理与资源化利用，必将存在环境污染隐患，给企业正常生产留下重大环保风险。根据新《环保法》要求，企事业单位和其他生产经营者"应当采取措施，防治产生的废水、废液等对环境的污染和危害"。

图 2-3-22　钻井固体废物资源化处理剂

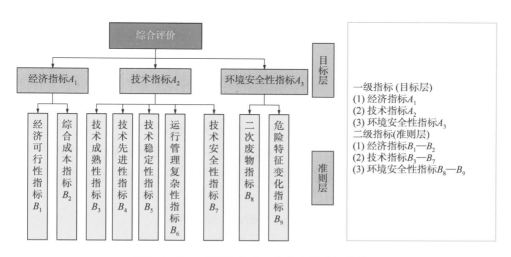

图 2-3-23　水基钻井废弃物处理技术评估体系

在所有钻井液体系中，水基钻井液由于价格低廉、性能易控、工艺简单、种类多样，在我国油气行业使用极为广泛。关于水基钻井液处置技术，化学强化固液分离是常用的处理技术，具有成本低、效率高、可规模化应用的优点，且脱稳分离后固液两相处理难度显著降低，特别是近年来随着钻井废物不落地处理技术的推广，化学强化固液分离作为其核心环节，应用越来越广泛。

大港油田废弃钻井液的处理采用集中和就地固化两种方式，2008年10月在港内建成一座废弃钻井液处理厂，2010年10月建成废弃钻井液无害化处理装置，设计处理能力$16 \times 10^4 m^3/a$。近年来，随着国家及地方环保政策要求日益严格，明令禁止采取就地固化处理方式。为实现废弃钻井液无害化综合利用，按照勘探与生产分公司要求，大港油田公司实施了钻井固体废物集中处理示范工程。

（二）处理工艺

采用化学脱稳—压滤工艺实现钻井固体废物固液分离，设计处理能力$800 m^3/d$，主体工艺设备为两套橇装装置（由脱稳装置和固液分离装置组成），处理后滤饼用于铺路、垫井场及制作免烧砖等，废水经钻修井废液处理工程处理后达到回注水标准要求，进入港东地区注水系统进行回注，实现污水零排放，如图2-3-24所示。

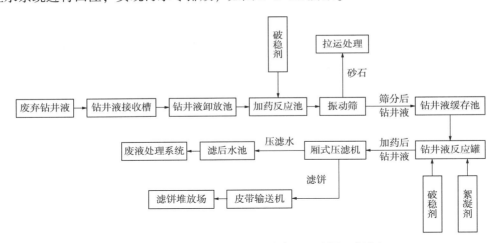

图2-3-24　水基钻井废弃物集中利用处置工艺流程

废弃钻井液处理设计指标为：（1）设计钻井液含水率≥75%，处理后滤饼含水率≤60%。（2）浸出液指标：pH值为6~9，石油类≤10mg/L，色度≤50倍。（3）处理后滤饼环境质量指标：执行《土壤环境质量建设用地土壤污染风险管控标准》（GB 36600—2018）第二类用地标准。

投产之初，钻井液卸放收集后需要通过加药罐、反应罐、钻井液处理仓、物料仓后进入固液分离装置进行压滤，并配套控制系统，存在工艺链长、操作烦琐问题，后来根据现场应用经验将卸放池一分为二，增加药剂反应和搅拌功能，直接达到压滤条件，操作简单。

针对该问题，通过对市场上应用的投料装置，包括喂料机、小袋拆包机、吨袋拆包机、带式输送机、螺旋输送机、管链输送机等进行对比和调研，最终确定管链输送机+吨袋拆包机组合方式，达到密闭加药、精准计量、全自动控制的目的。优化后工艺现场如图 2-3-25 所示。

图 2-3-25　优化后工艺现场

（三）主要处理装置

主要处理装置包括两套废弃钻井液处理装置、两座废弃钻井液收集池、一座加药池。在二次扩建时，通过和厂家结合和论证，将压滤机升级为程控隔膜压滤机，与普通压滤机相比，增加了二次压榨工艺和滤布自动清洗工艺。二次压榨工艺通过压榨泵将高压水注入滤板腔体来挤压滤饼使其进一步失水，能够减少保压时间，降低滤饼含水率，提高处理效率；自动清洗装置能够实现滤布定期自动清洗，使滤布更持久保持透水性能，提高处理效率和滤布使用寿命，如图 2-3-26 至图 2-3-29 所示。

图 2-3-26　脱稳装置

投产之初，滤布使用的是无纺布（丙纶针刺过滤毡），存在易起毛、形变大、较厚不易安装等问题，使用寿命不到 6 个月。通过市场调研和分析，认为滤布材质和织法直接影响其适用性，即从这两方面入手，通过对比材质（表 2-3-3），得出锦纶与丙纶的耐磨性、抗拉强度、伸长率和耐碱性都较好，均可纳入选择范围。而原使用的无纺布滤布由于抗拉性、耐磨性和耐碱性均不符合生产需求，因此排除选择。而不同类型纱线织成的滤布，通过对比性能(表2-3-4)得出结论，单丝滤布在过滤速度、卸饼性能、再生性能等方面性能优异；复丝滤布排名第二；无纺布的过滤速度、卸饼性能、再生性能均为最差，因此不考虑。根据前期理论研究基础，锁定丙纶复丝斜纹750b滤布及锦纶单丝斜纹2026加针刺尼滤布开展现场测试，使用半年后，通过对比滤布透水性、耐磨程度、耐酸碱性、滤饼剥离率、再生率等指标，最终选择锦纶单丝斜纹2026加针刺尼滤布。

图2-3-27　固液分离装置

图2-3-28　输送机

图2-3-29　废液处理工程

表 2-3-3　不同材质滤布性能对比表

性能	涤纶	锦纶	丙纶	维纶
耐酸性	—	—	良好	不耐酸
耐碱性	耐弱碱	良好	强	耐强酸
耐磨性	很好	很好	较好	一般
抗拉强度	很好	很好	较好	一般
导电性	很差	较好	良好	一般
断裂伸长率	30%~40%	18%~45%	>涤纶	12%~25%
回复性	很好	在10%伸长时回复率90%以上	略好于涤纶	较差
耐热性	170℃	130℃略收缩	90℃略收缩	较好，100℃有收缩

表 2-3-4　不同类型纱线织成的滤布性能排序表

性能	优先性排序	性能	优先性排序
滤液透明度	无纺滤布>复丝滤布>单丝滤布	卸饼性能	单丝滤布>复丝滤布>无纺滤布
过滤速度	单丝滤布>复丝滤布>无纺滤布	使用寿命	无纺滤布>复丝滤布>单丝滤布
滤饼含湿率	无纺滤布>复丝滤布>单丝滤布	再生性能	单丝滤布>复丝滤布>无纺滤布

（四）工程示范效果

2017 年 5 月中旬开始进行装置试投产运行，已处理废弃钻井液约 $7.1×10^4 m^3$。处理后固相滤饼及滤液相关技术指标达到了设计要求，室内实验效果如图 2-3-30 所示。

(a)钻塞钻井液　　　　　　(b)试油钻井液　　　　　　(b)油气钻井液

图 2-3-30　室内实验效果图

滤饼固相相关指标检测结果见表 2-3-5。

表 2-3-5　滤饼固相相关指标检测结果

检测项目	检测结果				设计指标
	滤饼 1 号	滤饼 2 号	滤饼 3 号	滤饼 4 号	
含水/%	38.2	35.2	26.1	35.5	≤60
矿物油/（mg/kg）	42.1	68.8	122	65.9	3000
总镉/（mg/kg）	7.8	8.4	10.5	11.5	20
总汞/（mg/kg）	3.68	4.00	5.76	5.63	15

续表

检测项目	检测结果				设计指标
	滤饼 1 号	滤饼 2 号	滤饼 3 号	滤饼 4 号	
总铅/（mg/kg）	60.1	244	176	143	1000
总铬/（mg/kg）	52.6	56.6	63.8	58.6	1000
总砷/（mg/kg）	13.2	15.1	24.1	23.7	75
总铜/（mg/kg）	34.4	36.9	44.6	44.8	500
总锌/（mg/kg）	278	304	397	429	1000
总镍/（mg/kg）	30.6	32.5	31.9	30.5	200
硼/（mg/kg）	37.6	54.0	42.0	39.2	150

滤饼浸出液检测结果见表 2-3-6。

表 2-3-6　滤饼浸出液检测结果　　　　　　　　　　　单位：mg/L

检测项目	检测结果				设计值
	滤饼浸出液 1 号	滤饼浸出液 2 号	滤饼浸出液 3 号	滤饼浸出液 4 号	
COD	45	40	36	31	120
石油类	0.05	0.06	0.07	0.06	10

滤液水悬浮物检测结果见表 2-3-7，固液分离后的滤饼与废水如图 2-3-31 所示。

表 2-3-7　滤液水悬浮物检测结果

样品名称	悬浮固体检测结果/（mg/L）	设计值/（mg/L）
2017 年 7 月 12 日取样（201）	140.0	
7 月 12 日取样（202）	12.3	
7 月 13 日取样（201）	4.4	
7 月 13 日取样（202）	160.0	1000
7 月 14 日取样（201）	14.4	
7 月 14 日取样（202）	46.5	

(a)经过固液分离后的固体滤饼

(b)经过固液分离后的废水

图 2-3-31　固液分离后的滤饼与废水

第四节　油基钻井液废弃物利用处置工程应用

一、油基钻井液废弃物 LRET 处理工程应用

（一）LRET 技术原理

液体油基钻井液资源回收环境技术（LRET）是在常温常压条件下使用药剂改变固相界面性质，即通过药剂对吸附在油—固界面上的油和化学成分的渗透增溶作用改变界面张力，使油在亲油固体表面的接触角减小，促使油珠在固体表面不断收缩而不是铺展，在浮力的作用下被拉伸并脱落分离，实现基浆从固相表面物理脱附分离，确保基础油、主（辅）乳化剂及其他钻井液化学添加剂以基浆原有乳化状态形式回收。LRET 技术是纯物理过程、无化学反应，处理过程中不产生新的化学物质，技术以回收油基钻屑上黏附的油基钻井液再利用实现降本增效为目的（图 2-4-1），属于油基钻井液的生产服务配套环节，同步实现生产过程中解决油基钻井液生态保护难题[17-20]。

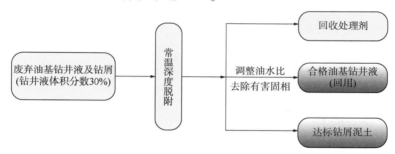

图 2-4-1　LRET 技术原理示意图

（二）LRET 工艺流程

LRET 技术首先利用油基钻井液与油基钻屑的密度差，采用多级多效变频耦合离心技术，在专门针对油基钻井液中超细固相的密度、粒径、黏度等特性基础上，优化设计离心力场，有效实现大部分油基钻井液的回收，将油基钻屑的含油率降低至 5%～10% 之间。其次采用基于物理方式辅以处理剂的回收技术，再回收油基钻屑中的油和全部化学添加剂，回收的油基钻井液性能满足钻井要求而循环利用，并控制最终固相含油率小于 1%。

LRET 主要设备包括：一级甩干分离橇、深度脱附反应橇、固相蒸脱橇、液相循环橇、冷凝回收橇、尾气净化橇、自控橇、锅炉、一级水冷橇及制冷机组橇。

工艺流程说明：

（1）运输车辆将油基钻屑从各钻井现场运送到 LRET 工程油基钻屑暂存池中；

（2）用抓斗上料装置将物料送入 LRET 脱附分离装置，在常温常压条件下，在 LRET 反应过程中加入脱附剂，与油基钻屑进行充分接触，LRET 脱附分离装置为密闭装置；

（3）LRET 脱附分离装置分离出的液体主要含有脱附剂和油基钻井液，将其送入液相精制调质装置，使基浆油水比（O/W）达到 80∶20～85∶15，密度达到 1.09～1.12g/cm³，满足油基钻井液指标要求；

（4）分离出的固相输送至固相达标装置，加热回收残留在固相中的脱附剂，为物理过程，分离后的固相含油率小于 1%；

（5）脱附剂冷凝回收装置，主要对工艺生产过程中产生的气相脱附剂进行冷凝，为密闭流程，回收脱附剂，回收的脱附剂返回 LRET 脱附分离装置循环使用。

（三）工程应用

LRET 技术已在长宁 H6 平台集中建站应用。完成长宁页岩气区块 13 个平台 45 口井，20000 余吨油基钻屑的资源化利用，回收油基钻井液超 3000m³（图 2-4-2），作为油基钻井液回用于钻井作业现场。回收的油基钻井液密度在 1.1g/cm³ 左右，可满足钻井液重复使用性能要求。

图 2-4-2　LRET 设备和回收的油基钻井液

处理后的钻屑固相经权威检测机构检测，含油量为 0.3%，远低于 1%；浸出液 pH 值为 7.28～9.12。按照《危险废物鉴别标准　腐蚀性鉴别》（GB 5085.1—2007）、《危险废物鉴别标准　浸出毒性鉴别》（GB 5085.3—2007）、《危险废物鉴别标准　毒性物质含量鉴别》（GB 5085.6—2007）鉴别结果表明，处理后的钻屑的腐蚀性、急性毒性、浸出毒性、易燃性、反应性、毒性物质含量等各项性能均不具备危险废物特性（表 2-4-1 和表 2-4-2）。

表 2-4-1　LRET 处理油基钻屑的排渣浸出毒性检出结果

检测项目	检测结果/（mg/L）	GB 5085.3—2007 规定限值
铜（以总铜计）	0.0194～0.0634	100
锌（以总锌计）	ND～0.0515	100
镉（以总镉计）	ND～0.0025	1
铅（以总铅计）	ND～0.0556	5
总铬	ND～0.0158	15
汞（以总汞计）	ND～0.0002	0.1

检测项目	检测结果/（mg/L）	GB 5085.3—2007 规定限值
钡（以总钡计）	0.346~4.96	100
镍（以总镍计）	0.0407~0.0543	55
砷（以总砷计）	0.0024~0.0062	5
硒（以总硒计）	0.0025~0.0100	1

表 2-4-2　LRET 处理油基钻屑的排渣毒性物质含量计算结果

检测项目	计算化合物	换算结果/（mg/kg）	GB 5085.6—2007 规定限值
铍	氧化铍	1.1~2.5	0.10%
钒	钒	56.4~91.5	3.00%
铬	铬酸镉	108~346	0.10%
锰	锰	370~1380	3.00%
钴	硫酸钴	13.9~19.2	0.10%
镍	硫化镍	103.0~119.4	0.10%
砷	砷酸钠	38.1~48.2	0.10%
硒	硒化镉	9.2~13.1	0.10%
镉	硫酸镉	1.5~3.9	0.10%
汞	硫氰酸汞	ND~0.8	0.10%
钡	碳酸钡	813.7~12112.1	3.00%
铊	碘化铊	0~1.3	0.10%
铅	磷酸铅	78.2~350.8	0.50%
	石油溶剂	（1.10~4.71）×10³	—
	累计毒性	0.619~0.929	1

对照《危险废物鉴别标准　浸出毒性鉴别》（GB 5085.3—2007）规定限值，样品的浸出毒性测试项目的检出浓度均低于《危险废物鉴别标准　浸出毒性鉴别》（GB 5085.3—2007）的浓度限值。

对照《危险废物鉴别标准　毒性物质含量鉴别》（GB 5085.6—2007）第 4 章规定限值，所有样品的毒性物质含量和累计值均未超过《危险废物鉴别标准　毒性物质含量鉴别》（GB 5085.6—2007）的鉴别标准限值要求。

LRET 技术与装备工程应用至今，累计处理含油固体废物 34×10^4 t（含老化、离心后的高固相劣质油基钻井液），回收、回用油基钻井液基浆 4.5×10^4 m³，充分表明油基钻井液拥有极强的稳定性与通用性，具备"无限次"循环利用的"潜力"；同时，LRET 技术及装备完全满足含油固体废物资源化利用的需求，处理后固相达到有关指标要求，实现了油基钻井降本增效和生态环境保护双突破。油基钻井液固体物中基浆回收率大于 99.5%，品质合格，能对老化和被污染的油基钻井液进行优化调质，重复利用油基钻井液，可降低每口井油基钻井液成本约35%。适用范围广，对油基钻井产生的8类含油固体废物均能高效处理，处理后固相含油率低于1%，实现油基钻井的绿色发展[21-26]。

二、 油基钻井液废弃物热脱附处理工程应用

（一）热脱附技术原理

油基钻屑由无机矿物、柴油(或白油)、水和油基钻井液添加剂组成。通过热脱附炉加热升温至处理温度，钻屑中的柴油(或白油)、水等挥发分从无机矿物中脱附分离，形成富含有机烃、水蒸气和粉尘的脱附混合气体，使残渣达到环保要求。脱附混合气体经除尘、冷却分离成冷凝液和不凝气，不凝气回收回用于供热系统或经废气处理系统处理后达标排放，冷凝液经油水分离处理分成油相和水相两部分，油相回收利用，水相经处理后回用或转运至污水处理站处理。

电磁加热器是利用电磁感应原理将电能转换为热能的装置，将380V、50Hz的三相交流电转换成直流电，再将直流电转换成10~30kHz的高频低压大电流电，高速变化的高频高压电流流过线圈会产生高速变化的交变磁场，当磁场内的磁力线通过导磁性金属材料时会在金属体内产生无数的小涡流，使金属材料本身自行高速发热，进而加热金属材料料筒内的物料(图2-4-3)。

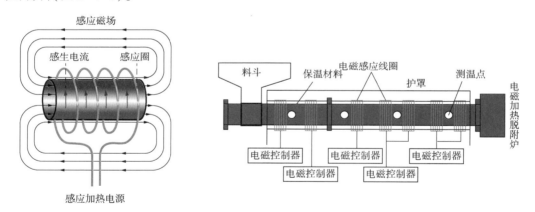

图 2-4-3　电磁加热装置工作原理示意图

（二）热脱附处理工艺流程

油基钻屑式热脱附处理成套设备由热脱附处理单元、辅助处理单元、尾气处理单元、总配电与中央控制单元、预处理单元5部分组成。

（1）热脱附处理单元：主要用于进料、电磁加热脱附反应、冷却出料以及配套的制氮保护、水冷保护等(图2-4-4)；

（2）辅助处理单元：主要用于脱附混合气体的除尘与冷凝、冷凝液油水分离处理、分离出水和出油的暂存等；

（3）尾气处理单元：主要用于处理脱附气冷凝后的不凝气，实现达标排放；

（4）总配电与中央控制单元：用于热附脱处理成套装置的终端控制，主要包括操控系统、数据采集系统、视频监控系统等；

（5）预处理单元：用于油基钻屑的甩干离心、缓存上料输送等，主要包括甩干离心机、输送螺旋或刮板机等。

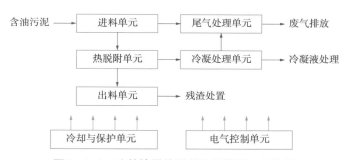

图2-4-4　油基钻屑热脱附处理装置工艺流程

（三）工程应用

1. 油基钻屑电磁加热式热脱附处理工程示范

2020年，安全环保院研制出油基钻屑电磁加热式热脱附处理装置（图2-4-5），在大庆油田完成油基钻屑电磁加热式热脱附处理工程示范。脱附温度大于450℃，产生的固体废渣含油率小于0.3%，产生的油转运到联合站回收，产生的废水转运到油田污水处理站处理。

图2-4-5　油基钻屑电磁加热式热脱附处理主体装置及处理后钻屑

热脱附气体经过碱洗后，颗粒物、二氧化硫和氮氧化物等常规监测污染物含量浓度和排放速度均低于《大气污染综合排放标准》（GB 16297—1996）二级标准，非甲烷总烃较排放标准高约50.8%。经催化氧化处理后，颗粒物、二氧化硫、氮氧化物和非甲烷总烃等指标均远低于排放标准，其中非甲烷总烃的去除率达到95.2%，表明尾气处理单元处理效果优异（表2-4-3）。

表 2-4-3　油基钻屑电磁加热式热脱附处理系统的尾气污染物去除效果

检测项目	总排口检测结果		GB 16297—1996 表 2(二级)限值	
	排放浓度/(mg/m³)	排放速率/(kg/h)	最高允许排放浓度/(mg/m³)	15m 排气筒最高允许排放速率/(kg/h)
颗粒物	2.7	0.0124	120	3.5
二氧化硫	<3	6.88×10^{-3}	550	2.6
氮氧化物	<3	6.88×10^{-3}	240	0.77
非甲烷总烃	5	0.0234	120	10

收集了冷凝回收油罐收集的油样与不凝气引风机出口处收集的油样，测试了油样的馏程，结果见表 2-4-4，从表 2-4-4 中数据可以看出，冷凝回收油罐收集的油样比不凝气引风机出口处收集的油样的初馏点高 26.2℃，表明冷凝回收油罐的油品相对较重，冷凝液中的轻质油品未充分凝结，被引风输出到后续碱洗水封罐中。

表 2-4-4　油基钻屑电磁加热式热脱附处理回收油的馏程

温度/℃	累计馏出质量分数/%	
	回收油(引风机出口)①	回收油(回收油罐)②
140	0.9	—
160	1.1	—
180	1.1	0.4
200	2.0	2.7
220	11.1	10.6
240	23.1	26.6
260	41.8	41.2
280	56.3	54.3
300	68.8	66.2
总馏量	70.6	67.3

① 初馏点 132.7℃；

② 初馏点 158.9℃。

单套装置处理能力 1.5×10^4t/a，若采用绿电技术，与天然气加热处理技术相比，电磁加热处理可减少天然气消耗 60×10^4m³/a，减少 CO_2 排放量 335t/a。电磁加热：天然气单耗 0，电能单耗 460kW·h/t，总能耗 56.52kg 标准煤/t；天然气加热：天然气单耗 40m³/t，电能单耗 60kW·h/t，总能耗 56.52kg 标准煤/t(图 2-4-6)。

2. 油基钻屑摩擦式热解吸处理现场试验

摩擦式热解吸分离器是油基钻屑环境安全处理工程的主要装置。其功能是通过油基钻屑中含有的约 70%钻屑固形物与装置设计的旋转叶片组在旋转状态下的相互碰撞和接触摩擦，同时钻屑在旋转叶片搅动下的高速抛射，自身碰撞和相互摩擦产生的热能将温度升高至各类挥发烃类挥发温度，温度在 260~330℃之间。油基钻屑中油与水两相物质蒸发，从而完成固液分离。固相在自主研发的卸料装置的作用下排出分离机。产生的油水混合蒸气在出口负压带动下进入后续的冷凝分离设备进行回收再利用。

热解吸分离器主要由腔体、研磨棒、动密封、卸料及出气腔等装置组成，如图2-4-7所示。

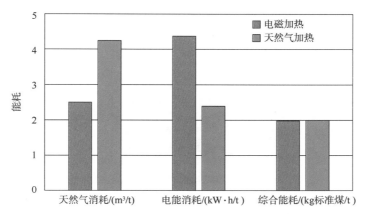

图2-4-6　油基钻屑电磁加热与天然气加热能耗对比

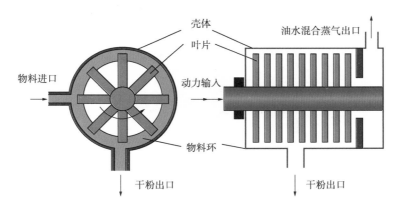

图2-4-7　摩擦式热解吸分离器结构示意图

工艺流程图如图2-4-8所示。

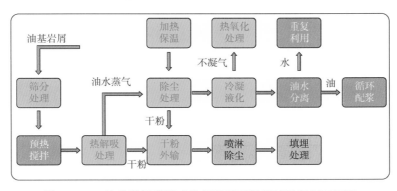

图2-4-8　油基钻屑摩擦式热解吸处理装置试验现场平面图

经摩擦式热解吸处理装置(图2-4-9)处理后固相颗粒较细，污染物去除较为彻底，页岩气含油钻屑摩擦式热解吸处理装备处理能力为2.3t/h，处理后钻屑含油率0.1%~0.5%，满足项目设计要求(图2-4-10和表2-4-5)。

图2-4-9　油基钻屑摩擦式热解吸处理装置

(a)处理前含油钻屑

(b)处理后钻屑干粉

图2-4-10　油基钻屑摩擦式热解吸处理装置现场试验处理前后的样品

表2-4-5　油基钻屑摩擦式热解吸处理后钻屑重金属含量检测结果

序号	项　　目	结　　果	序号	项　　目	结　　果
1	pH 值	11.46	8	钡/(μg/L)	ND~2.5
2	汞/(μg/L)	0.44	9	镍/(mg/L)	ND~0.008
3	铜/(mg/L)	ND~0.05	10	总铬/(mg/L)	0.051
4	锌/(mg/L)	ND~0.02	11	砷/(mg/L)	0.012
5	铅/(mg/L)	ND~0.2	12	硒/(μg/L)	8.9
6	镉/(mg/L)	ND~0.05	13	六价铬/(mg/L)	0.014
7	铍/(μg/L)	ND~0.1			

由表2-4-5可以看出，体系中汞、总铬、砷、硒及六价铬均有检出，但检出浓度均远低于《危险废物鉴别标准 浸出毒性鉴别》（GB 5085.3—2007）规定的限值。

处理后回收基础油全部用于二次配制钻井液，处理后固相最高含油率0.7%，平均含油率0.45%。由表2-4-6中结果可以看出，回收油配制的油基钻井液性能指标与现场用油基钻井液指标相近，性能稳定，满足现场钻井要求。

表2-4-6 添加3%回收油前后现场用油基钻井液主要性能对比

序号	名称	密度/（g/cm³）	Φ_{600}/Φ_{300}	Φ_{200}/Φ_{100}	Φ_6/Φ_3	表观黏度/（mPa·s）	塑性黏度/（mPa·s）	动切力/Pa	初切/终切/Pa	破乳电压/V
1	现场油基钻井液	2.0	182/104	75/43	5/4	91	78	13	1.5/13	226/192/182
2	+3%回收油	2.0	165/93	63/39	5/4	82.5	72	10.5	1.5/10.5	264/235/204

注：$\Phi_{600}/\Phi_{300}/\Phi_{200}/\Phi_{100}/\Phi_6/\Phi_3$——六速旋转黏度计600（r/min）/300（r/min）/200（r/min）/100（r/min）/6（r/min）/3（r/min）转速下的黏度值。

除对回收油进行资源化利用外，对处理后钻屑固相开展综合利用研究，试验用于水泥稳定层、沥青混凝土修筑（图2-4-11）。开展了脱油钻屑水泥稳定碎石在基层中的路用性能试验，测试无侧限抗压强度、劈裂抗拉强度、抗压回弹模量，分析不同配比对道路基层的影响。通过对不同配合比7d无侧限抗压强度、90d劈裂抗拉强度和90d抗压回弹模量进行分析，掺脱油钻屑水泥稳定碎石基层7d抗压强度和90d劈裂抗拉强度均能满足钻前公路的标准。

将脱油岩屑掺入道路混合料中，用于钻前工程井场公路中，经现场试验检测，能满足钻前公路的路用性能要求，同时符合国家的环保标准，为实现油基钻屑的资源化利用提供理论参考和科学依据，从源头治理，就地综合利用，实现油基钻屑的无害化处理和资源化再利用，有利于社会、环境、经济的可持续发展。

(a)压实路基及黏性土

(b)铺设土工膜

(c)铺摊压实级配碎石

(d)水泥稳定碎石混合料拌制

(e)铺摊水泥稳定碎石

(f)压路机压实

图2-4-11 油基钻屑热解吸处理残渣在无机稳定层中应用

第五节 钻井危险废物靶向豁免管理

含油污泥和钻井废弃物是油气勘探开发过程中必然会产生的两种主要固体废弃物。欧美等发达国家未将钻井废物纳入危险废物进行统一管理，而在我国，因其具有含油量大、成分复杂等特点，因此被纳入《国家危险废物名录》进行管理，而且国家对危险废物的收集、储存、运输和处置经营等实行非常严格的监管，只能由有资质的单位进行处理、处置。

中国石油油气开发业务年固体废物产生总量 $1000×10^4t$ 以上，其中钻井废物产生量为 $900×10^4t$ 左右，占固体废物产生总量的 80% 左右，钻井废弃物之前统一被纳入《国家危险废物名录》，按照危险废物管理。新《环保法》实施后，危险废物的处置费用不断攀升，监管措施日益严格，给中国石油油气开发固体废物管理带来巨大困难：一是不仅带来高昂的处置费用，而且最终处置途径受到限制，环境违法风险高，环境合规管理压力巨大；二是因对固体废物属性存在争议，部分项目立项、环评、验收等过程受到影响；三是因缺少处理处置的污染控制标准，部分资源化利用项目无法立项，严重影响了油气勘探开发固体废物的无害化处理处置和资源化利用，固体废物的合规处理处置已成为制约油气田企业绿色发展的瓶颈问题。

针对中国石油油气开发过程产生的钻井废弃物、油基钻屑和含油污泥等固体废物处理处置存在的环境违法风险高、规范化管理压力大等难题，开展了油气勘探开发固体废物污染特性分析、固体废物处理处置风险评估、固体废物处理技术评估和固体废物处理处置污染控制技术规范研究，提出危险废物豁免和处理处置污染控制管理要求[27-33]。

一、 油气钻井固体废物的污染特性

油气钻井固体废物包括水基废弃钻井液和油基废弃钻井液。

钻井液是油气钻探及开采过程中，孔内使用的循环清洗介质，按分散介质分为水基钻井液和油基钻井液等。开采过程中经管线向井内注入高压钻井液，通过钻头挤入井底。钻进过程由钻头切削下的钻屑(含大颗粒钻屑和细颗粒泥、砂)和钻井液通过井底排砂管线排出，进入钻井液循环分离回用系统。在钻井液循环分离回用系统内，振动筛分离大颗粒的钻屑后，钻井液再依次经过除砂器、除泥器和离心机，分别分离出细颗粒钻屑、砂和泥，分离后的钻井液回收进入钻井液罐，重新调配后用于钻进作业，由此得到水基废弃钻井液和油基废弃钻井液样品(图 2-5-1)。

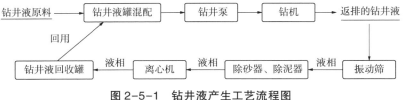

图 2-5-1 钻井液产生工艺流程图

为了分析油气钻井固体废物的污染特性，分别采集了新疆油田、塔里木油田和大庆油田各类样品共计 208 个，具体样品数目汇总见表 2-5-1。

表 2-5-1　样品数目汇总

单位：个

油田	原油	油泥处理后残渣	水基废弃钻井液	油基废弃钻井液处理后残渣	岩心
新疆油田	5	8	6	—	40
塔里木油田	2	—	20	15	24
大庆油田	6	7	38	—	24
长庆油田	—	—	—	17	—
合计	13	15	64	32	84

注：新疆油田、塔里木油田和大庆油田的岩心样品直接从岩心库取得。

依据油气钻采过程中固体废物来源及危险特性初步分析，对固体废物浸出毒性和毒性物质含量采用国标规定的标准方法进行检测分析，具体检测指标如下。

（1）浸出毒性：Be、Cr、Ni、Cu、Zn、As、Se、Ag、Cd、Ba、Hg、Pb 共 12 种重金属元素。

（2）毒性物质含量：苯、甲苯、氯苯、乙苯、间二甲苯+对二甲苯、苯乙烯、邻二甲苯、1,3,5-三甲苯、1,2,4-三甲苯、1,3-二氯苯、1,4-二氯苯、1,2-二氯苯、1,2,4-三氯苯 13 种苯系物。

（3）16 种多环芳烃：萘、苊烯、苊、芴、菲、蒽、荧蒽、芘、苯并[a]蒽、䓛、苯并[b]荧蒽、苯并[k]荧蒽、苯并[a]芘、二苯并[a,h]蒽、苯并[g,h,i]苝、茚并[1,2,3-cd]芘。

（4）17 种重金属元素：Be、V、Cr、Mn、Co、Ni、Cu、Zn、As、Se、Ag、Cd、Sb、Ba、Hg、Tl、Pb。

（一）水基废弃钻井液

1. 浸出毒性

水基废弃钻井液浸出毒性检测结果见表 2-5-2，对比《危险废物鉴别标准　浸出毒性鉴别》（GB 5085.3—2007）中对浸出毒性鉴别标准限值的规定。

表 2-5-2　水基废弃钻井液浸出毒性结果汇总

序号	危害成分	检出率/%	均值[1]/(μg/L)	最大值/(μg/L)	最小值/(μg/L)	超标数/个	检出限/(μg/L)	标准[2]/(μg/L)
1	Be	100	0.97	2.4	0.05	0	0.029	20
2	Cr	100	120.80	1723	0.73	0	0.13	15000
3	Ni	100	43.20	219	2.7	0	0.26	5000
4	Cu	100	114.25	1379	9.1	0	0.73	10×10^4
5	Zn	98	312.22	1297	未检出	0	0.51	10×10^4

序号	危害成分	检出率/%	均值①/($\mu g/L$)	最大值/($\mu g/L$)	最小值/($\mu g/L$)	超标数/个	检出限/($\mu g/L$)	标准②/($\mu g/L$)
6	As	100	504.07	3729	8.1	0	0.1	5000
7	Se	100	6.64	153	0.57	0	0.11	1000
8	Ag	95	1.18	11.5	ND	0	0.022	5000
9	Cd	97	0.99	6	ND	0	0.03	1000
10	Ba	100	9664.28	86450	80.9	0	0.42	10×10^4
11	Hg	98	3.25	24.4	ND	0	0.012	100
12	Pb	100	721.60	5207	1.2	2	0.35	5000

① 不含未检出;

② 《危险废物鉴别标准 浸出毒性鉴别》(GB 5085.3—2007)。

2. 毒性物质含量

检测含重金属毒性物质含量前需要将重金属转化成含重金属的化合物,依据最不利假设筛选含重金属毒性化合物的种类(即含同类重金属),如未能准确确定其化合物种类的,可依据分子量最大的和标准值最低的化合物进行鉴别。

依据《危险废物鉴别标准 毒性物质含量鉴别》(GB 5085.6—2007)附录 A—附录 F 中含 Cu、Zn、Ag 的重金属毒性物质均为氰化物或氟化物,此外,V 为单质钒,Mn 为单质锰,从油气钻采固体废物的产生过程来看,其中不可能含有这 5 种元素相对应的毒性物质,因此这 5 种重金属不纳入毒性物质含量计算。

水基废弃钻井液中所含的 Ba,主要来源于钻井液中作为密度调节剂的重晶石($BaSO_4$),在整个油气钻采过程中,其化学性质并未改变,仍为 $BaSO_4$,不属于《危险废物鉴别标准 毒性物质含量鉴别》(GB 5085.6—2007)附录 A—附录 F 中的毒性物质,因此也不计入毒性物质计算。对其余 11 种重金属所对应的毒性化合物筛选结果见表 2-5-3。

表 2-5-3 毒性物质含量计算中化合物的选择

重金属元素	对应化合物①	化合物毒性类别	分子量/原子量
Be	硫酸铍	致癌性物质	177.15/9.01
Cr	铬酸钙	致突变性物质	192.12/52.0
Co	硫酸钴	致癌性物质	155.0/58.93
Ni	硫化镍	致癌性物质	90.77/58.69
As	砷酸盐②	致癌性物质	398.07/74.92
Se	二氧化硒	剧毒物质	110.96/78.96
Cd	硫酸镉	致癌性物质	208.47/112.4
Sb	五氧化二锑	有毒物质	323.50/121.8
Hg	硝酸亚汞	剧毒物质	525.19/200.6

重金属元素	对应化合物①	化合物毒性类别	分子量/原子量
Tl	碘化铊	剧毒物质	331.27/204.4
Pb	磷酸铅	生殖毒性物质	811.51/207.2

① 仅为按最不利假设计算毒性物质时选择的化合物，不代表废物中实际含有；

② 按砷酸钙计。

水基废弃钻井液中重金属根据表2-5-3计算重金属化合物含量。此外，依据《危险废物鉴别标准 毒性物质含量鉴别》（GB 5085.6—2007）中4.6规定，按照以下公式计算和判断累积毒性：

$$\sum\left[\left(\frac{P_{T+}}{L_{T+}}\right)+\left(\frac{P_T}{L_T}\right)+\left(\frac{P_{Carc}}{L_{Carc}}\right)+\left(\frac{P_{Muta}}{L_{Muta}}\right)+\left(\frac{P_{Tera}}{L_{Tera}}\right)\right]\geq 1 \qquad (2-5-1)$$

式中　P_{T+}——固体废物中剧毒物质的含量，mg/kg；

P_T——固体废物中有毒物质的含量，mg/kg；

P_{Carc}——固体废物中致癌性物质的含量，mg/kg；

P_{Muta}——固体废物中致突变性物质的含量，mg/kg；

P_{Tera}——固体废物中生殖毒性物质的含量，mg/kg；

L_{T+}、L_T、L_{Carc}、L_{Muta}、L_{Tera}——各种毒性物质的标准值。

水基废弃钻井液中毒性物质含量计算结果见表2-5-4。

表2-5-4　水基废弃钻井液中毒性物质含量计算结果汇总

类别	毒性物质①	最大值/%	限值②/%	超标数/个	
				毒性物质	同类毒性物质之和
剧毒物质	二氧化硒	0.00011	0.1	0	
	硝酸亚汞	0.00264		0	
	碘化铊	0.00034		0	
有毒物质	五氧化二锑	0.2079	3	0	
致癌性物质	硫酸铍	0.0031	0.1	0	0
	硫酸钴	0.0023		0	
	硫化镍	0.0032		0	
	砷酸盐③	0.0058		0	
	硫酸镉	0.00048		0	
致突变性物质	铬酸钙	0.02268	0.1	0	0
生殖毒性物质	磷酸铅	0.2777	0.5	0	0
累积毒性④			1	0	

① 仅为按最不利假设计算毒性物质时选择的化合物，不代表废物中实际含有；

②《危险废物鉴别标准 毒性物质含量鉴别》（GB 5085.6—2007）；

③ 按砷酸钙计；

④ 按公式(2-5-1)计算。

（二）油基废弃钻井液处理后残渣

1. 浸出毒性

塔里木油田和长庆油田处理后的油基废弃钻井液浸出毒性检测结果见表2-5-5，所有样品浸出液中危害成分浓度均未超过《危险废物鉴别标准 浸出毒性鉴别》（GB 5085.3—2007）中规定的标准限值。

表2-5-5 处理后油基废弃钻井液浸出毒性结果汇总

序号	危害成分	检出率/ %	均值[①]/ （μg/L）	最大值/ （μg/L）	最小值/ （μg/L）	超标数/ 个	检出限/ （μg/L）	标准[②]/ （μg/L）
1	Be	3	0.04	0.04	ND	0	0.029	20
2	Cr	100	17.72	77.6	2.1	0	0.13	15000
3	Ni	91	42.03	87	ND	0	0.26	5000
4	Cu	100	82.75	207	1.2	0	0.73	100000
5	Zn	9	4.62	10.2	ND	0	0.51	100000
6	As	100	3.19	7.2	0.66	0	0.1	5000
7	Se	100	7.66	14.9	2.5	0	0.11	1000
8	Ag	9	0.12	0.17	ND	0	0.022	5000
9	Cd	56	0.13	0.22	ND	0	0.03	1000
10	Ba	100	247.12	865	5	0	0.42	100000
11	Hg	91	0.27	1	ND	0	0.012	100
12	Pb	22	0.95	1.5	ND	0	0.35	5000

① 不含未检出；

②《危险废物鉴别标准 浸出毒性鉴别》（GB 5085.3—2007）。

2. 毒性物质含量

对处理后的油基废弃钻井液中的苯系物及多环芳烃含量进行了检测，依据《危险废物鉴别标准 毒性物质含量鉴别》（GB 5085.6—2007），筛选出有毒物质、致癌性物质以及致突变性物质（表2-5-6）。在检测的32个样品中，所有样品均未超过规定的标准限值，且累积毒性最大值仅为0.000245%，远小于标准限值1。

表2-5-6 处理后油基废弃钻井液中毒性物质含量计算结果汇总

类别	毒性物质	最大值/%	限值/%	超标数/个	
				毒性物质	同类毒性物质之和
有毒物质	苯乙烯	0.0000011	3	0	0
	1,3-二氯苯	0.00000019		0	
	1,4-二氯苯	ND		0	
	1,2-二氯苯	ND		0	
	1,2,4-三氯苯	ND		0	

类别	毒性物质	最大值/%	限值/%	超标数/个	
				毒性物质	同类毒性物质之和
致癌性物质	苯	0.0000808	0.1	0	0
	苯并[a]蒽	0.0000553		0	
	苯并[b]荧蒽	0.0000443		0	
	苯并[k]荧蒽	0.0000257		0	
	二苯并[a, h]蒽	0.0000039		0	
致突变性物质	苯并[a]芘	0.0000352	0.1	0	0
累积毒性		0.000245	1	0	

（三）油泥处理后残渣

对处理后油泥中的苯系物及多环芳烃含量进行了检测，汇总结果见表2-5-7。在采集的15个样品中，所有样品均未超过《危险废物鉴别标准　毒性物质含量鉴别》（GB 5085.6—2007）中规定的标准限值，且累积毒性最大值仅为0.000397%，远小于标准限值1（表2-5-7）。

表2-5-7　处理后油泥中毒性物质含量计算结果汇总

类别	毒性物质	最大值/%	限值/%	超标数/个	
				毒性物质	同类毒性物质之和
有毒物质	苯乙烯	0.00000083	3	0	0
	1,3-二氯苯	0.00000009		0	
	1,4-二氯苯	ND		0	
	1,2-二氯苯	ND		0	
	1,2,4-三氯苯	ND		0	
致癌性物质	苯	0.00000166	0.1	0	0
	苯并[a]蒽	0.0000427		0	
	苯并[b]荧蒽	0.0000291		0	
	苯并[k]荧蒽	0.0000362		0	
	二苯并[a, h]蒽	0.0000083		0	
致突变性物质	苯并[a]芘	0.0002791	0.1	0	0
累积毒性		0.000397	1	0	

（四）岩心

岩心中重金属化合物的选择及毒性含量计算方法同上，结果汇总见表2-5-8，所有样品的毒性物质含量及最大累积毒性均未超过标准限值。

表 2-5-8　岩心毒性物质含量计算结果汇总

类别	毒性物质①	最大值/%	限值②/%	超标数/个	
				毒性物质	同类毒性物质之和
剧毒物质	二氧化硒	0.0002388	0.1	0	0
	硝酸亚汞	0.0000097		0	
	碘化铊	0.0000631		0	
有毒物质	五氧化二锑	0.0008498	3	0	0
致癌性物质	硫酸铍	0.0027524	0.1	0	0
	硫酸钴	0.0048918		0	
	硫化镍	0.0056606		0	
	砷酸盐③	0.0121668		0	
	硫酸镉	0.0001317		0	
致突变性物质	铬酸钙	0.0750004	0.1	0	0
生殖毒性物质	磷酸铅	0.0104180	0.5	0	0
累积毒性④			1		

① 仅为按最不利假设计算毒性物质时选择的化合物，不代表废物中实际含有；

② 《危险废物鉴别标准　毒性物质含量鉴别》(GB 5085.6—2007)；

③ 按砷酸钙计；

④ 按公式(2-5-1)计算。

　　水基废弃钻井液和油基废弃钻井液样品浸出液中危害成分浓度均未超过《危险废物鉴别标准　浸出毒性鉴别》(GB 5085.3—2007)中规定的标准限值。

　　依据《危险废物鉴别标准　毒性物质含量鉴别》(GB 5085.6—2007)，按照最不利假设筛选出 11 种含重金属毒性化合物种类，依次判断毒性物质含量，水基废弃钻井液和岩心中重金属累积毒性远小于标准限值 1。

　　对处理后的油基废弃钻井液和油泥处理后残渣中的苯系物及多环芳烃依据《危险废物鉴别标准　毒性物质含量鉴别》(GB 5085.6—2007)，筛选出了有毒物质、致癌性物质以及致突变性物质。所有样品均未超过规定的标准限值，且累积毒性远小于标准限值 1。

二、 水基废弃钻井液属性鉴别

　　选取五大典型沉积盆地、代表性地层岩心岩屑和不同钻井液体系产生的钻井废物样品，开展属性鉴别工作，科学地建立了包括腐蚀性、易燃性、反应性、浸出毒性、含毒性物质等 33 项参数的水基钻井废弃物危险属性鉴定指标体系，用于鉴别水基废弃钻井液危险特性。

（一） 固体废物危险特性识别

　　根据废弃钻井液的产生流程判断，其中的主要物质为钻屑、泥和砂、钻井液和水。当钻井进入油层时，油也会随钻井液排出进入钻井液循环分离回用系统。当钻井进入气田油气层时，油（主要是凝析油，又称天然汽油，其主要成分是 $C_5—C_8$ 烃类的混合物，其馏分多在 20~200℃）也会随钻井液排出进入钻井液处理系统。

钻井液循环分离回用系统分离出来的钻屑来自钻井不同的地层物质。因此，废弃钻井液中的危害成分可能包括不同地层中含泥、砂成分中的重金属物质。

废弃钻井液中的油主要来自油层中的油或凝析油。因此，废钻井液中的危害成分可能包括多环芳烃、苯系物和石油烃。

水基钻井液是一种以水为分散介质，以黏土（膨润土）、加重剂及各种化学处理剂为分散相的溶胶悬浮体混合体系。其主要成分是水、黏土、加重剂和各种化学处理剂等。普通水基钻井液由清水+膨润土+分散剂+碱度调节剂+抑制剂+降滤失剂+防塌剂+润滑剂+油保剂+加重剂等组成。钻井液中可能存在的危害物质包括来自重晶石、黏土和各种化学试剂中的重金属、丙烯酰胺单体，以及作为润滑剂白油中的石油烃。

此外，用于脱稳和分离加入的药剂中的杂质也可能含有重金属。

聚丙烯酰胺工业品中残留的丙烯酰胺单体含量一般为 0.05%~0.5%。假设钻井液使用的聚丙烯酰胺残留的丙烯酰胺单体含量为 0.5%。根据水基钻井液的组成，计算得到钻井液中丙烯酰胺单体的含量为 3mg/kg，远低于《危险废物鉴别标准　毒性物质含量鉴别》（GB 5085.6—2007）中致突变性物质含量限值（1000mg/kg）。废钻井液中因含有大量的水、钻屑等物质，钻屑中酰胺单体的含量应小于 3mg/kg。据此可以判断，废钻井液中不存在丙烯酰胺的致突变危险特性。

综上所述，废弃钻井液中可能存在的危害物质包括重金属、苯系物、多环芳烃和石油烃。

根据以上分析判断，废弃钻井液危害特性初步识别如下。

1. 腐蚀性

钻井液大部分呈较弱的碱性，pH 值一般控制在 8.5~10。因此，总体上废弃钻井液存在强碱性的可能性不大。通过对 40 个样品做预检，检测结果显示废弃钻井液浸出液的 pH 值在 8.12~10.6 范围内，均低于《危险废物鉴别标准　腐蚀性鉴别》（GB 5085.1—2007）中 pH 限值 12.5。因此，废弃钻井液不存在《危险废物鉴别标准　腐蚀性鉴别》（GB 5085.1—2007）中腐蚀性危害特性。

2. 易燃性

尽管进入油层或气层后，水基废弃钻井液中可能含有一定量的油或凝析油。但水基废弃钻井液含有大量的水（含水率为 60%~80%），并且钻屑中的固相物以岩屑、泥砂为主，都不具有易燃性。按照《易燃固体危险货物危险特性检验安全规范》（GB 19521.1—2004）中的方法，对废弃钻井液样品的燃烧速率进行测试。结果显示，水基废弃钻井液样品均不可燃，即燃烧速率为 0。因此，可以判断水基废弃钻井液不可能存在《危险废物鉴别标准　易燃性鉴别》（GB 5085.4—2007）中固态废物易燃性危害特性。

3. 反应性

水基废弃钻井液含有大量水分，常温条件下不存在《危险废物鉴别标准　反应性鉴别》（GB 5085.5—2007）4.1 中爆炸性质，也不存在 4.2.1 和 4.2.2 中遇水反应的性质。并且海南福山油田、长庆苏里格气田以及中国石化华北分公司鄂北工区天然气开发项目均不属于高硫气田。因此，水基废弃钻井液不存在《危险废物鉴别标准　反应性鉴别》（GB 5085.5—2007）4.2.3中遇酸生成硫化氢气体和氰化氢气体的反应性危害特性。

4. 浸出毒性

废弃钻井液中细颗粒钻屑、泥和砂可能含重金属元素，同时钻井液中加入大量无机盐、碱的原料中可能含有重金属类杂质。因此，废弃钻井液可能具有《危险废物鉴别标准　浸出毒性鉴别》（GB 5085.3—2007）中的无机元素及化合物浸出毒性危害特性。此外，油气层可能含有油或者凝析油。废弃钻井液中还可能存在《危险废物鉴别标准　浸出毒性鉴别》（GB 5085.3—2007）中挥发性有机化合物（苯、甲苯等）和半挥发性有机化合物苯并[a]芘。因此，废弃钻井液可能具有《危险废物鉴别标准　浸出毒性鉴别》（GB 5085.3—2007）中的浸出毒性危害特性。

5. 含毒性物质

废弃钻井液中细颗粒钻屑、砂和泥可能含重金属元素，同时钻井液中加入大量无机盐、碱的原料中可能含有重金属类杂质。因此，废弃钻井液可能含有列入《危险废物鉴别标准　毒性物质含量鉴别》（GB 5085.6—2007）中毒性物质名录中的含重金属毒性物质。除重金属类毒性物质外，废弃钻井液中可能混入的油中还可能含有多环芳烃、苯和石油烃等，以及钻井液中含有的石油烃，这两种化合物均被列入《危险废物鉴别标准　毒性物质含量鉴别》（GB 5085.6—2007）中毒性物质名录。因此，废弃钻井液存在毒性物质含量可能超过《危险废物鉴别标准　毒性物质含量鉴别》（GB 5085.6—2007）中限值。

（二）检测项目、方法和样品数

1. 检测项目

1）浸出毒性鉴别（18项）

（1）13种重金属元素：铜、锌、镉、铅、总铬、六价铬、汞、铍、钡、镍、总银、砷、硒。

（2）挥发性有机化合物：苯、甲苯、乙苯、二甲苯。

（3）非挥发性有机化合物：苯并[a]芘。

2）毒性物质含量鉴别（15项）

依据《危险废物鉴别标准　毒性物质含量鉴别》（GB 5085.6—2007）附录A—附录F中含Cu、Zn和Ag中的重金属毒性物质，均为氰化物或氟化物。根据固体废物来源判断，含这三种重金属的毒性物质在废弃钻井液中不可能存在，因此这三种重金属不纳入毒性物质含量检测。V为单质钒，Mn为单质锰，在废弃钻井液中也不可能存在，因此这两种重金属不纳入毒性物质含量检测。毒性物质含量检测项目如下：

（1）可能含有8种重金属：Cr^{6+}、Co、Ni、As、Cd、Sb、Ba、Pb的化合物。

（2）致癌性毒性物质：苯、苯并[a]蒽、苯并[b]荧蒽、苯并[j]荧蒽、苯并[k]荧蒽、二苯并[a,h]蒽。

（3）有毒物质：石油溶剂。

2. 检测样品数

虽然油田勘探开发钻井过程废弃钻井液为连续产生，依据《危险废物鉴别技术规范》（HJ/T 298—2007），应在一个月内按月产量确定采样量和采样时间。但是，由于油田钻井过程产生的废钻井液成分受地层的影响，按该方式进行采样不能代表固体废物的实际组成特征。因此，依据单井废弃钻井液的产生量确定采样数量。参考《危险废物鉴别技术规范》（HJ/T 298—2007）中关于危险废物鉴别采样数量的要求，单井废弃钻井液的产生量大于1000t 时，鉴别所需的最低采样数量为 100 份；单井废弃钻井液的产生量大于 500t、小于等于1000t 时，鉴别所需的最低采样数量为 80 份；单井废弃钻井液的产生量大于 150t、小于等于500t 时，鉴别所需的最低采样数量为 50 份。

海南福山油田单井废弃钻井液的产生量大于1000t，采样数量为 100 份；苏里格气田开发项目单井废弃钻井液约为 900t，采样数量为 80 份；中国石化华北分公司鄂北工区天然气开发项目单井水基废弃钻井液约为 486t，采样数量为 50 份。

3. 检测方法

根据确定的测试项目、样品数量和危险废物鉴别标准，采用的测试方法见表 2-5-9。

表 2-5-9 测试项目、样品数量及测试方法

项目	特性鉴别	测试方法	福山油田样品数量/个	苏里格气田样品数量/个	鄂北气田样品数量/个
铜	浸出毒性	《固体废物 浸出毒性浸出方法 硫酸硝酸法》（HJ/T 299—2007）《危险废物鉴别标准 浸出毒性鉴别》（GB 5085.3—2007）附录 B	100	80	50
锌					
镉					
铅					
总铬					
铍					
钡					
镍					
银					
硒					
汞					
砷		《危险废物鉴别标准 浸出毒性鉴别》（GB 5085.3—2007）附录 E			
六价铬		《固体废物 六价铬的测定 二苯碳酰二肼分光光度法》（GB/T 15555.4—1995）	待定	待定	待定
苯		《危险废物鉴别标准 浸出毒性鉴别》（GB 5085.3—2007）附录 O	100	80	50
甲苯					
二甲苯					
乙苯					

项目	特性鉴别	测试方法	福山油田样品数量/个	苏里格气田样品数量/个	鄂北气田样品数量/个
苯并[a]芘		《危险废物鉴别标准　浸出毒性鉴别》(GB 5085.3—2007)附录 K	100	0	0
含重金属毒性物质 8 项		《危险废物鉴别标准　浸出毒性鉴别》(GB 5085.3—2007)附录 B	100	80	50
多环芳烃		气相色谱质谱联用仪(HJ 350—2007)附录 E	100	0	0
苯	毒性物质	《危险废物鉴别标准　浸出毒性鉴别》(GB 5085.3—2007)附录 O	100	80	50
石油溶剂		《危险废物鉴别标准　浸出毒性鉴别》(GB 5085.3—2007)附录 O	100	80	50

注：如果总铬测试结果显示，即使全部铬为六价铬，样品仍不超过危险废物鉴别标准，则不检测六价铬。

4. 采样方案

由于钻井过程产生的废弃钻井液成分受地层的影响，依据单井废弃钻井液的产生量，根据地层分布的实际情况设计采样方案。样品数量根据钻井地层结构以及深度，分配各层样品数，实际地层结构、深度以及分配各层样品数量在采样方案中列明，在此不详细介绍。废弃钻井液的采样位置为振动筛、除砂泥器和离心机钻屑出口、压滤机出口。采集的样品按照《工业固体废物采样制样技术规范》(HJ/T 20—1998)中的要求进行制样和样品的保存，并按照 GB 5085.3—2007 中分析方法的要求进行样品的预处理。

5. 检测结果分析

1) 浸出毒性危险特性

废弃钻井液中可能存在的浸出毒性危害成分项目包括：(1)13 种重金属类污染物(铜、锌、镉、铅、总铬、六价铬、汞、铍、钡、镍、银、砷、硒)；(2)挥发性有机化合物(苯、甲苯、二甲苯、乙苯)；(3)苯并[a]芘。据此，采用《固体废物　浸出毒性浸出方法　硫酸硝酸法》(HJ/T 299—2007)制取水基废弃钻井液浸出液，对其浸出毒性进行检测。

废弃钻井液浸出毒性检测结果显示(表 2-5-10)，所有样品浸出液中危害成分浓度未超过《危险废物鉴别标准　浸出毒性鉴别》(GB 5085.3—2007)中的浸出毒性鉴别标准限值。

表 2-5-10　废弃钻井液浸出毒性检测结果汇总

危害成分	检出率/%	均值[①]/(mg/L)	最大值/(mg/L)	最小值/(mg/L)	超标样品数	检出限/(mg/L)	标准/(mg/L)
Be	0.8	0.0036	0.017	ND	0	0.0030	0.02
Cr	100	0.0033	0.0055	ND	0	0.00090	15
Cr(Ⅵ)	0	ND	ND	ND	0	0.0040	5
Ni	90	0.0053	0.071	ND	0	—	5

续表

危害成分	检出率/%	均值①/(mg/L)	最大值/(mg/L)	最小值/(mg/L)	超标样品数	检出限/(mg/L)	标准②/(mg/L)
Cu	97	0.011	0.050	ND	0	—	100
Zn	48	0.025	0.17	ND	0	0.0018	100
As	100	0.0097	0.042	0.00040	0	—	5
Se	0	ND	ND	ND	0	0.00040	1
Ag	0	ND	ND	ND	0	0.00010	5
Cd	27	0.0036	0.0053	ND	0	0.00050	1
Ba	100	0.15	0.71	0.047	0	0.19	100
Hg	100	0.00037	0.0026	0.00009	0	—	0.1
Pb	68	0.0047	0.087	ND	0	0.00060	5
苯	0	ND	ND	ND	0	0.0015	1
甲苯	0	ND	ND	ND	0	0.0015	1
乙苯	0	ND	ND	ND	0	0.0015	4
二甲苯	0	ND	ND	ND	0	0.0015	4
苯并[a]芘	0	ND	ND	ND	0	0.00010	0.0003

① 不含未检出。

② 《危险废物鉴别标准 浸出毒性鉴别》(GB 5085.3—2007)。

2）毒性物质含量

废弃钻井液中可能存在的毒性物质包括：废弃钻井液中各组成物质的杂质和地层岩屑中可能含有的重金属化合物；油层、气层凝析油中可能含有的石油溶剂、苯系物和多环芳烃类化合物。据此分别对废弃钻井液中重金属、石油溶剂、苯系物和多环芳烃含量进行检测。

含重金属毒性物质含量的鉴别需要将重金属含量转化成含重金属的化合物的含量。重金属毒性化合物种类的筛选过程如下：

（1）废弃钻井液中含 Ba，其主要来源为钻井液中作为密度调节剂的重晶石（$BaSO_4$）。根据硫酸钡的溶度积估算，常温下硫酸钡水溶液中 Ba 的饱和浓度为 1.37mg/L，从废钻井液浸出毒性（表 2-5-10）可以看出，废弃钻井液中 Ba 的浸出毒性均低于常温下硫酸钡水溶液中 Ba 的饱和浓度，据此判断，废弃钻井液中的 Ba 仍然主要是 $BaSO_4$，不属于《危险废物鉴别标准 毒性物质含量鉴别》（GB 5085.6—2007）附录 A—附录 F 中的毒性物质，不计入毒性物质计算。

（2）《危险废物鉴别标准 毒性物质含量鉴别》（GB 5085.6—2007）附录 A—附录 F 中 Mn 和 V 均为单质，Cu、Zn 和 Ag 中的重金属毒性物质均为氰化物或氟化物。根据废弃钻井液产生过程判断，废弃钻井液中这些物质和化合物均不可能存在，不计入毒性物质计算。

（3）其余重金属化合物依据最不利假设筛选含重金属毒性化合物的种类，即含同类重金属，但未能准确确定的其化合物种类的，选择分子量最大的和鉴别标准值最低的化合物，筛选结果见表 2-5-11。

表 2-5-11　毒性物质含量计算中化合物的选择

重金属元素	对应化合物①	化合物毒性类别	分子量/原子量
Cr(Ⅵ)	铬酸钙	致突变性物质	192.12/52.00
Co	硫酸钴	致癌性物质	155.00/58.90
Ni	硫化镍	致癌性物质	90.77/58.70
As	砷酸盐②	致癌性物质	398.07/74.90
Se	二氧化硒	剧毒物质	110.96/79.00
Cd	硫酸镉	致癌性物质	208.50/112.40
Sb	五氧化二锑	有毒物质	323.52/121.75
Pb	磷酸铅	生殖毒性物质	811.60/621.60

① 仅为按最不利假设计算毒性物质时选择的化合物，不代表废物中实际含有。

② 按砷酸钙计。

海南福山油田废弃钻井液所有样品中六价铬未检出，其余重金属根据表2-5-9计算重金属化合物含量。汇总结果显示（表2-5-12），有12个样品中砷酸盐含量超过限值，有14个样品的同类毒性物质累加毒性超过限值，少于《危险废物鉴别技术规范》（HJ/T 298—2007）中规定的本次鉴别采样份样数为100个所对应的超标份样下限值22个。苏里格气田和鄂北气田所有样品的毒性物质含量和同类毒性物质累积毒性均未超过限值。

表 2-5-12　毒性物质含量计算结果汇总

类别	毒性物质①	最大值/%	限值②/%	超标数/个	
				毒性物质	同类毒性物质之和
致癌性物质	硫酸钴	0.0023	0.1	0	14
	硫化镍	0.0057		0	
	砷酸盐③	0.16		12	
	硫酸镉	0.0012		0	
	苯	0.000093		0	
	苯并[a]蒽	0.000021		0	
	苯并[b]荧蒽	0.000016		0	
	苯并[k]荧蒽	0.000015		0	
	二苯并[a,h]蒽	0.000091		0	
有毒物质	五氧化二锑	0.021	3	0	0
	苯乙烯	0.0026		0	
	石油溶剂	1.2		0	
累积毒性④		2.2	1	15	

① 仅为按最不利假设计算毒性物质时选择的化合物，不代表废物中实际含有；

② GB 5085.6—2007《危险废物鉴别标准—毒性物质含量鉴别》；

③ 按砷酸钙计；

④ 按公式（2-5-1）计算。

根据《危险废物鉴别标准 毒性物质含量鉴别》（GB 5085.6—2007）4.6 条，按公式（2-5-1）计算和判断累积毒性。

结果显示，海南福山油田废弃钻井液累积毒性最大值为 2.2，累积毒性超过《危险废物鉴别标准 毒性物质含量鉴别》（GB 5085.6—2007）标准限值的样品数为 15 个。依据《危险废物鉴别技术规范》（HJ/T 298—2007），本次鉴别采样份样数为 100 个，超标样下限值为 22 个。

苏里格气田的废弃钻井液样品累积毒性最大值为 0.34，鄂北气田废弃钻井液样品累积毒性最大值为 0.86，均未超过《危险废物鉴别标准 毒性物质含量鉴别》（GB 5085.6—2007）标准限值。

据此判断，废弃钻井液的毒性物质含量未超过《危险废物鉴别标准 毒性物质含量鉴别》（GB 5085.6—2007）。

6. 鉴别结论

依据我国《危险废物鉴别技术规范》（HJ/T 298—2007）和《危险废物鉴别标准》（GB 5085.1—2007），对海南福山油田、苏里格气田和鄂北气田勘探开发项目产生的废弃钻井液进行危险废物特性鉴别。

根据废弃钻井液产生的工艺流程判断，鉴别结论如下：（1）废弃钻井液按照《固体废物 腐蚀性测定 玻璃电极法》（GB/T 15555.12—1995）制备的浸出液 pH 值不可能超过《危险废物鉴别标准 腐蚀性鉴别》（GB 5085.1—2007）标准（pH ≥ 12.5 或 pH ≤ 2.0），不具有腐蚀性危险特性。（2）废弃钻井液含有大量水分，常温条件下不存在《危险废物鉴别标准 反应性鉴别》（GB 5085.5—2007）4.1 中爆炸性质，也不存在 4.2.1 和 4.2.2 中遇水反应的性质。由于不存在含硫地层，废弃钻井液存在硫的可能性不大，所以在酸性条件下不可能分解产生硫化氢气体，不可能存在《危险废物鉴别标准 反应性鉴别》（GB 5085.5—2007）4.2.3 中遇酸生成硫化氢气体的反应性危险特性。（3）废弃钻井液不具有《危险废物鉴别标准 易燃性鉴别》（GB 5085.4—2007）中固态废物"在标准温度和压力（25℃，101.3kPa）下因摩擦或自发性燃烧而起火，经点燃后能剧烈而持续地燃烧"的可能，不具有易燃性危险特性。

废弃钻井液样品浸出毒性危险特性未超过《危险废物鉴别标准 浸出毒性鉴别》（GB 5085.3—2007），表明废弃钻井液不具有浸出毒性危险特性。

废弃钻井液样品毒性物质含量未超过《危险废物鉴别标准 毒性物质含量鉴别》（GB 5085.6—2007）标准，表明废弃钻井液不具有毒性物质含量危险特性。

据此判断，海南福山油田勘探开发项目钻井产生的废弃水基钻屑（即压滤后的滤饼），中国石油长庆苏里格气田天然气勘探开发钻井过程中产生的水基钻井液和中国石化某气田勘探开发过程产生的废弃钻井液不具有危险特性，不属于危险废物。

三、钻井危险废物靶向豁免管理政策

通过前期研究工作，明确了水基废弃钻井液基本不具有危险特性，水基钻井废弃物从危险废物名录中排除,以及纳入危险废物排除管理清单,实现了钻井废弃物的靶向豁免,明确了水基废弃钻井液及钻屑属于一般工业固体废物的管理要求,开创了水基钻井废弃物依法、合规及资源化处理处置新时代[34-37]。

(一)《国家危险废物名录》修订

"水基钻井废弃物不具备危险属性"成果应用于《国家危险废物名录》的修订工作中。2016 年 6 月 14 日,环境保护部联合发展和改革委员会、公安部发布《国家危险废物名录》(2016 年版),并对"废弃钻井液处理产生的污泥"进行了修订,修订后的废物描述为"以矿物油为连续相配制钻井液用于石油开采所产生的废弃钻井液"和"以矿物油为连续相配制钻井液用于天然气开采所产生的废弃钻井液",因此实现了"以水为连续相配制钻井液用于石油和天然气开采过程中产生的废弃钻井液及钻屑"从《国家危险废物名录》中去除。具体修订见表 2-5-13。

表 2-5-13 《国家危险废物名录》中废弃钻井液的修订情况

《国家危险废物名录》(2008 年版)		《国家危险废物名录》(2016 年版)	
废物代码	废物描述	废物代码	废物描述
071-002-08	废弃钻井液处理产生的污泥	071-002-08	以矿物油为连续相配制钻井液用于石油开采所产生的废弃钻井液
		072-001-08	以矿物油为连续相配制钻井液用于天然气开采所产生的废弃钻井液

(二)《危险废物排除管理清单》征求意见

2017 年 3 月 16 日,环境保护部办公厅印发《关于征求〈危险废物排除管理清单(征求意见稿)〉意见的函》。《危险废物排除管理清单(征求意见稿)》中,将水基废弃钻井液列入危险废物排除管理清单。

经过近 4 年的时间,生态环境部于 2021 年 12 月 2 日发布《关于发布〈危险废物排除管理清单(2021 年版)〉的公告》(公告 2021 年 第 66 号)。为完善危险废物鉴别制度,推进分级分类管理,生态环境部制定了《危险废物排除管理清单(2021 年版)》(以下简称《清单》),符合本清单要求的固体废物不属于危险废物。列入《清单》的固体废物不属于危险废物,按照一般工业固体废物相关制度要求管理。由此,明确了水基废弃钻井液及钻屑属于一般工业固体废物的管理要求。

《危险废物排除管理清单(2021 年版)》详见表 2-5-14。

表 2-5-14 《危险废物排除管理清单(2021 年版)》摘录

序号	固体废物名称	行业来源	固体废物描述
1	水基废弃钻井液及钻屑	石油和天然气开采	以水为连续相配制钻井液用于石油和天然气开采过程中产生的废弃钻井液及钻屑(不包括废弃聚磺体系钻井液及钻屑)

续表

序号	固体废物名称	行业来源	固体废物描述
2	脱墨渣	纸浆制造	废纸造浆工段的浮选脱墨工序产生的脱墨渣
3	七类树脂生产过程中造粒工序产生的废料	合成材料制造	聚乙烯（PE）树脂、聚丙烯（PP）树脂、聚苯乙烯（PS）树脂、聚氯乙烯（PVC）树脂、丙烯腈-丁二烯-苯乙烯（ABS）树脂、聚对苯二甲酸乙二醇酯（PET）树脂、聚对苯二甲酸丁二醇酯（PBT）树脂等七类树脂造粒加工生产产品过程中产生的不合格产品、大饼料、落地料、水涝料以及过渡料
4	热浸镀锌浮渣和锌底渣	金属表面处理及热处理加工	金属表面热浸镀锌处理（未加铅且不使用助镀剂）过程中锌锅内产生的锌浮渣；金属表面热浸镀锌处理（未加铅）过程中锌锅内产生的锌底渣
5	铝电极箔生产过程产生的废水处理污泥	金属表面处理及热处理加工	铝电解时，铝电极箔反应过程中产生的化学腐蚀废水污泥，非硼酸系化、液化成的废水及污泥
6	风电叶片切割边角料废物	风能原动设备制造	风力发电叶片生产过程中产生的废弃玻璃纤维边角料和切边废料

参 考 文 献

[1] 蔡浩，姚晓，华苏东，等. 页岩气井油基钻屑固化处理技术[J]. 环境工程学报，2017，11（5）：3120-3127.

[2] 蔡浩，姚晓，肖伟，等. 热解油基钻屑资源化利用（Ⅰ）：废渣基固化剂固化实验研究[J]. 钻井液与完井液，2017，34（4）：59-64.

[3] 陈海涛. 海上油基钻屑热脱附装置研制与应用[J]. 石油矿场机械，2020，49（6）：79-84.

[4] 陈则良，陈忠，陈乔，等. 典型页岩气油基钻屑的组成分析及危害评价[J]. 环境工程，2017，35（8）：125-129.

[5] 黄维巍. 涪陵页岩气开发油基钻屑热解处理与结焦试验研究[D]. 武汉：武汉理工大学，2017.

[6] 郭亮，翟永帆，葛思佳，等. 油基钻屑热解吸处理装置的现场应用[J]. 钻采工艺，2020，43（5）：130-133.

[7] 黄志强，徐子扬，权银虎，等. 锤磨热解吸处理油基钻井液钻屑的效果评价[J]. 天然气工业，2018，38（8）：83-90.

[8] 李琴，罗思涵，徐子扬，等. 锤磨作用下含油钻屑运移机理研究[J]. 安全与环境学报，2022，22（1）：427-434.

[9] 李学庆，杨金荣，尹志亮，等. 油基钻井液含油钻屑无害化处理工艺技术[J]. 钻井液与完井液，2013，30（4）：81-83，98.

[10] 石艺. 塔里木油田应用 LRET 技术回收油基钻井液[J]. 石油钻采工艺，2014，36（3）：6.

[11] 史志鹏，许毓，邵志国，等. 热脱附处理页岩气油基钻屑的研究与应用[J]. 油气田环境保护，2019，29（6）：37-40，65.

[12] 孙静文，刘光全，张明栋，等. 油基钻屑电磁加热脱附可行性及参数优化[J]. 天然气工业，2017，

37（2）：103-111.

［13］覃建宇，秦世利，刘永峰. 海上油基钻屑热解吸处理技术的现场应用［J］. 化工管理，2020（16）：217-218.

［14］王星媛，欧翔，明显森. 威202H3平台废弃油基钻井液处理技术［J］. 钻井液与完井液，2017，34（2）：64-69.

［15］王志伟. 海上油基钻屑电磁热脱附参数优化及应用评价［J］. 油气田环境保护，2021，31（3）：15-20.

［16］王智锋，李作会，董怀荣. 页岩油油基钻屑随钻处理装置的研制与应用［J］. 石油机械，2015，43（1）：38-41.

［17］魏平方，王春宏，姜林林，等. 油基废弃钻井液除油实验研究［J］. 钻井液与完井液，2005（1）：12-13，18-80.

［18］谢水祥，蒋官澄，陈勉，等. 废弃油基钻井液资源回收与无害化处置［J］. 环境科学研究，2011，24（5）：540-547.

［19］杨新，李燕，杨金荣，等. 油基钻井液废弃物处理技术及经济性评价［J］. 钻井液与完井液，2014，31（3）：47-49，98-99.

［20］姚晓，蔡浩，王高明，等. 热解油基钻屑资源化利用（Ⅱ）：掺渣水钻井液体系性能［J］. 钻井液与完井液，2018，35（1）：94-100.

［21］王兵，任宏洋，黎跃东，等. 一种从油基泥浆钻井废弃物中回收油基泥浆的工艺：201410033980.5［P］. 2014-04-30.

［22］王兵，黎跃东，任宏洋，等. 一种从油基钻井液钻井废弃物中回收油基钻井液和油基工艺：201410033209.8［P］. 2014-05-07.

［23］俞音，蒋勇军. 废弃油基钻井液综合利用技术的研究与应用［J］. 化学工程与装备，2016（11）：241-242，259.

［24］张玉林，文华，胡代淋，等. 油基岩屑掺合料对混凝土力学性能的影响［J］. 西南科技大学学报，2019，34（4）：46-50，56.

［25］章媛媛，高庆国，俞音. 浅议LRET油基钻井液资源化利用技术［J］. 新疆环境保护，2018，40（1）：27-32.

［26］赵晓丽，杨欢，黎然，等. 川南页岩气开采废弃油基钻井液再利用研究［J］. 现代化工，2021，41（S1）：286-288.

［27］周浩，汪根宝，李蒙，等. 含油钻屑的热解特性［J］. 环境工程学报，2017，11（12）：6421-6428.

［28］周素林，刘萧枫. 页岩气油基钻屑热馏处理技术研究和应用［J］. 油气田环境保护，2017，27（5）：33-37，61.

［29］朱冬昌，付永强，马杰，等. 长宁、威远页岩气开发国家示范区油基岩屑处理实践分析［J］. 石油与天然气化工，2016，45（2）：62-66.

［30］朱继发，范德顺. 密闭式钻屑脱液离心机在钻井液处理中的应用［J］. 石油机械，2005（9）：83-85.

［31］钻井废物处理新技术国际环保展上成"明星"［J］. 石油化工应用，2021，40（12）：12.

［32］张忠亮，金容旭，张雪梅，等. 利用海上油气田水基钻井废物制备烧结砖［J］. 环境工程学报，2021，15（9）：3020-3028.

［33］任雯. 安全环保研究院水基钻井废物处理与资源化技术成果加快推进升级应用［J］. 油气田环境保

护，2020，30（4）：64.

[34] 彭川，翟云波，冯伟，等. 夹带剂辅助超临界 CO_2 萃取钻井废物特征[J]. 湖南科技大学学报（自然科学版），2019，34（4）：118-124.

[35] 赵胜超. 江汉油田水基钻井废物资源化利用的实践探索[J]. 江汉石油职工大学学报，2019，32（6）：51-53.

[36] 董庆梅，王云鹏. 大港油田免烧砖技术研究与应用[J]. 油气田环境保护，2019，29（3）：16-18，60-61.

[37] 任永琳. 海上钻井废物环境效应与治理技术的研究[J]. 石化技术，2019，26（7）：219，208.

第三章　井下作业清洁生产工程应用及效果

井下作业是油田勘探开发过程保证油水井正常生产、增产、高效开发的重要技术手段，是石油开采的主要环节，但由于修井施工工序复杂，传统的井下作业工艺常导致原油与污水等溢流到地面，不仅会产生大量落地油泥，而且易对周围生态环境产生一定污染。如何做好井下作业清洁生产成为降低和消减井下作业污染的重要问题。特别是新《环保法》颁布以来，为适应日益严格的环保标准要求，履行央企社会责任和担当，中国石油遵循"源头控制"思想，以"油水不落地，减少污染物产生和排放"为目的，积极推动井下作业油水不落地清洁生产工程应用，通过不断研发攻关和引进吸收，针对不同储层特性、井下状况及地面环境条件，发展多种实用技术，形成了地下控制、地面防范等相辅相成的油水不落地井下作业清洁生产工程技术，并全面推广应用，实现井下作业清洁生产技术全覆盖。

第一节　清洁作业钢制平台工程应用及效果

2014 年以前，油气田企业修井现场主要采取铺设防渗彩条布，并在周围设置围堰及溢流坑的方式解决现场井口溢流排污问题，虽然起到了控污效果，但彩条布易损坏、丢失，现场铺设接缝处起不到防渗漏作用，尤其在北方冬季施工更易破损，且还存在着作业员工易滑倒和摔伤现象。同时用土做周边围堰防止溢流，极易产生大量油泥油土，并且彩条布也成为新的危险废物，增加了后期的治理难度，形成含油污染物的大量堆积。面对环保新形势、新要求，采取精准实施作业环保技术措施，才能在源头控制油水落地，减少污染物的产生。2015 年，吉林油田率先开展了清洁作业钢制平台研发，突出修井作业油水不落地源头控制，取得了很好的效果。2016 年，勘探与生产分公司专门组织开展现场交流，在油气田企业全面推行。经过近几年的研发攻关、试验和逐步完善，已形成油水出井口的地面控制、油水不出井口的井口控制两大类工艺，其中地面控制环保工艺形成了清洁作业钢制平台、充气式便携软体平台、PVC 软体作业平台 3 项地面控制工艺[1-8]。

一、　主要技术参数

（一）清洁作业钢制平台

1. 主要构成

油水井作业在井场铺垫移动式钢质作业平台，主要由油管、油杆平台及井口作业平台两部分组成：管、油杆平台一般总长不低于 12m，总宽不低于 9m，总面积不小于 $120m^2$，由多座独立的槽拼接而成，每个槽都有围挡、底板、主骨、副骨、防滑踏板等，平台周边本体有 25cm 高围栏可储存一定流体，顶部可添加 1m 高的防渗遮挡围栏，方便清洗杆管；井口作业平台面积一般不小于 $6m^2$（长 3m×宽 2m），井口收油装置的深槽之上装有网状缓冲板。

2. 平台安装

（1）安装前要平整油水井井场，达到安装钢制平台的标准；

（2）安装井口作业平台，需将井口底部阀门露出，便于关闭；

（3）安装接收油管油杆作业平台，小平台之间对接紧密防水，整个平台安装要平稳，如果铺设后的平台存在渗漏、各板块不连通状态均为不成功井；

（4）安装平台导液连通管和防喷围布。

3. 平台内油水回收

作业过程中平台内整体油水液面不要超过平台的 1/3，落入平台内油水及时由泵罐车、吸污车拉运到油气集中处理站回收；作业结束后，平台内剩余油泥人工装袋，转运至油泥油土贮存池（图 3-1-1）。

图 3-1-1　清洁作业钢制平台

（二）充气式便携软体平台

针对不规则或特殊环境的井场，又研发了充气式便携软体平台技术。其技术优势是重量轻，易运输；全封闭充气围堰，落地油水可控；适用各种地形的井场。其技术缺陷是只能重复使用 5~6 次，使用寿命低。

充气式便携软体平台主要由集油托盘、收液板块、井场平台板块（图 3-1-2）构成，附件包括井口托盘套防滑、作业面防滑等。

（三）PVC 软体作业平台

针对高含蜡、稠油井，进一步开展技术攻关，运用一种成熟、可降解的环保材料，研制了 PVC 软体作业平台(图 3-1-3),铺设在地面对地层无伤害,易水解,可回收再利用。

PVC 软体作业平台特点:适用环境温度范围为-40~120℃;拉伸强度高达 70MPa;断裂伸长率可高达 100%;对油类(矿物油、动植物油脂和润滑油)和许多溶剂(除个别)有良好的抵抗能力;反复使用时使用年限>2 年;固定干燥条件下使用年限>5 年。

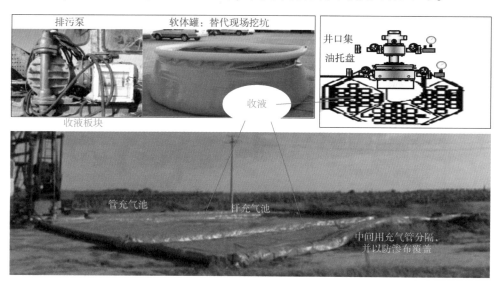

图 3-1-2　井场平台板块

图 3-1-3　PVC 软体作业平台

二、 主要功能

2014 年新《环保法》颁布以来,勘探与生产分公司加速推动清洁作业技术攻关,全面做好顶层设计,深挖"源头控制"潜力,发展了油水井作业"油水不落地"地面控制、井口控制多种实用环保工艺技术,互相补充实现全面控制,达到作业零污染,其中清洁作业钢制平台是油水井作业地面控制油水落地有效措施之一。修井作业时,井场铺垫移动式钢质作业平台,该技术操作工艺简单,成本低,方便基层灵活使用;钢制平台分块搭接,可任意组合,重复使用;平台由专人铺设和回收,不影响作业效率;作业过程中溢出的油水通过引流槽导至收集池，将作业产生的油水控制在防溢封闭平台内，油水可有效回收，大幅减少落地油泥、沾油彩条布等次生污染物。

三、 现场应用效果

清洁作业钢制平台现场拼装简易，可清洗，可循环使用，针对井口液面高的井较为适用。但铺设钢制平台对井场平整度要求高，特殊地势、地形井场不适合使用。为从油水井作业源头控制污染隐患，吉林油田公司从 2014 年开始率先研发了钢板作业平台清洁技术，两年内实现应用率 100%，2016 年勘探与生产分公司在吉林油田召开现场会，清洁作业钢制平台在中国石油上游板块各油田企业推广应用。

以吉林油田为例，吉林油田是极为典型的低渗透油田，井多、单井产量低，每年修井作业约 $1.5×10^4$ 井次，传统的防污染作业方式每年作业产生含油污泥 $4×10^4$t、沾油彩条布 $0.5×10^4$t。2015 年油水井清洁作业全面推行钢制平台，平均每口井作业可回收原油 0.5t，油泥产生量减少 80%，沾油彩条布"零"产生，实现降本增效，具有较好的经济效益和环境效益。

第二节　井筒双控法清洁作业工程应用及效果

修井作业清洁生产工程经过近年来的攻关、试验和逐步完善，截至 2020 年底，已形成地面控制环保工艺、井口控制工艺两大类技术，"油水不出井口，出井口不落地"油井清洁作业技术成熟并全面覆盖。油水不落地清洁作业工程开展之初主要以地面钢板平台清洁工艺为主，可满足常规油水井小修作业需要，避免油水落地污染，但该工艺在实施过程中需要设备倒运、油水倒运、井场恢复、油水回收末端处理等附加工作量。井筒双控法等井口控制工艺可实现"油水不出井口"，实现源头治理[9-19]。

一、 主要技术参数

油田井下作业是油井正常生产维护的重要手段，但传统的作业方式存在油水带出井筒污染环境问题，环保风险突出，不能满足国家绿色矿山建设要求。以往油田井下作业施工仅采取洗压井、铺设聚氯乙烯彩条布等简单的保护措施，存在井筒内油蜡控制工艺不完善、井口液体收集模式标准低、地面污染综合预防和治理措施不完善等突出问题，不仅未能有效地保护环境，而且还会伤害油层，产生的固态废弃物造成二次污染，难以达到环保管控要求，这是油田井下作业施工普遍面临的问题。

井下作业施工主要包括洗压井、起原井管柱、井筒处理、下完井管柱等工序，在每一个工序实施过程中，都可能产生液态污染物、固态污染物，以及防渗布、油污与泥土混杂形成的油泥。污染物产生节点主要包括起下抽油杆过程、起下油管过程以及杆、管地面清蜡过程。

（一）污染物产生节点及类型

起下抽油杆过程：起抽油杆时，杆上附着的油、水、蜡会随着杆柱的上提，受重力作用自然下落到井口采油树、地面以及现场员工身体上，造成污染；下抽油杆时，随着杆柱不断入井，会有与下入抽油杆柱相同体积的液体溢出井筒，流落到地面造成污染。

起下油管过程：起油管时，油管内液体会随着管柱的上提从油管上口溢出，在空中飘洒落到地面。同时，油管外壁附着的油污会随着管柱的起出流落到地面，卸扣后管内液体也会从油管螺纹接合部喷出，这些都会造成污染；和下抽油杆时一样，下油管时，会有与油管本体相同体积的液体从套管溢出。

杆、管地面清蜡过程：常规洗压井后，起出的抽油杆、油管壁往往有油、蜡附着，不能直接下泵完井。需要用锅炉车进行地面清蜡，在管、杆摆放区域内铺设防渗布，平均每井将产生 330m²、100kg 左右的含污油污水废弃物。

（二）源头治理思想

针对井下作业过程中污染物产生的成因类型，根据新《环保法》相关要求，确立了源头治理的思想，即首先研究热洗机理，建立井筒洗井热力传导分布模型，优选热洗添加剂，采用加药热洗工艺在井筒内完成油、蜡的熔化，反洗进站，实现杆管无须地面清蜡；然后在起原井管柱过程中，使用井口环保组合装置，将起杆管过程中带出的液体直接回流入油套环空，实现无液体落地。

二、 工艺简述

（一）洗井热力传导分布模型

井下作业施工前，进行一定量的循环热洗，当热洗介质的温度高于蜡的熔化温度时，原本沉积在油管、抽油杆表面的蜡就开始逐渐熔化，并随着热洗过程的进行返出地面。为了保证良好的热洗效果，热洗介质在井筒内各点的温度均应高于蜡的熔化温度，并且两者相差越大、热洗效果越好、所需时间越短（图 3-2-1）。通过分析油井热洗工艺过程，结合传热学、流体力学原理，进行热洗传热学分析，并在此基础上建立了热洗水在井筒中流动传热的数学模型公式。

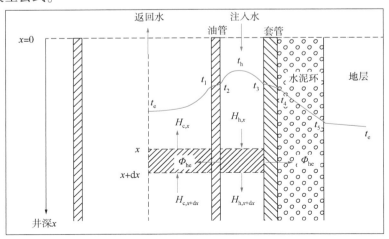

图 3-2-1　热洗水在井筒中流动传热过程示意图

（1）注入水流动传热的数学模型：

$$H_{h,x} = H_{h,x+dx} + \Phi_{he} + \Phi_{hc} \qquad (3-2-1)$$

式中　$H_{h,x}$——自上表面进入控制容积的热流量，即热洗水带入的内能；

　　　$H_{h,x+dx}$——自下表面离开控制容积的热流量，即热洗水带走的内能；

　　　Φ_{he}——套管中的注入水通过外侧面由井筒传至地层的散热量；

　　　Φ_{hc}——套管中的注入水通过内侧面传至油管中返回水的传热量。

（2）返出水流动传热的数学模型：

$$H_{c,x+dx} + \Phi_{hc} = H_{c,x} \qquad (3-2-2)$$

式中　$H_{c,x+dx}$——自下表面进入控制容积的能量，即返回水带入的热力学能；

　　　Φ_{hc}——自上表面离开控制容积的能量，即返回水带走的热力学能；

　　　$H_{c,x}$——套管中的注入水通过内侧面传至油管中返回水的传热量。

（3）井筒中热洗水温度分布的数学模型：

$$
\begin{cases}
\dfrac{dt_h}{dx} = \beta \dfrac{k_1 \pi d_3}{m_h c_{ph}} x - \left(\dfrac{k_1 \pi d_3}{m_h c_{ph}} + \dfrac{k_2 \pi d_2}{m_h c_{ph}} \right) t_h + \dfrac{k_2 \pi d_2}{m_h c_{ph}} t_c + \dfrac{k_1 \pi d_3}{m_h c_{ph}} t_s \\[3mm]
\dfrac{dt_c}{dx} = -\dfrac{k_2 \pi d_2}{m_c c_{pc}} t_h + \dfrac{k_2 \pi d_2}{m_c c_{pc}} t_c \\[3mm]
t_h \big|_{x=0} = t_{h0} \\[2mm]
t_c \big|_{x=L} = t_{c0}
\end{cases}
\qquad (3-2-3)
$$

式中　t_h——注入水温度；

　　　t_c——返回水温度；

　　　t_s——地表温度；

　　　k_1——传热系数；

　　　k_2——传热系数；

　　　d_2——油管的外直径；

　　　d_3——套管内直径；

　　　m_h——热洗水在注入过程中的质量流量；

　　　m_c——返回水在采出过程中的质量流量；

　　　c_{ph}——注入水的比热容；

　　　c_{pc}——返回水的比热容。

　　影响热洗效果优劣的因素主要有热洗水温度 t、热洗时间 τ、热洗水流量 Q、地层吸水率 α、地层温度梯度 β 等，其中热洗水温度、热洗时间、流量为现场可调控参数，地层吸水率、地层温度梯度主要受地层因素影响，现场无法调控。

根据所建立的数学模型，模拟研究了热洗参数因素对井筒温度分布的影响。可以看出，各热洗参数对井筒温度分布都有一定的影响。其中，热洗水温度对主要影响井深1000m以内部分，而随着井筒深度的增加，地层温度升高，不同热洗水温度下的井筒温度分布趋于一致。因此，提高热洗水温度，有利于改善结蜡段的热洗效果。热洗水流量对井筒温度分布也有较大影响，流量越大，温度传递越快，促进热洗水温度向井底传递。地层吸水率越低，热洗水漏失、热量损失越少，大部分热量被用于加热管、杆，提高环保热洗效果。地层温度梯度是地层本身的一个特性参数，地层温度梯度越大，同一深度处的温度就越高，井筒温度也就越高，这也是高温低凝油藏不易结蜡的主要原因。

以费用最小化为优化目标函数，以某深度处达到原油蜡的熔化温度为约束性条件，在给定的井筒结构尺寸、地层吸水率、地层梯度等条件下，以热洗水流量 m_h、热洗水温度 t_{h0}、热洗时间 τ、热洗添加剂浓度 φ 为优化变量，建立优化数学模型[20-29]。

（4）热洗燃料费：

$$M_1 = \frac{60 m_h c_{pw} (t_{h0} - t_0)}{Q_y \eta_t} c_H \tau \qquad (3-2-4)$$

式中　　m_h——热洗水流量，L/min；

$\quad\quad\quad c_{pw}$——油管比热容，J/（kg·K）；

$\quad\quad\quad c_H$——套管比热容，J/（kg·K）；

$\quad\quad\quad t_{h0}$——热洗水温度，℃；

$\quad\quad\quad t_0$——初始温度，℃；

$\quad\quad\quad \tau$——热洗时间，min；

$\quad\quad\quad Q_y$——在 y 处的热洗水流量，L/min；

$\quad\quad\quad \eta_t$——热负荷有效系数。

（5）药剂费：

$$M_2 = 60 \tau \varphi m_h C_y \qquad (3-2-5)$$

式中　　τ——注水时间；

$\quad\quad\quad \varphi$——热洗添加剂浓度，%；

$\quad\quad\quad m_h$——热洗水流量；

$\quad\quad\quad C_y$——药剂的单价。

（6）目标函数：

$$\min S = \max (M_1 + M_2) \qquad (3-2-6)$$

式中　　S——目标值；

$\quad\quad\quad M_1$——热洗燃料费；

$\quad\quad\quad M_2$——药剂费。

（7）约束条件：

$$t_c \geqslant t_r \tag{3-2-7}$$

式中　t_c——油管中返回水的最低温度，℃；

　　　t_r——蜡的熔化温度，℃。

（8）t_r 为蜡的熔化温度，与热洗添加剂浓度 φ 有关，具体关系式如下：

当原油含蜡量为 0~5% 时，$t_r = 7.2872\varphi^2 - 19.473\varphi + 65.743$

当原油含蜡量为 5%~10% 时，$t_r = 6.651\varphi^2 - 18.426\varphi + 65.617$

当原油含蜡量为 10%~15% 时，$t_r = 5.2446\varphi^2 - 16.657\varphi + 65.374$

当原油含蜡量为 15%~20% 时，$t_r = 3.7495\varphi^2 - 14.646\varphi + 65.46$

当原油含蜡量 >25% 时，$t_r = 5.156\varphi^2 - 16.415\varphi + 65.704$

根据给定的油井实际参数，即可求得热洗操作参数，指导现场热洗施工。

（二）热洗药剂筛选

热洗药剂由于含有蜡晶改进剂和分散剂，通过分散作用将含蜡原油中蜡晶分散，使晶粒变细小不易互相结合，随热洗液携带出油井，分散作用亦使沉积在井壁上的原油蜡块脱落。脱落的蜡块再继续分散成小蜡块和小晶粒并浮在热洗水中，随热洗液流携带流出油井。

复合高效洗井液是以多种表面活性剂复配而形成的一种可以清洗原油油污，特别针对高含蜡原油有较强的清洗能力，其特点如下。

（1）溶解力强：由于体系中含有多种表面活性剂，可以很好地溶解附着在稠油杆壁上的油污，这些油污主要是原油中胶质、沥青质、蜡质等的沉积。

（2）分散力好：体系内甜菜碱等表面活性剂含有亲水基团和疏水基团，可以使溶解的原油组分分散于水中，形成微米级的液滴，扩大洗井液与油垢的接触面积，提高清洗效率，达到彻底清洗的目的。

（3）返排方便：体系同时具有亲水基团和疏水基团，使水溶液表面被一层活性分子覆盖，达到降低表面张力的良好作用，利于注入及返排，洗掉的油污分散于水中，形成水包油状态，使液流摩擦阻力降低，因而返排液易于流入集输管道。

（4）防蜡作用：体系中的表面活性剂被吸附在金属表面（井壁、抽油杆），使金属表面形成极性表面，阻止非极性的蜡晶在金属表面吸附和沉积，不利于蜡晶长大形成网络结构，从而起到防蜡的效果（表 3-2-1）。

表 3-2-1　单剂防蜡率

药剂	甜菜碱	蜡晶改进剂 B	聚醚多元醇-10	有机胺	长链磺酸盐	TEF-16	石蜡乳化剂 A	聚醚多元醇-35	快速渗透剂	石蜡分散剂 C
防蜡率/%	88.23	90.38	72.74	21	41.9	21.72	82.89	4.18	12	90.12

由表 3-2-1 可以看出，甜菜碱、蜡晶改进剂 B、聚醚多元醇-10、石蜡乳化剂 A、石蜡分散剂 C 防蜡效果良好。聚醚多元醇-35、有机胺和快速渗透剂常温下防蜡效果良好，加热到 60℃时油水完全乳化，易沾壁，因此效果不好。根据表 3-2-1 确定配方：蜡晶改进剂 B+石蜡分散剂 C+石蜡乳化剂 A。根据油田使用药剂要求测试结果见表 3-2-2。

表 3-2-2　油田使用药剂评价指标

评价项目	指标要求	评价结果	结论
外观	均匀液体，无杂质，无刺激性气味	均匀液体，无杂质，无刺激性气味	合格
pH 值	6.0~8.0	7.0	合格
溶解性	易溶于水，不分层，不产生沉淀	易溶于水，不分层，不产生沉淀	合格
降黏率/%	≥90	98.50	合格
洗油率/%	≥30	82	合格
溶蜡速率	≥0.025	0.082	合格
防蜡率/%	≥50	87	合格
腐蚀速率/[g/(m²·h)]	≤10	0.1	合格
界面张力/(mN/m)	≤1×10⁻¹	2×10⁻²	合格
自然沉降脱水率/%	≥80	99	合格
有机氯含量/%	0	0	合格

该配方用量少，添加 0.3% 即可使用；无毒无害、安全环保、易降解，不造成油井污染兼具清蜡、防蜡、防腐缓蚀、溶解分散原油中的胶质及沥青质等多项功能；不影响原油破乳脱水；产品易溶于水，现场应用方便；防蜡周期长，增加作业周期，提高结蜡油井生产时率；清洗效果显著，具有良好的经济效益和社会效益[30-32]。

（三）环保组合装置

根据井下作业过程中不同污染物产生的类型、节点，研制出了井口环保组合装置，有效避免了施工过程中带出流体的落地污染问题。主要包括抽油杆环保组合装置、油管环保组合装置和配套井控环保装置。

1. 抽油杆环保组合装置

抽油料环保组合装置主要用于起下抽油杆过程中，对污染源的防控，包括起下抽油杆的控污装置、两瓣型抽油杆刮油器、油管悬挂器中的抽油杆保护器三个分装置。

起下抽油杆的控污装置安装在采油树总阀门上，可以达到控制闪喷、汇集并控制液流走向的作用，从而实现控污（图 3-2-2）。两瓣型抽油杆刮油器配合起下抽油杆的控污装置完成起杆作业时油蜡刮削，并可随时快速放入或取出，消除健康损害，支持快速井控（图 3-2-3）。油管悬挂器中的抽油杆保护器为一段柱形体，与抽油杆筒式操作台配合使用，通过其有效限制和扶正，消减了抽油杆上大直径工具对油管悬挂器中连接短节上端面的冲击碰挂隐患，提高施工速度和生产效率。

图 3-2-2　起下抽油杆的控污装置

图 3-2-3　两瓣型抽油杆刮油器

2. 油管环保组合装置

油管环保组合装置主要用于起下油管过程中，对污染源的防控，包括油管上口控流防污罩、油管接合部液控防污控流器、油管外壁刮油装置、井口集液引流盘、手把油管控流箱五个分装置。

油管上口控流防污罩安装在油管接箍上（图 3-2-4），正压时，管路封闭，避免液体空中溢流洒落；卸扣后上提，管内液体下行形成负压，管路开通，对比一般使用的丝堵，更利于液体快速排放。

油管外壁刮油装置控制套的下部凹槽围套在防喷器法兰盘上，上部凹槽放置两瓣式刮油器，油管外壁油污被两瓣式刮油器剥离后回流油套环空（图 3-2-5 和图 3-2-6），可在20s 内快速解除。井口集液引流盘（图 3-2-7）安装在防喷器上平面以上，接收汇集井口液流，再定向排放到集液回流桶。油管结合部液控防污控流器的液压缸控制左右瓣体关闭，井内油管接箍与上提油管底口流出的液态污染源全部被封闭在筒体内腔后，再从泄流管有序流向储液装置。

图 3-2-4　油管上口控流防污罩

图 3-2-5　油管外壁刮油装置

图 3-2-6　油管接合部液控防污控流器

图 3-2-7　井口集液引流盘

3. 配套井控环保装置

配套井控环保装置主要包括抽油杆空心悬挂器、抽油杆抢喷专用盘型扳手、起下油管应急抢喷油套环空控流装置、起下油管井口单人应急抢喷内控组合装置。

抽油杆空心悬挂器(图 3-2-8)的支撑凸肩外径取采油树总阀门通径与油管内通径的平均值,可确保顺利进出采油树总阀门并有效悬挂在油管上口。抽油杆抢喷专用盘型扳手(图 3-2-9)控制了油管内液、气涌流的向上喷射,消除了操作员工的视、嗅、呼吸功能的伤害隐患,确保起下抽油杆工序中井控工作的顺利实施。

图 3-2-8　抽油杆空心悬挂器

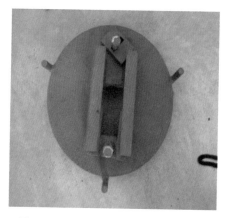

图 3-2-9　抽油杆抢喷专用盘型扳手

起下油管应急抢喷油套环空控流装置(图 3-2-10)控制了油套环空上冲射流的走向,形成了一个不影响操作人员视、嗅、呼吸功能的局部安全环境,以利继续进行其他操作,整个操作可以一个人独立完成并且完成时间只有短短几秒钟。起下油管井口单人应急抢喷内控组合装置(图 3-2-11)解决了使用起下油管应急抢喷装置时连接处喷射流的安全防护、连接时旋转工具易滑脱、管柱下入扶正必须有人协作的问题,整个操作可以一个人独立完成并且完成时间不超过两人配合用时。

图 3-2-10　起下油管应急抢喷油套
环空控流装置

图 3-2-11　起下油管井口单人应急
抢喷内控组合装置

（四）"三步法"热洗工艺

根据环保热洗工艺化蜡除油的物理化学机理，结合常规洗压井工艺技术特点，提出了"三步法"热洗工艺，即第一步替油、第二步化蜡、第三步顶替，如图 3-2-12 所示。三步各有所用，环环相扣，从而达到理想的环保效果。

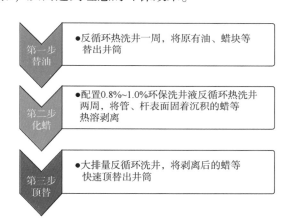

第一步替油	●反循环热洗井一周，将原有油、蜡块等替出井筒
第二步化蜡	●配置0.8%~1.0%环保洗井液反循环热洗井两周，将管、杆表面固着沉积的蜡等热溶剥离
第三步顶替	●大排量反循环洗井，将剥离后的蜡等快速顶替出井筒

图 3-2-12　"三步法"热洗工艺

三、 现场应用效果

双控法清洁作业工艺改变了传统井下作业模式，创新了清洁作业工艺，实现了油田企业清洁生产，降低了员工劳动强度，提高施工效率20%以上，改善了工作环境，达到了绿色矿山创建要求，具有突出的社会效益和经济效益。

2017 年，该工艺在华北油田采油二厂应用，2018 年在华北油田各采油厂全面推广应用。2020 年，已在浙江油田、冀东油田等油田推广应用。截至 2020 年底，累计应用实施

15878 井次，经济效益和社会效益显著。

该工艺的推广应用彻底解决了传统井下作业过程中各环节存在的环保问题，实现了井下作业清洁生产。2018 年，经雄安新区环境保护局认定，该工艺具有井下作业无污染、环保技术措施完善的特点，满足了新区环保要求。双控法清洁作业工艺的应用，减少了传统作业方式中现场清蜡、油管回收清洗、固体废物处理、地面管线扫线等环节，截至 2020年底，累计创效 27458.46 万元。其中井筒控污工艺累计应用 12897 井次，创效 10062.24万元；井口集液在线回收工艺累计应用 615 井次；井口在线控污清洗工艺累计应用 2366井次，创效 17396.22 万元。

第三节　连续油管作业工程应用及效果

连续油管作业技术具有常规作业技术不具备的优点，已经成为世界油漆作业技术研究和应用的热点。连续油管作业装置已被誉为"万能作业机"，在石油行业广泛应用于井下作业。我国引进和利用连续油管作业技术始于 20 世纪 70 年代，1977 年，我国引进了第一台公司生产的连续油管作业机，川庆钻探公司开始利用连续油管进行气井小型酸化、注氮排残酸、气举降液、冲砂、清蜡、钻磨等作业，经过多年的探索研究，连续油管作业技术在国内油气田企业快速发展，形成了装备、工具、技术应用系列配套产业与服务。连续油管作业的设备操作相对集中、自动化程度高，可进行不间断的起下钻作业，不仅作业效率高，操作人员的作业风险相对降低，而且可在不放喷的情况下进行带压作业，减少污染[33-37]。

一、　主要设备与技术

（一）连续油管作业机

连续油管作业的实施需要连续油管装备、井下工具、配套辅助设施与工艺技术有机结合。连续油管作业技术设备因其应用范围广，被称为"万能作业机"，设备组成主要包括：连续油管、储存和传送连续油管的滚筒、为起下连续油管提供动力的注入头、设备监测和控制连续油管的操作室、操作连续油管设备所要求的液压动力组、连续油管带压作业时的井口井控装置，如图 3-3-1 所示。连续油管作业机按照滚筒的装载方式可分车载式、拖装式和橇装式三种基本形式。较小直径的连续油管作业设备通常采取车载式，结构相对较为简单，移动方便灵活；较大直径的连续油管作业设备通常采取拖装式，各个工作机构集中布置在拖车上，采用牵引车移动，对道路和井场条件要求较高；橇装式连续管作业机采用模块化结构形式，主要用于海上平台。

根据石油天然气行业标准《连续管作业机》（SY/T 6761—2014），连续管作业机基本型号与参数见表 3-3-1。

图 3-3-1　车载式、拖装式、橇装式连续管作业机

表 3-3-1　石油天然气行业标准《连续管作业机》（SY/T 6761—2014）基本型号与参数

连续管公称外径/mm（in）		32（1¼）	38（1½）	45（1¾）	50（2）	60（2⅜）	73（2⅞）	76（3）	89（3½）
推荐滚筒容量/m	车装式	7500, 8000, 10000	4500, 5500, 8000	4000, 6400	3100, 5000	3000	1600	1600	—
	橇装式	10000	5500, 7300	4200, 5400	3500, 4000	2000, 2400	1100, 1300	1100, 1250	—
	拖装式	8000, 10000	5500, 10000	4200, 7800	6000, 6600	4300, 5100	3000	3000	1800
主流机型代号		LG180/32	LG270/38	LG270/45	LG360/50	LG450/60	LG580/73	LG680/76	LG900/89
其他常用机型代号		LG270/32	LG180/38	LG360/45	LG270/50	LG360/60	LG450/73	LG580/76	LG680/89

注：（1）表中滚筒容量根据滚筒不同结构形式得来。

　　（2）"—"表示不推荐机型。

（二）连续油管设备

连续油管设备主要包括连续油管、工作滚筒、注入头。连续油管是一种可缠绕在滚筒上的强度高、塑性好、抗腐蚀性较强的 ERW 焊接钢管。单根连续油管长几千米，在生产线连续生产并按一定长度缠绕在卷筒上使用。注入头负责提供上提或下放连续油管所需的动力和牵引力。

注入头是连续油管作业机的关键部件。在每次作业前需根据具体井深、井筒管柱结构、井内流体性质、预测的最高施工压力等参数，结合连续油管施工具体连续油管自重、提下最大静摩擦力等参数综合计算入井管柱所需的最大上提负荷和最大下压负荷，根据负荷参数选取注入头型号。注入头额定工作载荷不小于连续油管模拟计算最大上提力的 1.25 倍。注入头已实现系列化，最大提升能力从 180kN 到 900kN，不同型号的注入头通过更换注入头链条夹持块来实现，注入头链条夹持块选择应与连续油管规格相匹配。

（三）井下工具

连续油管井下工具自上而下主要包括通用工具、功能工具、辅助工具等，井下工具是实现连续油管作业技术的关键。随着连续油管作业技术应用的拓展，专用连续油管作业井下工具不断研发并投用，一项作业工艺一般对应一套特有的井下工具系统来实现。入井工具总体上应满足中国石油天然气行业《连续油管作业技术规程》（SY/T 7305—2021）要求。

（1）连续油管作业工具外径宜小于最小作业通径 6~8mm，外缘台阶倒角小于 30°~45°。

（2）连续油管连接头用于特殊工艺作业时，应满足抗扭和投球通径要求。

（3）工具串应使用单流阀，单流阀应直接连在连续油管接头下端。

（4）工具串应使用安全接头工具，满足以下要求：剪钉数量设置应满足安全接头压力或安全接头拉力的要求；使用液压安全接头时，启动压力应在连续油管预计最高施工压力范围内；安全接头压力应小于安全接头以上工具的额定工作压力；安全接头球应能够通过连续油管和安全接头以上工具；使用机械安全接头时，安全接头剪切拉力设置应小于连续油管末端计算最大拉力。

（5）螺杆钻具应满足施工排量、扭矩和工作温度等要求，且应具备防转子坠落装置。

（6）震击器宜具备上、下双向震击功能，安装位置应根据投球工具投球外径和震击器内通径确定。

（7）过油管作业时，若不能确定管鞋形状或井内有无管鞋时，宜采用与连续油管等径的工具串。

（8）用于硫化氢环境工具应具备抗硫化物应力开裂性能，材料应符合《石油天然气工业　油气开采中用于含硫化氢环境的材料　第 1 部分：选择抗裂材料的一般原则》（GB/T 20972.1—2007）相关要求。

（四）连续油管工作原理

车辆停靠井口处，依次吊装防喷器、注入头于井口（防喷管），将连续油管从绞盘上拉出经鹅颈管导向进入注入头，由注入头链条拉紧后通过防喷器下入作业管柱中，绞盘轴端的接头可与配套设备连接，泵注液体或气体入井，操作室内可远程控制连续油管起下及相关部件的动作。

二、连续油管作业技术

连续油管作业技术分为连续油管钻井技术、连续油管修井作业技术、连续油管增产作业技术、连续油管测井技术，其中在冲砂解堵、钻塞、管柱切割、打捞等修井作业，以及气举、酸化、射孔、压裂等增产作业，速度管柱等产量管理作业领域内，中国石油大力开展科研攻关、不断摸索完善，形成了多项连续油管修井、连续油管增产作业技术与配套工具，成为解决生产难题、降本提效、减污增效的主体技术之一。

（一）冲砂解堵

随着油田开发的不断深入，部分地层出现胶结度下降，地层出砂往往容易在井筒内沉淀、固化而形成坚固的砂床，造成原油产量或注水量下降甚至停产、停注，或是套损套变等，影响油气井正常生产或注水。传统的冲砂作业在冲砂前先进行压井作业，冲砂作业时每次接单根前都要充分循环，施工过程始终处于正压状态。使用连续油管冲砂技术，不用起出原井管柱，可在不压井的情况下带压连续冲砂，对地层零伤害，大幅削减环境污染风险；工期短、效率高、工艺安全风险大大降低；作业占地面积小，环境影响小。

油气井连续油管冲砂作业分正循环冲砂和反循环冲砂。正循环冲砂通过地面注入设备将连续油管下入井筒内，用泵注设备将选择设计好的冲砂液体泵入连续油管内，利用井下冲砂工具（射流、旋涡等）产生一定的冲力，搅动砂粒，再通过环空由冲砂液携出至地面。反循环冲砂通过地面注入设备将连续油管下入井筒内，用泵注设备将选择设计好的冲砂液体泵入环空内，利用井下冲砂工具（射流、旋涡等）产生一定的冲力，搅动砂粒，再通过连续油管内空间携出至地面。冲砂方式宜采用正冲砂；天然气井和含气油水井或井内存在碎屑时，不应采用反冲砂；环空流速小于颗粒沉降速度要求时，宜采用反冲砂；地层压力低或漏失井宜采用泡沫冲砂（图3-3-2）。

图 3-3-2　冲砂工具

（二）钻桥塞

致密油和页岩油等非常规油气开发，主要采取水平井+体积压裂的方式，其中水力泵送桥塞射孔压裂一体化分段压裂技术成为非常规油气藏特别是页岩油气藏开发的重要手段，这种压裂方式措施进行完毕以后一般情况下井内会遗留有多达20级左右的桥塞，为了后续各种井下作业的进行，需对桥塞进行钻磨以保持井筒畅通。常规的管柱钻塞作业需要起下油管作业，作业周期长、施工工序多，井控风险高、环境污染风险大。连续油管钻塞作业(图3-3-3)则通过连续管携带钻磨工具串施工，通过地面设备泵送液体，驱动井下工具串上的螺杆钻具带动磨鞋高速旋转，通过调节注入头的悬重来控制钻压，对井内桥塞进行钻磨，同时将碎屑返排出井筒，可一次性钻除多级桥塞，打开井内通道恢复正常生产，解决常规油管钻塞时效低的问题，完成对油井的快速环保施工。常用连续油管钻塞工具组合为"连续油管连接器+止回阀+液力震击器+丢手+液力振荡器+螺杆钻具+钻具(磨鞋)"。

图 3-3-3　连续油管钻具(磨鞋)

(三) 管柱切割

在油气井作业过程中，当采用常规手段不能对井内被卡管柱解卡时，常需对被卡管柱进行切割作业。连续油管切割作业能够在小通道、长水平段及带压工况下高效完成切割任务，同时最大限度保证人员安全、控制环境污染。常用的连续油管切割作业有液力机械切割、磨料喷射切割、化学切割及爆破切割4种。

常规爆炸切割是用电缆将工具下入被卡管柱内，但切割弹易受井斜及油管内壁脏物、油污影响，不容易下到预定位置，无法实现切割目的，在水平井段长的水平井内更是无法实施。因连续管具有强度高、塑性好、连续起下、可带压作业、施工效率高等特点，处理同样的技术难题，连续管作业要优于常规作业。为此，结合连续管的先进特点，吉林油田开展了连续管环空爆炸切割技术的研究和试验，并成功应用。

连续管环空爆炸切割工作原理：连续管环空爆炸切割是通过连续管将切割工具送至目的位置，利用地面泵注设备使介质(一般为清水)获得一定的压力并注入连续管内，当注入的介质压力达到工具的工作压力后，切割弹起爆对管柱进行切割。具体的操作方法如下：(1)正确安装连续管设备与井口装置，连接爆炸切割工具串；(2)下放连续管，速度控制在10m/min，操作要平稳，速度不能过快；(3)校准爆炸切割深度，准确下放到切割目标位置后，打压起爆，按爆炸切割工具设计，泵车打压至10MPa就能起爆；(4)上提连续油管，上提时通过监视计数表观察设备运转情况、负荷变化及油管情况。油管应排列整齐且不黏带油水，连续管全部起出后再拆连续管井口装置。

连续管环空爆炸切割特点：（1）应用范围广。利用连续管设备自身的下推力将工具送至目的位置，解决了传统切割因为井斜及油管内壁脏物、油污等原因导致工具下不到位的难题，此方式适用于直井、大斜度井和水平井。（2）切割所需工具少，作业成本低。连续管环空爆炸切割技术为压力传爆，不需要过多辅助工具，且该项技术作业时间短，只需要几分钟就完成切割。（3）施工安全可靠。经过严密的计算和大量的实验，确定连续管环空爆炸切割工艺切割弹的火药量，能确保爆炸范围控制在环空范围内，不会伤害套管。连续管环空爆炸切割起爆方式为液体压力起爆，起爆方式可靠，可保证一次性成功。

连续管环空爆炸切割技术指标及技术优势：切割点、卡点的判断和确定对于连续管环空爆炸切割设计和一次成功率都非常关键。连续管环空爆炸切割不受井斜限制，该工艺技术在解决大斜度井、水平井管柱遇卡方面具有一定的技术优势。连续管环空爆炸切割工具串研发成功后，已实际应用到 $\phi73mm$ 等油管管内切割作业，有效提高了复杂井作业能力。国内外连续管业务发展的方向主要集中在套管作业领域，而国内队伍在连续管小管径内作业比较少，该切割工具的研发和应用使国内在此领域有了新的突破。

连续管环空爆炸切割工具组合：连续管外卡瓦连接器+丢手+起爆器+导爆索+切割弹。（1）连续管外卡瓦连接器。因为连续管环空爆炸切割起爆方式为压力起爆，所以连续管连接器不仅要满足抗拉强度，还要具备良好的密封性，所以应选择密封性良好的外卡瓦连接器。（2）丢手。连续管环空爆炸切割后的管柱切口易轻微外翻，为预防工具串卡到井底而应配套丢手工具。（3）起爆器。由剪切销钉和撞击式雷管组成，根据实际作业情况安装销钉个数，销钉的个数决定起爆压力。起爆器起到压力控制和起爆作用，当起爆器上液柱压力加上地面泵注压力大于销钉总压力时，使销钉剪断，撞击式雷管开始工作，点燃导爆索。（4）导爆索。又称传爆线，在起爆器和切割弹之间，起到引爆切割弹的作用。（5）切割弹。内含一定量的火药，当切割弹被引爆后，火药直接作用在需要切割的管柱上，管柱瞬间被切开。连续管环空爆炸切割工艺的切割弹已经过大量试验，火药量能保证切开油管的同时还不会伤害套管，且切口只是轻微外翻。起爆压力具体计算方法如下：

$$p=p_1\times n-\rho gh \qquad (3-3-1)$$

式中　p——起爆压力，MPa；

p_1——单个销钉剪切压力，MPa；

n——安装销钉个数，个；

ρ——介质密度，g/cm^3；

g——重力加速度，m/s^2；

h——工具所下深度，m。

连续管环空爆炸切割技术的研究与应用成效：2019年在吉林油田继续实施了5口连续油管环空爆炸切割作业，均获得成功。连续管施工作业周期可控制在3天以内。与传统大修解卡相比，不仅作业周期、作业成本大幅度降低，而且最大限度减少了生态环境影响。连续管环空爆炸切割技术的研究与应用，有效弥补了连续管在井下作业疑难井治理领域中的不足，完善了连续管作业工艺，实现了卡管柱井、疑难井作业的简单化，提高了技术服务的绿色科技含量[38-40]。

（四）打捞作业

连续油管打捞工艺是指采用连续油管作为作业管柱来捞出井内落鱼的方法，相对常规管柱打捞工艺而言，连续油管打捞工艺具有其明显的优势。连续油管（图3-3-4）本身具有连续起下、自动化程度高、能够实现带压作业等优势，用连续油管实施打捞作业可以在不动井内管柱、不压井的情况下进行，同时可以实现快速连续起下，省去了常规管柱打捞作业过程中接单根的时间，全程井口全封闭作业，无油水落地，降低环境污染。相比于常规管柱，连续油管具有其自身的特殊优势，但是其也有自身的短板：连续油管自身不能旋转，增大了将鱼顶引入过程中的难度；连续油管属柔性管，在打捞过程中易因下压载荷控制不当而产生不可逆性屈曲变形；连续油管本体强度低于常规油管，且注入头的提升能力有限，抓获落鱼后，若落鱼严重遇卡，易造成意外丢手事故。因此，连续油管打捞作业配套的专用打捞工具必须克服上述短板，国内在专用的连续油管打捞工具系列研发上还需进一步加大力度。连续油管打捞工艺在解决落鱼套返、疑难井治理方面有着较为广阔的研发和应用前景。

实施连续油管打捞工艺，下打捞工具前应完成井筒清洗，保证鱼顶以上井筒均冲洗干净，在鱼顶完好性不明的情况下可增加打印作业。下工具打捞过程中，若落鱼管柱未有明显遇卡迹象，则可以一趟管柱完成打捞作业。若井内落鱼管柱遇卡严重，则可以实施解卡措施，例如上提下放管柱、循环解卡等措施，若解卡无效，则实施分段切割打捞作业。

图3-3-4　连续油管

吉林油田一口采气水平井，为规避其环空压力异常风险，对该井进行重新完井作业，在固井水泥塞、盲板的扫除作业施工过程中，因油管缩径、落物堵塞等原因造成井下情况复杂，通过连续管钻磨、打印、打捞等一系列工艺施工，克服了设备、工具、工艺及冬季低温诸多困难因素，施工取得圆满成功，该井治理充分发挥了连续油管技术优势，为以后该类井的治理指明了方向。

1. 研发连续管小管径打印工具

该井钻磨作业前期进尺很慢，在收集返排碎屑后，研究认为井内存在落物，于是决定下铅印进行打印。但是在起出铅印后发现铅印本体磨损十分严重，已经失去参考价值。打印失败原因：连续油管在下管前期在井内不居中，铅印一直与管壁摩擦，所以常规的铅印肯定无法在该井实现打印。为此决定研发连续管小管径内打印的工具。技术关键：铅印本体是铅，而铅本身硬度相对钢铁来说很软，在下井过程中，很容易磨损，在直井内使用时，磨损相对来说不是很严重，打印效果还好，但是在有斜度、水平井等特殊井段使用时，磨损程度偏大，打印效果很差，无法准确了解鱼顶形状，致使打捞难度加大。新的打印工具要克服这些问题：打印作业时的管柱内壁进行管内冲洗和刮削，保证管柱内通径无缩径，使打印工具顺利通过；确定打印作业时连续油管起下管速度，以免过快时加大铅印磨损程度；采取合理构思减少铅印本体在起下过程中的磨损程度，使铅印能很好保存鱼顶形状。成功完成该井打印这项工艺，明确了井内落物的基本情况，为后期的打捞作业奠定了良好的基础。

2. 研发连续管小管径打捞工具

该井在打印成功后，发现井内落物为球状物体，若不捞出该落物，钻磨作业很难进行，但是国内在小管径内使用连续油管进行打捞几乎为空白，需要研发专用的打捞工具。技术关键：选择打捞方式，并在确定落物的形状后，选择合理工具；工具设计要满足该井的现状；落物四周存在钻磨碎屑或水泥浆等障碍物，要保证打捞工具与落物直接接触。在新工具研发完成后，立即投入现场使用，成功将井内落物捞出，为该井钻磨作业的成功迈出了最关键的一步。该井作业中创造性地开展了连续管管内钻磨工艺、打印工艺、打捞工艺，对连续管小管径内施工作业工具组合研发，作业时理论参数的选择，形成了一套可借鉴的连续管小管径内施工工艺体系。

（五）速度管柱

速度管柱（图 3-3-5 和图 3-3-6）是对井下流体起节流增速作用的小直径管柱，由地面悬挂器或井筒悬挂装置悬挂于井筒（或生产油管内部）充当完井生产管柱。当地层流体在天然能量的驱动下进入速度管时，由于过流面积比常规生产油管小，基于变径管流体力学原理，使得较小过流截面上的流体速度有所增加。

图 3-3-5　长庆油田首口速度管柱完井下管作业　　图 3-3-6　焦页 9-3HF 井连续管完井施工

针对气井的生产特征，优选管柱设计是提高全生命周期排采效果的重要手段，紧密结合不同气藏开发动态和需求，从早期封隔器完井、一体化管柱到主体光油管完井，逐步优化减小油管尺寸，提升携液能力，有效延长气井自喷携液期。速度管柱完井技术是利用连续管代替常规单根管柱，不压井下入井内作为生产油管，可解决低产井排水采气难题；利用小管径连续管可以有效提高气体流速、增强携液能力，维持气井的正常生产，达到排水采气的效果，一次投入，稳定生产；可解决低压气井不压井作业问题；工艺上实现全程带压作业，安全环保，避免压井伤害地层和复产困难的风险，降低开发成本，在长庆、吉林、大庆、西南等油气田企业中多有应用，长庆油田已经形成了规模化应用。

吉林油田天然气开发以深层致密气为主要目标，是实现单井经济、高效排采，保障气田整体稳产的关键，深入开展速度管柱完井排采工艺研究，有效助推天然气效益建产。通过开展速度管柱生产携液分析，结合不同区块地层供气能力、产液规模，计算协调生产能力，优选管柱尺寸，有效提高井筒携液能力并延长气井自喷期，优化设计完井工艺及作业工序，确保安全高效完井，配套全生命周期排采技术对策，提高单井采收率。

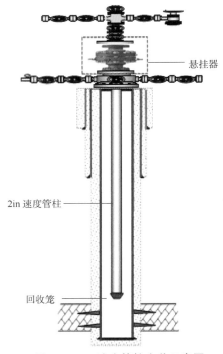

悬挂器

2in 速度管柱

回收笼

图 3-3-7　速度管柱完井示意图

速度管柱完井工艺优化设计：一是速度管柱生产携液能力分析，包括临界携液模型优选、不同管柱尺寸携液流量图版、自喷携液周期预测和最大携液量预测。二是速度管柱完井优化设计，包括速度管柱强度校核及合理下深位置设计、速度管柱悬挂方式设计和起下作业封堵方式设计。三是全生命周期速度管柱排采技术对策，包括弱喷生产阶段（速度管柱+泡排）、间开生产阶段（速度管柱+柱塞气举）和生产中后期阶段（速度管柱+压缩机气举），速度管柱完井如图 3-3-7 所示。

1. 速度管柱生产携液能力分析

选择适用于不同井型的临界携液模型，分析评价气井在直井段、倾斜段和水平段的井筒临界携液情况，明确井筒内携液规律，指导管柱尺寸优选和下深设计，不同压力管柱携液流量图版、不同管柱倾角临界携液分析分别如图 3-3-8 和图 3-3-9 所示。

2. 速度管柱悬挂方式设计

采用井口悬挂器悬挂方式，为了避免油管剪切后落井造成安全风险，在 1 号阀上部安装悬挂器与套管阀两道控制，确保出现特殊情况时井口可控；悬挂上部安装操作窗用于安装速度管柱密封串和卡瓦进行悬挂、坐封，速度管柱完井井口装置及连油悬挂器分别如图 3-3-10 和图 3-3-11 所示。

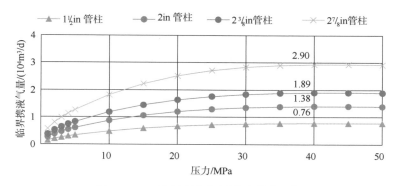

图 3-3-8　不同压力管柱携液流量图版

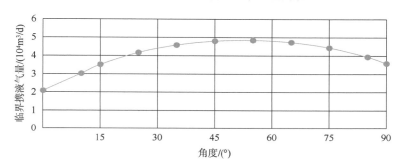

图 3-3-9　不同管柱倾角临界携液分析

图 3-3-10　速度管柱完井井口装置示意图

图 3-3-11　连油悬挂器

3. 起下作业封堵方式设计

速度管柱入井时，设计采用多功能尾堵井下封堵，带压下入后，泵出堵头到回收笼，堵头打掉后管柱全通径生产。速度管柱起出时，设计投球、投杆或采用管内堵塞器进行井下封堵，提高封堵安全性，连续管井下工具串如图 3-3-12 所示。

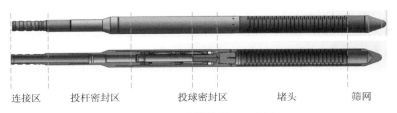

| 连接区 | 投杆密封区 | 投球密封区 | 堵头 | 筛网 |

图 3-3-12　连续管井下工具串

4. 完井工艺效率提高

吉林油田德惠地区 3 口气井 2in 速度管柱进行完井试验，通过生产试井历史拟合和产量动态预测，结合临界携液模型计算 2in 速度管柱较 2⅜in 管柱可有效延长自喷期 100~240 天以上，延缓排水措施投入，节约完井费用，3500m 以内气井速度管柱完井大约花费 53 万元，较带压作业下油管节约 5 万~6 万元，超过 3500m 深层气井速度管柱完井预计花费 70 万元，较带压作业下油管节约 70 万元；完井工艺效率提高。

(a)安装悬挂器　　　　　　　　　　　(b)连接连油尾堵

(c)速度管柱切割　　　　　　　　　　(d)恢复生产井口

图 3-3-13　完井流程

三、　主要功能和应用效果

连续油管技术可以替代常规油管进行很多作业，因其作业技术可对井口部位进行高效控制，且能在带压状态下完成控制，可完成压井操作，并且对井下地层伤害相对偏小，具有自动化程度高、作业周期快、安全环保等特点，该技术已经成为石油勘探开发领域中一项日益完善的新技术，其技术优势日益明显。连续油管作业技术在常规技术无法解决的难点问题上将有更为广阔的应用前景和发展空间[41-42]。

（一）连续油管的冲砂洗井

由于连续油管具有良好的挠性等特点，除进行常规的冲洗作业外，还用于解决一些比较复杂的井下管柱被卡堵情况。既无法建立循环又不能起出井下管柱的这类井，常规方法处理起来难度大。连续油管冲砂技术可以在不压井的情况下进行快捷作业，效率高，直径小，非常适合油管作业，还可以避免因压井而产生的地层伤害。连续油管用于冲砂作业时，大多作为循环介质的通路，因此对于连续油管的尺寸要求比较苛刻。

（二）连续油管打捞

传统的打捞方法是用电缆从油井和气井中回收井中落鱼。油田打捞是试图从井筒中捞出和回收不需要的、无用的或通常是被损坏的设备。一般情况下，井下落鱼可分为两类：一类是直接有害物，它们可使产量降低或增加操作难度和成本，但如果井想要继续生产下去，为了安全和机械方面的原因就必须捞出。这些落鱼包括油管、套管、钻杆、桥塞、井底动力钻具、钢丝绳段、电缆段及连续油管本身等。用连续油管进行打捞作业，可在连续油管下部接加重管柱，在加重管柱下方接桥塞打捞工具。与电缆相比在打捞操作中的优点：一是有能力在直井或大斜度井中产生较大的轴向力用以振动、拉出对于电缆来说太重的落鱼；二是有能力循环各种冲洗流体，包括氮和酸，可以高压冲洗、喷射或溶解沙子、泥、垢和其他碎屑，并将其冲离落鱼顶部；三是打捞所需作业周期短，打捞费用低。

（三）连续油管压裂

利用连续油管进行分层压裂，对多个产层进行压裂作业，并逐一进行返排、可减少残液与地层的接触时间，从而保持新增裂缝的高倒流能力。整个作业的最大优点是修井和施工时间减少，产量提高，环境污染减少，投资回收迅速。与常规压裂技术相比，连续油管压裂方式可节约大量的作业时间，减少事故发生的概率，大幅度降低成本。

（四）连续油管测井

连续油管可应用于测井作业中，对于水平井和大斜度井，由于连续油管有一定的刚度，能用来推动井下仪器，在井下任何一个区段进行连续测井，用循环液提高测井质量，消除电缆的拉伸影响。

（五）连续油管酸化

采用连续油管作业机可对地层注入或调节所需的酸化压力。用连续油管进行选择性酸化的主要优点是在作业过程中减少附加的地层伤害。因为连续油管可带压下井，可进行过油管作业，且作业过程中不需设置封隔器及起出管柱，具有很高的可实施性及安全性。尤其在不了解管柱状况的情况下，也能用其进行酸化。

（六）气举求产

利用连续油管作业机注液氮、泡沫工艺技术开辟了深井完井、重新完井及修井的新领域，特别是对于深井，可选择一种或几种液氮装置与连续油管装置并用，进行常规修井和井下强化作业。

随着非常规油气资源的大规模开发和连续油管技术的不断成熟与推广应用，国内已经建立较为健全的连续油管技术规范和标准。近年来，勘探与生产分公司大力支持各地区油气田连续油管作业技术应用，从配套系列化装备、打造专业化队伍、攻关多元化技术角度出发，不断拓展工艺应用领域，在修井、测井、完井等作业领域开展了多项技术应用，成为解决生产难题、降本提效、提升本质清洁生产的主体技术之一。国内已经建立较健全的连续油管技术规范和标准，对国家标准、行业标准、地区企业标准所涵盖的连续油管作业技术应按照标准和规范执行，确保连续油管作业技术得以高效、安全发展。

参 考 文 献

[1] 杨鹏涛，徐锋波，王军，等. 石油工程井下作业修井技术现状及工艺优化研究[J]. 中国石油和化工标准与质量，2022，42(15)：163-164.

[2] 浅谈井下作业对环境的污染及绿色作业技术[C]//中国环境科学学会2022年科学技术年会论文集(三)，2022：779-781.

[3] 刘涛. 石油开采井下作业堵水技术的应用[J]. 石化技术，2022，29(7)：223-225.

[4] 牛宁生. 石油井下作业管理及修井技术优化分析[J]. 石化技术，2022，29(6)：244-246.

[5] 王洪卫，刘崇江，姚飞，等. 大庆油田井下作业清洁化与自动化技术研究与应用[J]. 石油科技论坛，2022，41(3)：86-93.

[6] 杨昊，于慧艳. 油田井下作业大修施工技术分析[J]. 化工管理，2022(18)：136-138.

[7] 周泽晟，叶琪，范浩章，等. 华庆区块"三低油气田"井控管理研究[J]. 化工管理，2022(18)：142-144.

[8] 陶俊亦，钱浩东，袁海平，等. 井下作业工作平台构建应用研究[J]. 信息系统工程，2022(6)：117-120.

[9] 宋书龙. 井下作业修井现状及新工艺探讨[J]. 化学工程与装备，2022(6)：98-99，117.

[10] 黄兴无. 石油系统井下作业工具的研究分析[J]. 四川建材，2022，48(6)：30，33.

[11] 尹冠群. 井下有轨运输自动化无人驾驶技术研究[J]. 信息记录材料，2022，23(6)：115-117.

[12] 何君涛. 井下作业中油层酸化的原理与施工[J]. 石化技术，2022，29(5)：229-230.

[13] 张汝权，杨柳. 井下作业修井技术新工艺分析[J]. 当代化工研究，2022(10)：153-155.

[14] 李超. 油田井下作业中抽油泵打捞技术的应用[J]. 化学工程与装备，2022(5)：75-76.

[15] 包赟添. 油田井下作业井控技术措施[J]. 化学工程与装备，2022(5)：77-78.

[16] 刘伟男. 采油厂井下作业质量监督模式探讨[J]. 化学工程与装备，2022(5)：154-155.

[17] 胡晓龙. 井下作业修井技术现状及新工艺的优化[J]. 化工管理，2022(14)：125-127.

[18] 代成岩. 石油工程施工中的井下作业修井技术[J]. 石化技术，2022，29(4)：226-227.

[19] 李淼. 提高井下作业质量管理水平的措施[J]. 化学工程与装备，2022(4)：150-151.

[20] 张书宁，全振华，丁永远. 加强油田井下作业安全管理的策略[J]. 化学工程与装备，2022(4)：246-247，225.

[21] 王春阳. 萨北开发区井下作业视频监督平台研究与应用[J]. 中外能源，2022，27(4)：57-61.

[22] 杨莉，斯热皮力，贾亚军，等. 玉门油田井下作业安全管理措施探索与实践[J]. 中国石油和化工标准与质量，2022，42(7)：52-54.

[23] 赛孜古尔·阿巴拜克力，王磊，张伟，等. 油田井下作业仿真培训系统的设计与开发研究[J]. 中国管理信息化，2022，25(7)：113-115.

[24] 宋晨，王磊，李恺，等. 虚拟制造技术在井下作业仿真中的应用研究[J]. 信息系统工程，2022(3)：60-63.

[25] 李岩. 井下作业大修施工标准技术的运用及价值[J]. 化学工程与装备，2022(3)：104-105.

[26] 王斌，梁馨月. 某煤矿井下作业面职业病危害因素与防护设施[J]. 中国卫生工程学，2022，21(1)：35-36，39.

[27] 路超. 油田井下作业大修施工技术的运用[J]. 化学工程与装备，2022(1)：86-87.

[28] 秦蓉. 采油厂井下作业井控工作方面存在的问题及对策研究[J]. 中国石油和化工标准与质量，2021，41(23)：35-36.

[29] 童志明，李亚兵，黄茗，等. 井下作业返排残液对原油破乳脱水的影响及破乳剂筛选[J]. 化学与生物工程，2021，38(11)：43-49.

[30] 姚飞. 油水井清洁作业技术研究与应用[J]. 采油工程，2021(2)：47-52，95-96.

[31] 耿玉广，赵捍军，卢凯锋，等. 油田修井起下杆管清洁生产技术现状及分析[J]. 油气田环境保护，2021，31(1)：21-26.

[32] 廖加栋. CO_2驱注入井筒完整性评价研究[D]. 荆州：长江大学，2020.

[33] 韩龙. 径向钻孔施工中管道清洁工具研究[J]. 中国科技信息，2020(6)：84-85.

[34] 邱家友，朱明新，黄军强，等. 安塞油田井下作业清洁生产技术研究与应用[J]. 石油化工应用，2019，38(9)：90-94.

[35] 杨立博. 清洁作业配套技术研究与应用[J]. 化工管理，2019(3)：197-198.

[36] 廖毅. 非均质碳酸盐岩转向酸化模型研究[D]. 成都：西南石油大学，2017.

[37] 任生军. 酸性气田超深井修井工艺技术研究[D]. 成都：西南石油大学，2016.

[38] 高爱庭. 玛湖油田致密砂砾岩油藏钻井提速研究[J]. 江汉石油职工大学学报，2019，32(6)：22-24.

[39] 罗申国. 煤矿井筒防冻燃煤炉清洁能源替代方案[J]. 山东煤炭科技，2019(5)：192-194.

[40] 余涵，刘全全. 井筒清洁"四合一"新理念工程应用分析[J]. 石化技术，2018，25(4)：293，286.

[41] 庞德新. 连续油管作业技术实践[M]. 北京：石油工业出版社，2020.

[42] 齐波. 长深平3连续管疑难井治理[J]. 石化技术，2019，26(7)：217-218.

第四章 含油污泥利用处置示范工程及效果

油田含油污泥主要来自油田开发过程中产生的落地含油污泥、联合站生产运行中产生的罐底污泥及污水站产生含油污泥等。中国石油所属油田每年产生含油污泥 $100×10^4$ t 以上，油田含油污泥组成极为复杂，根据来源不同组成及各组分含量差别较大，其中，石油烃占 15%～50%，固体颗粒物占 5%～46%，含水率 35%～90%，含油污泥是《国家危险废物名录》中编号为 HW08 的危险废物，含有大量的矿物油、硫化物及其他有毒、有害物质，对环境具有较大的危害性，若处置不当，存在较大的环境污染隐患。2015 年 1 月 1 日新《环保法》实施，迫使企业必须合理解决含油污泥等危险废物的处理问题。

随着我国经济发展方式转变的推进，以及我国政府对环境污染问题的高度重视，含油污泥处理的研究工作得以普遍而快速地展开，相继开发了焚烧处理法、生物处理法、溶剂萃取法、热解吸法、蒸汽闪蒸法、燃料化法、化学热洗法等多种技术，并开展了相关技术的工业化应用，初步探索出了含油污泥无害化与资源化利用的技术方法。

第一节 含油污泥产生及特性

油田含油污泥(图 4-1-1)根据来源可分为三类：第一类为油田原油开采和管线泄漏产生的油污土壤，即落地油泥，主要由原油、黏土矿物等物质组成，较易分离；第二类为原油储罐的清罐油泥，主要为原油沉降在罐底的泥沙及胶质、沥青质含量较高的老化油泥，含油率较高，一般在 20% 以上，较难处理；第三类为油田联合站采出水处理过程中，隔油池、沉降罐、缓冲罐等浮渣和罐底排泥，此类油泥含油率较低，一般为 5%～10%，油泥呈乳化状态，较难处理。

(a)落地油泥

(b)清罐油泥

(c)水处理油泥

图 4-1-1 含油污泥

对于油田各类含油污泥的处理，应遵循分类分质处理的原则。企业在选择含油污泥处理技术时，应综合考虑含油污泥性质、现场配套条件、处理成本、处理指标、投资费用等方面，选择科学合理、经济有效的油泥处理技术。

第二节　含油污泥处理技术研究

一、强化化学热洗技术

（一）含油污泥样品组成分析

含油污泥常呈黏稠状，黑褐色，往往具有浓重的石油气味。使用红外测油仪测定含油污泥的含油率，使用卤素水分仪测定含油污泥的含水率，含固率则采用差减法得到。分析比较了取自冀东油田、长庆油田和华北油田的含油污泥（图 4-2-1 和表 4-2-1），含油率为 10%~30%。

图 4-2-1　含油污泥照片

表 4-2-1　冀东油田、华北油田和长庆油田含油污泥的含油率、含水率和含固率　单位：%

油污土壤样品	含油率	含水率	含固率
冀东油田-1 号样品	14.05	27.00	58.95
冀东油田-2 号样品	13.88	25.30	60.82
华北油田样品	25.80	9.66	64.54
长庆油田样品	9.70	9.99	80.31

（二）强化化学热洗技术的清洗药剂筛选及复配研究

强化化学热洗技术是将含油污泥与一定量表面活性药剂混合，在加热和搅拌的条件下，通过清洗药剂的表面活性作用有效分离油、固、水三相，以达到含油污泥处理和石油回收利用的目的。清洗效果与清洗药剂和含油污泥的相互作用直接相关，主要作用机理包括卷起机理、乳化机理、溶解机理、破乳机理等[1-4]。

卷起机理：与清洗表面润湿有关，即表面活性剂与清洗表面相互作用决定的。当接触角大于90°时，通常污物较易脱落。

乳化机理：要求在油污和表面活性剂溶液之间的界面张力比较低。乳化机理包括表面活性剂与油的相互作用，并且与清洗表面的本质无关。

溶解机理：类似于乳化机理，油污被溶解，在原位形成微乳液。要求油与表面活性剂溶液之间的界面张力较低。

破乳机理：破乳效果与原油乳化液的油水界面张力密切相关，破乳剂降低界面张力能力越强，破乳效果越好。

强化化学热洗的清洗药剂根据含油污泥特性，选择多种清洗药剂进行筛选及复配，以某油田油泥为实验对象，选取不同类型的7种清洗药剂、5种表面活性剂溶液，通过复配实验研究，以处理后残渣剩余物含油率为评价指标，评价药剂的清洗性能(图4-2-2)。

实验条件：搅拌时间30min，温度60℃，搅拌强度600r/min，固液比(体积质量比)1:4，静置时间30min。

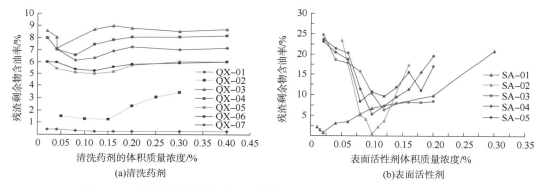

图4-2-2　不同清洗药剂、表面活性剂对处理后残渣剩余物含油率的影响

以残渣剩余物含油率为评价指标，确定上述7种清洗药剂中，QX-01、QX-02两种清洗剂有较好的清洗效果。5种表面活性剂中，SA-01、SA-02对含油污泥有较好的清洗效果。

为了进一步提高落地油泥的处理效果，降低油泥处理成本，发挥药剂之间的协同效应和增效作用，对筛选出来的清洗药剂QX-01、QX-02和表面活性剂SA-01、SA-02，以各自最佳浓度进行复配实验。两种不同药剂互相组合，进行6组实验：0.12%QX-01+0.15%QX-02、0.12%QX-01+0.02%SA-01、0.12%QX-01+0.10%SA-02、0.15%QX-02+0.02%SA-01、0.15%QX-02+0.10%SA-02、0.02%SA-01+0.10%SA-02。

以处理后残渣剩余物的含油率为评价指标，分别测定6种不同药剂配比清洗实验后的残渣剩余物含油率，并且与单一药剂清洗实验的残渣剩余物含油率进行对比，结果如图4-2-3所示。

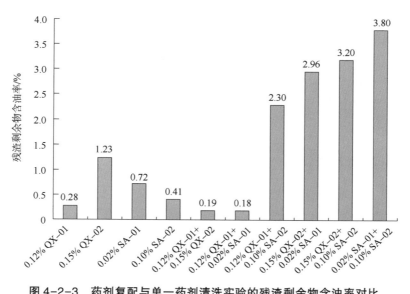

图 4-2-3　药剂复配与单一药剂清洗实验的残渣剩余物含油率对比

根据上述实验结果可知：

（1）QX-01 与 QX-02 复配后残渣剩余物的含油率为 0.19%，分别小于 QX-01 与 QX-02 单一药剂实验的残渣剩余物的含油率。这说明 QX-01 与 QX-02 之间产生了协同效应。

（2）QX-01 与 SA-01 复配后残渣剩余物的含油率为 0.18%，分别小于 QX-01 与 SA-01 单一药剂实验的残渣剩余物的含油率。这说明表面活性剂 SA-01 对 QX-01 有增效作用。

选择 QX-01 与 QX-02 各自最优浓度，确定二元复配清洗剂体系的浓度为 0.12% QX-01+0.10% QX-02，改变 SA-01 的浓度，以油泥处理后残渣剩余物的含油率为评价指标，讨论不同浓度 SA-01 对清洗效果的影响（图 4-2-4）。

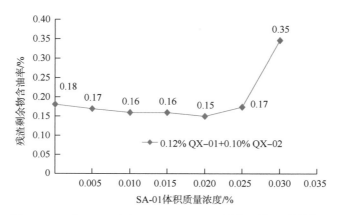

图 4-2-4　SA-01 对 QX-01+QX-02 二元复配体系增效作用

由图 4-2-4 可知，当清洗药剂加药浓度为 0.12% QX-01+0.10% QX-02+0.02% SA-01 时，清洗效果好，处理后残渣剩余物含油率为 0.15%，小于二元复配体系处理后的残渣剩余物含油率 0.18%。结果表明 SA-01 对 QX-01+QX-02 二元复配体系有一定的增效效应。

确定清洗剂配方为 0.12% QX-01+0.10% QX-02+0.02% SA-01,开展影响落地油泥清洗剂体系清洗效果的因素研究,从搅拌强度、热洗时间、热洗温度、静置时间、固液比这 5 种因素,以清洗实验后残渣剩余物的含油率为评价标准,通过实验确定处理工艺最佳条件为:热洗时间 30min,热洗温度 60℃,搅拌强度 600r/min,静置时间 30min,固液比 1:4。

由此确定了某油田油泥的复配型落地油泥清洗药剂以及最优工艺参数,并获国家发明专利授权。

二、 含聚合物油泥调质—脱水—净化技术

此部分研究主要进行室内实验,含油污泥(含水率<70%)经流化—调质—离心工艺处理后,确认最终处理后的污泥含油量是否能够达到 2%,为现场污泥处理工艺试验提供相关运行参数[5-9]。

(一)实验材料

主要仪器:实验所用主要仪器有 LK-6 六联加热搅拌机和 LD-40 型大容量离心机,扫描电子显微镜和原子吸收能谱。

污泥来源:实验用污泥为大庆油田某联合站污水沉降罐底泥及另外采油厂污油池底泥和沉降罐底泥三处混合含油污泥。

(二)实验方法

1. 确定实验参数

影响含油污泥处理实验结果的因素很多,通过分析确定本次实验主要考察污泥量、热洗温度、热洗时间、热洗水量、离心速度、离心时间 6 种因素,并制定表 4-2-2 正交实验因素位级。

表 4-2-2 正交实验因素位级表

因素	污泥量/g	热洗温度/℃	热洗时间/min	热洗水量/mL	离心速度/(r/min)	离心时间/min
位级 1	100	40	15	400	1500	15
位级 2	200	60	30	800	3000	30

2. 实验方法

根据确定的影响污泥处理效果的因素,选择正交表 I8(27)最多能安排 7 个 2 位级的因素。实验时将一定量的含油污泥称重后放入 1000mL 烧杯中,加一定温度和一定量的热水进行搅拌到规定的热洗时间后,除去上层浮油(热洗水量的 5%),并把污水倒出,然后将待处理的污泥倒入离心筒中,在选定的离心时间及离心速度下,进行污泥离心分离处理实验;取热洗—离心后的污泥进行含水率、含固率、含油率的分析测试。

3. 实验结果及分析

含油污泥的组成及成分分析:对某采油联合站油水分离器出泥、电脱水器出泥、二合

一加热炉底泥、污水沉降罐底泥、三合一装置清泥等不同来源污泥样品进行组成分析（表4-2-3）。

表4-2-3 不同来源含油污泥质量组成

样品名称	含水率/%	含固率/%	含油率/%
油水分离器出泥	33.0	70.40	3.40
电脱水器出泥	10.3	55.50	34.20
二合一加热炉底泥	48.8	29.90	21.30
污水沉降罐底泥	47.6	23.32	29.08
三合一装置清泥	39.3	0.72	59.98

由表4-2-3可见，不同来源的含油污泥的油、水和固体组分相差很大。

对某采油厂某含油污泥存放点堆放的含油污泥进行取样。由于不同来源的污泥混合、层析和干化较严重，选择三种有代表性的样品：(1)黑色，含油量大，固体少，沥青状油泥；(2)棕褐色，含油较多，固体颗粒较多；(3)棕黑色，含油适中，泥沙较多，混有大量杂草。

实验采用5点法进行样品采集，然后进行分析，分析数据见表4-2-4。

表4-2-4 混合含油污泥质量组成

样品编号	含水率/%	含固率/%	含油率/%
1	7.6	52.1	40.3
2	17.4	35.7	46.9
3	29.1	33.5	37.4
4	29.3	39.8	30.9
5	20.2	34.8	45.0
范围	10~30	30~50	30~45

由表4-2-4可见，污泥存放点混合污泥中油与固体的组分大致相当，污泥中的含水率随着污泥堆放时间的延长，因自然干化而逐渐减小。

模拟流化—调质—离心处理工艺的实验结果见表4-2-5。

表4-2-5 室内含油污泥流化—调质—离心处理工艺模拟实验结果

实验号	实验计划						实验结果		
	污泥量/ g	热洗温度/ ℃	热洗时间/ min	热洗水量/ mL	离心速度/ (r/min)	离心时间/ min	污泥 含水率/%	污泥 含固率/%	污泥 含油率/%
1	100	40	15	800	3000	15	52.0	15.6	32.4
2	200	40	30	800	1500	15	50.5	16.4	33.1
3	100	60	30	800	3000	30	83.1	1.7	15.2

续表

实验号	实验计划						实验结果		
	污泥量/ g	热洗温度/ ℃	热洗时间/ min	热洗水量/ mL	离心速度/ （r/min）	离心时间/ min	污泥 含水率/%	污泥 含固率/%	污泥 含油率/%
4	200	60	15	800	1500	30	65.1	10.9	24.0
5	100	40	30	400	1500	30	64.0	10.6	25.4
6	200	40	15	400	3000	30	48.9	10.7	40.4
7	100	60	15	400	1500	15	61.2	14.2	24.7
8	200	60	30	400	3000	15	50.9	14.2	34.9

注：原始污泥含油率为57%，以上数据均为四个平行样结果的算术平均值。

由表4-2-5可以得出，模拟流化—调质—离心处理最终处理后的污泥含油率为15%~41%，在其他工艺参数相同的条件下，待处理的污泥量为100g时，最终处理后污泥的含油率数值比污泥量为200g时低；当污泥处理量为100g时，最终处理后的污泥密实度相对较差，而污泥量为200g时，离心后的污泥密实状态较好，从以上两方面综合考虑，认为污泥量与热洗水量的掺泥比例在1.5∶8.0左右为宜。进行污泥离心脱水，当离心机转速为1500r/min时，离心分离出的水相油水分层不很明显，水相浑浊；而转速达到3000r/min时，分离出的水相静止沉降，上层浮油易形成"油盖"，分离效果较好，说明离心机转速越高，污泥离心分离处理效果越好。因此，离心机转速应不低于3000r/min。另外，实验中进行流化—调质除油时选择40℃热洗温度，油、泥、水分离效果差，考虑污泥处理的经济性，实验得出热洗温度选择在55~60℃较佳。

（三）功率超声处理技术

1. 技术原理

1）乳化作用

利用功率超声的高能量振动效应，使得含油污泥、废弃钻井液、老化油的油分子与水分子进行暂时乳化，随着油、水的乳化过程，将含油污泥、废弃钻井液、老化油中的油类物质排入水中，通过真空离心的固液分离过程，将含油污泥、废弃钻井液、老化油中的固体颗粒物排出。

2）裂解作用

在超声波作用下，由于流体与固体的分界面处粒子振动速度的巨大差异，导致边界摩擦，产生热量造成局部加热，甚至局部高温，从而降低原油黏度，提高渗流速度。在高强度、长时间超声波作用下，由于原油分子间具有较大的加速度，形成分子间相对运动，由于惯性的作用使得分子链断裂，大分子被粉碎，从而有可能降低原油中部分组分的黏度，可能随之提高原油的轻质化率，功率超声裂解作用如图4-2-5所示。

在功率超声作用下，某些原油中的部分大分子被暂时或永久分解成小分子团的过程如图4-2-6所示，图中给出了某一组分的大分子团分解成小分子团的过程。

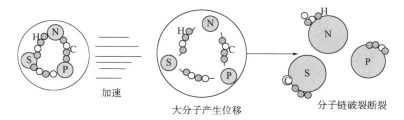

图 4-2-5　功率超声裂解作用示意图

N—原油中的氮分子；S—原油中的硫分子；P—原油中的磷分子

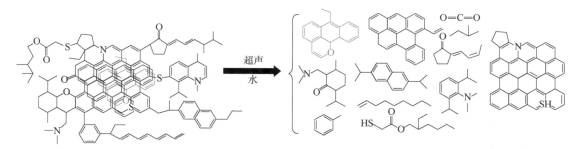

图 4-2-6　功率超声原油组分裂解机制示意图

3）空化作用

一定频率的超声波会使液体中原有的或者新生的气泡产生共振。在波的稀疏阶段气泡迅速膨胀；在波的压缩阶段气泡迅速破灭。在气泡破灭的瞬间，气泡内部温度可达几千摄氏度，压力可达几千个至几万个大气压。在破灭过程中产生的加速度是重力加速度的几千倍，产生局部高温高压，促进高分子物质的解聚，使胶结的沥青质分子键断裂，从而降低原油黏度，达到易于流动的效果。功率超声空化作用如图 4-2-7 所示。

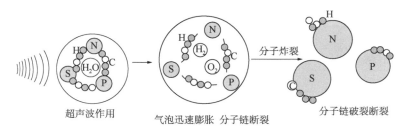

图 4-2-7　功率超声空化作用示意图

N—原油中的氮分子；S—原油中的硫分子；P—原油中的磷分子

2. 超声处理短节室内实验

为摸索功率超声污泥处理工艺运行参数，在查阅大量文献资料的基础上，设计加工一套小型功率超声处理装置，核心部件为超声波功率源、短管式换能器、供料罐等，其中短管式换能器由内径为 149mm、长为 750mm 的不锈钢管上螺旋分布 13 个地面换能器组成，两端为法兰盘，与管道连接，13 个换能器与电感串联。内部结构如图 4-2-8 和图 4-2-9 所示。

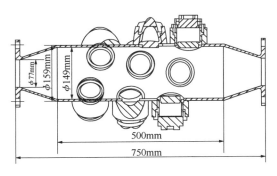

图 4-2-8   短节外观及相关尺寸参数

图 4-2-9   小型功率超声处理装置及装置运行加料

根据前期工作的研究和摸索，分析认为在功率超声设备确定的情况下（即最优频率在固定范围内），对含油污泥处理结果影响的主要因素是电压（即功率密度）、油水比、循环次数，所以采用的功率超声含油污泥处理技术方案见表 4-2-6。

表 4-2-6   小型功率超声处理装置实验方案参数

序号	样品	频率/kHz	作用时间/min	电压/V	油水比例	循环次数
0	含油污泥	—	—	—	—	—
1	含油污泥	16	60	220	1:5	1
2	含油污泥	16	60	220	1:5	2
3	含油污泥	16	60	220	1:5	3
4	含油污泥	16	60	220	1:4	1
5	含油污泥	16	60	220	1:3	1
6	含油污泥	16	60	210	1:5	1
7	含油污泥	16	60	200	1:5	1

经上述频率、作用时间（循环次数）、电压及油水比例处理后，获得 8 组试样（原泥样 1 组），离心并烘干处理后（图 4-2-10），进行检测，检测结果如表 4-2-7 和图 4-2-11 所示。

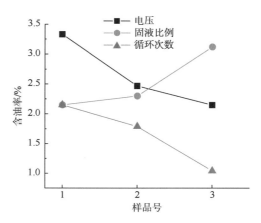

图 4-2-10　小型功率超声处理装置出泥样品　　图 4-2-11　室内实验出泥物性检测结果曲线图

表 4-2-7　室内实验出泥物性检测结果

样品序号	含油率/%	含水率/%	样品序号	含油率/%	含水率/%
0(原样)	12.53	22.6	4	2.30	26.7
1	2.15	18.9	5	3.12	27.7
2	1.79	21.6	6	2.47	24.8
3	1.04	20.5	7	3.33	22.2

通过实验结果分析可以看出，功率越大、固液比例越低、处理时间越长，处理后的污泥含油率越低。处理前后污泥含油量由12.53%降至1.04%~3.33%，证明功率超声处理技术对含油污泥性质具有较强的适用性。

三、　超热蒸汽闪蒸技术

（一）含油污泥热失重实验

1. 实验仪器

实验仪器为德国 NETZSCH 公司的 STA 409 PC 热重分析仪。

2. 实验测定方法及步骤

采用德国耐驰 QMS403C 质谱仪检测同步热分析仪进行热重分析实验，需称取 10.0mg± 0.3mg 待测样品装入 Al_2O_3 坩埚，将该坩埚置于热重分析仪内部天平上。待仪器天平数据稳定后，采用10℃/min 的升温速率，从30℃加热至650℃。加热过程以高纯 Ar(99.999%)作为保护气，流量 80mL/min，吹扫气为高纯 Ar(99.999%)，流量为 20mL/min。

（二）实验结果

研究人员通过大量的室内实验，摸清了油泥失重量与温度的关系以及不同温度点残渣中含油量的变化情况，采用热重分析仪分析手段对离心脱水后的油泥样品开展了不同温度

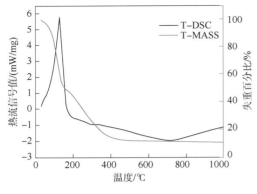

图 4-2-12　含油污泥热失重曲线

下热失重分析，摸清了油泥失重量与温度的关系以及不同温度点残渣中含油量的变化情况。热重分析如图 4-2-12 所示，根据油泥不同温度下的重量损失状况，可以初步判断出该油泥合适的处理温度。

图 4-2-12 中 T-MASS 曲线反映的是在连续加温条件下油泥的失重累积值，T-DSC 曲线则反映了在某一温度点的失重速率。由图 4-2-12 可知，油泥近 50% 的质量损失发生在 150℃ 以前，温度超过 400℃ 后，累积损失曲线趋于平缓。这种变化规律与油泥中含水量高和油泥中的油类主要是轻质油的组成特征一致，因此可以确定该油泥处理温度为 450℃ 左右。开展此类室内实验的意义在于可以避免在中试设备或实际处理设备上摸索合适的处理温度，在节省时间的同时，也可以节省部分能源消耗。

四、　热裂解技术

（一）因素研究

1. 热解实验方法

称取污泥样品 400g 于热解专用铁盒中，将热解炉密封，打开电源与控制系统，进入参数设置界面，设定热解温度、升温速率等操作参数，开始室内热解反应。热解过程中，馏分出口温度、反应器上部温度、反应器壁温由控制系统每间隔 30s 自动记录一次，产生的气体则由人工每隔 5min 记录一次，系统运行数据每隔 5min 记录一次，油泥热解实验装置流程如图 4-2-13 所示。

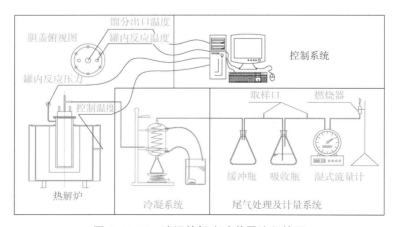

图 4-2-13　油泥热解实验装置流程简图

2. 热解温度对反应的影响

固定污泥试样和样品质量 400g，升温速率 10℃/min，分别在 500℃、550℃、600℃、650℃、700℃进行热解实验，考察热解温度对热解反应的残渣率、产油率、产水率、产气率的影响，确定最佳热解温度。

1）残渣率

随着反应温度的升高，残渣率逐渐变小，600℃以后残渣率基本稳定不变，如图 4-2-14 所示。

2）产油率与产水率

如图 4-2-15 所示，产油率随着反应温度的升高而减少，这是因为温度越高，产生较重组分的油分越容易发生二次裂解，生成不凝性的气体和水分，因此产水率随着反应温度的上升有增大的趋势。

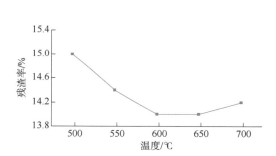

图 4-2-14　热解残渣率随温度变化曲线

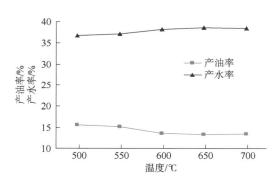

图 4-2-15　不同热解温度下
产油率、产水率随温度变化曲线

由图 4-2-15 可以看出，在 600℃之前，产油率、产水率随温度的变化较明显，而在 600℃之后其变化却十分平缓，这是因为热解温度从 600℃开始，5min 间隔产气量出现了第二个峰值，表明重质组分油在此发生了一定的二次裂解，因此产油率、产水率会有较大变化。此外，550℃的产物油明显比 600℃产物油黏稠也可以反映这个问题。600℃以后产物油均会出现二次裂解，反应比较充分，因此产油率、产水率不再明显变化。

3）产气率

产气率实验结果如图 4-2-16 所示。由图 4-2-16 可见，产气率随温度升高，单位质量的污泥产气量增大，600℃左右单位质量污泥产气量最大。可见，温度升高热解更充分，重质油发生二次裂解，导致单位质量污泥产气量升高。图 4-2-16 中 600℃后产气率逐渐降低，这可能是由于污泥理化性质分布不均造成的，后两个污泥样品含水率较高，热解相同质量的污泥时，其净污泥含量减少，导致产气率降低。

4）最佳温度的确定

从反应结果看，反应时间随反应温度升高而变长，如图 4-2-17 所示。

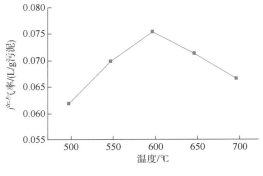

图 4-2-16　不同热解温度下
产气率变化曲线

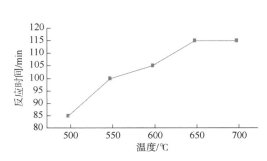

图 4-2-17　不同热解温度下
反应时间的变化曲线

由图 4-2-17 可以看出，温度越高，反应时间呈现出越长的趋势，这是因为温度越高，反应越充分，此外在 550~600℃ 会发生二次裂解，这也使得反应时间延长。但从无害化的角度来看，第二次裂解使热解反应进行得更充分，使残渣含油率降低，更容易实现无害排放。600℃ 时，热解残渣含油率即可满足无害化要求，为此，确定最合适反应时间的热解温度为 600℃。

3. 升温速率对热解反应的影响

固定污泥试样 400g，固定热解温度 600℃，升温速率水平分别取 5℃/min、10℃/min、15℃/min，考察升温速率对热解的影响。

1）热解产物与升温速率的关系

在不同升温速率条件下，主要考察产油率、产气率、产水率、残渣率及热灼烧减率、热解残渣含油率与升温速率的关系（表 4-2-8）。

表 4-2-8　不同升温速率条件下各主要热解性能参数值

升温速率/ （℃/min）	产油率/%	产水率/%	产气率/ （L/g 污泥）	残渣率/%	热灼烧减率/%	热解残渣含油率/ ‰
5	14.1	37.8	0.0683	14.2	26.27	2.49
10	14.5	38.3	0.0704	14.3	26.31	2.57
15	16.1	38.5	0.0688	14.1	23.89	2.50

由表 4-2-8 可以看出，在 600℃ 下，不同升温速率对油、气、水、渣的产率以及热灼烧减率、热解残渣含油率等热解参数并无明显影响，这是因为在 600℃、反应完全的前提下，热解已经进行得相当充分，都能够有效地将污泥中的油分解出来，具有相差不大的热解能力与效率。

2）最优升温速率的确定

产气量能够有效地反映出热解反应的过程，通过产气量可以判定反应所需的时间。三种升温速率条件下的间隔产气量如图 4-2-18 所示。从图 4-2-18 中可以看出，三种升温速率下的反应时间分别为 125min、105min、90min，相当于升温速率每提高 5℃/min，5min 间隔产气量的波峰提前约 15min，表明升温速率提高有利于缩短反应时间。但提高升温速率也受装置负荷、功率和安全性能等因素制约，生产装置的升温速率应选择安全的升温速率。

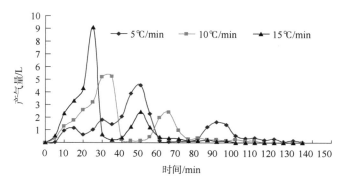

图 4-2-18　不同升温速率条件下 5min 间隔产气量分析图

4. 含水率对热解反应的影响

固定条件为污泥样品和样品质量 400g，固定热解温度 600℃、升温速率 10℃/min。不同含水率污泥样品采用烘箱烘干制取，分别取四份大约 600g 的原污泥样品，在 60℃ 条件下分别烘 2h、4h、6h，得到样品含水率分别为 64.18%、55.35%、50.33%。采用烘干后的样品进行热解实验，考察污泥含水率对热解反应的影响情况。

1）不同含水率污泥的主要热解产物变化关系

从表 4-2-9 中数据可以看出：烘干后污泥热解的油、气、渣的产率比未经烘干处理原污泥相均有不同程度增大，其中残渣率变化与产气率变化尤其明显。这主要是因为原污泥含水率较高，烘干加热对去除水分的作用比较明显，原污泥经过烘干后，相同质量的污泥中油和固相净含量增加。

表 4-2-9　不同含水率条件下污泥热解参数值

样品含水率/%	产油率/%	产水率/%	产气率/(L/g 污泥)	残渣率/%	热灼烧减率/%	热解残渣含油率/‰
76.24（原污泥）	14.5	38.3	0.0704	14.0	26.31	2.57
64.18	14.0	38.1	0.0701	14.3	23.84	2.53
55.35	14.2	37.8	0.0730	16.8	22.25	2.56
50.33	14.5	37.9	0.0775	18.8	22.75	2.61

2）含水率对热解的影响分析

不同含水率污泥间隔产气量如图 4-2-19 所示。

首先，热解处理的污泥必须是经过预处理的样品，因为原污泥含水率一般都比较高，在 95% 以上，这样使得污泥本身比热大，难以升温，即使反应器壁温达到了设定温度，但还需要较长的时间才能使污泥本身升温到控制温度，这就需要较大的热量才能使污泥由常

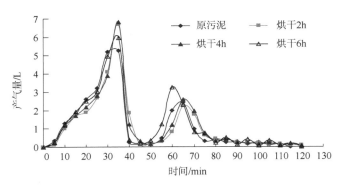

图 4-2-19　不同含水率污泥间隔产气量曲线分析图

温升高到热解温度，降低了热解效率。而且含水率高的同时相同体积下的净污泥含量便降低，这样使得热解处理的污泥量减少，也使得污泥热解效率降低，如上文所分析的热解参数变化关系便说明了这个问题。因此，从这两方面来看，必须先将污泥进行预处理，降低其含水率，以节约能源并提高热解效率。

其次，由于间隔产气量最能反映出热解反应的过程，因此采用间隔产气量作为主要考察对象，将四种不同含水率的样品热解间隔产气曲线综合在一起进行分析，如图 4-2-19 所示。结果表明，不同含水率的热解间隔产气曲线除产气量有变化外，其波峰基本能重合在一起，可见含水率对于此时的热解反应过程并无明显影响，也没有对反应时间造成明显变化。

虽然含水率此时没有明显影响反应过程，但从热解产物分析来看，污泥含水率偏高，因为热解一定质量的污泥时，其净污泥含量过少，导致热解效率降低，所以高含水率的污泥还需进一步预处理才能热解[10-17]。

（二）含油污泥热解能耗研究

虽然热解技术在我国已工业化应用，但由于含油污泥组成复杂，通常情况下，含水率较高，其挥发需要消耗大量的热量，而能源价格又不断上涨，大大提高了热解的成本，限制了热解技术的发展。因此，油泥热解技术工业化的关键在于降低热解能耗，对其做出正确评价非常重要。

1. 实验材料、仪器及实验方法

1）实验材料

该实验采用吉林油田污水处理油泥为实验材料，颜色发黑，呈黏稠状。由于热分析实验需样量较少，每次几十毫克，又需多次取样，因此保证样品的均质性至关重要。为此，取约 300g 油泥，经手工多次揉匀，呈稀泥状，通过测定其含水率和含油率，检测油泥样品是否均质。均质化后，采用多重自封袋密封，置于无水冰箱中储存待用。

含水率的测定参照《原油水含量的测定—蒸馏法》（GB/T 8929—2006），含油率的测定参照《岩石中氯仿沥青的测定》（SY/T 5118—2005），含渣率采用差减法得出。

该实验用均质处理后的油泥含水率 64.18%，含油率 22.15%。

2）实验仪器与实验条件

该实验采用热重—红外—质谱联用仪，同步热分析仪为德国耐驰公司 STA 449F3A，测量温度范围室温~1550℃。

差示扫描量热法（DSC）实验中，采用 Pt-Rh 坩埚（加盖），样品量 10~15mg，仪器参数条件为：加热温度 700℃，升温速率 10℃/min，采用高纯（99.999%）氮气吹扫，保护气吹扫速率 20mL/min，吹扫气吹扫速率 60mL/min。

3）实验方法

由于热分析方法中的差示扫描量热法（DSC）可以直接测量样品在发生物理或化学变化时的热效应，所以该实验主要采用差示扫描量热法评价油泥热解的能耗，对曲线进行积分获得能量。而热量变化与曲线峰面积的关系如下：考虑样品发生热量变化，此种变化除传导到温度传感装置以实现样品（或参比物）的热量补偿外，尚有一部分传导到温度传感装置以外的地方，因而差示扫描量热曲线上吸热峰或放热峰面积实际上仅代表样品传导到温度传感器装置的那部分热量变化。样品真实的热量变化与曲线峰面积的关系为

$$m \cdot \Delta H = K \cdot A \tag{4-2-1}$$

式中 m——样品质量，g；

ΔH——单位质量样品的焓变，kJ/（mol·g）；

A——与 ΔH 相应的曲线峰面积，kJ/mol；

K——修正系数，称为仪器常数。

2. 实验结果与分析

（1）含油污泥热解过程分析。

如图 4-2-20 所示，分析含油污泥在 10℃/min 的升温速率下的热失重（TG）、对应的热失重速率（DTG）和差示扫描量热曲线（DSC），可以看到 DTG 和相对应的 DSC 曲线在不同的温度段出现了不同的峰，因此可以将油泥热解过程分为三个阶段：第一阶段为室温

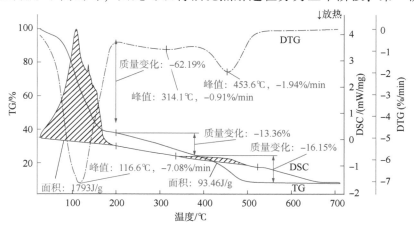

图 4-2-20 油泥热解过程的 TG-DTG-DSC 曲线

30~190℃，这一阶段失重率较大，油泥质量损失 62.19%，最大质量损失在 116.7℃，对应 DTG 曲线出现了一个强烈的吸热峰，吸收热量 1793J/g。这主要是由油泥中大量的游离水不断蒸发引起的，消耗了大量的热量。第二阶段为 190~380℃，油泥质量损失 13.36%，失重较平缓，对应的 DSC 曲线没有出现明显的峰。这主要是由油泥中化学结合水以及低沸点油类物质挥发引起的。第三阶段为 380~530℃，油泥质量损失 16.15%，456.1℃ 处质量损失最大，DTG 和 DSC 均对应出现一个明显的峰，但没有第一阶段失重大，吸收热量 96.26J/g。这阶段主要是油类的热解反应，一方面发生大分子变成小分子直至气体的裂解过程，另一方面又发生小分子聚合成较大分子的聚合过程，反应较复杂。

可见，热解能量的消耗主要在反应第一阶段和第三阶段，即水分的挥发和石油烃类的热解。

图 4-2-21 所示为烘干原油的热分析曲线(实验前原油在 120℃烘箱中烘干 2h)，可以明显地看出，原油热解过程分为两个阶段，即轻组分的挥发(180~380℃)和油类的热裂解(380~530℃)。180℃时原油质量开始有所下降，变化较缓慢，质量损失约 20%，说明原油中轻组分含量较高；当温度高达 380℃时，质量损失速率明显加快，说明油的热裂解反应剧烈，失重较迅速，温度达到 530℃左右时，反应基本完成，质量损失约 45%，即原油中中质油和重质油的含量约 45%。实验结果很好地反映了含油污泥热解反应的第二反应阶段和第三反应阶段。

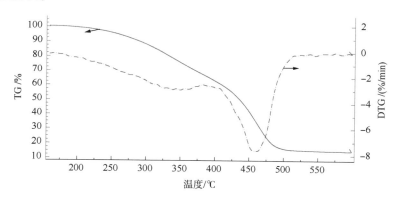

图 4-2-21　烘干原油热解过程的 TG-DTG 曲线

蒸馏水随温度变化的热分析曲线(图 4-2-22)，蒸馏水挥发过程中 DTG 和 DSC 曲线相对应地出现一个明显的峰，即游离水的挥发。按油泥中含水率 64% 计算，游离水挥发需热量约 1724J/g。

(2)热解能量的 DSC 实测结果。

如图 4-2-23 所示，分别作了 5 个平行样品的 DSC 曲线，且保证每个样品对应一条基线，尽量减少实验误差。由于热解第一阶段和第三阶段反应剧烈，DSC 出现吸收峰，均可对其面积积分，定量分析油泥热解的热效应。5 个平行样品在 30~190℃ 和 380~530℃ 两个温度范围的热效应和质量损失计算结果见表 4-2-10。

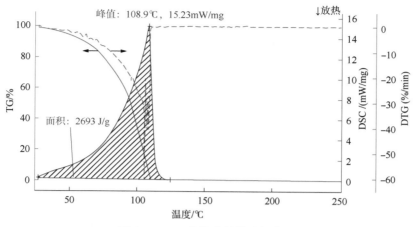

图 4-2-22　蒸馏水的热分析曲线

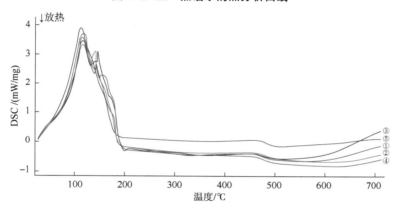

图 4-2-23　平行样品热解的 DSC 曲线

右边数字分别代表对应的平行样品编号

表 4-2-10　油泥热解反应各阶段的热效应

序号	30~190℃		380~530℃	
	热效应/(J/g)	相对误差/%	热效应/(J/g)	相对误差/%
1	1876	5.39	93.03	19.88
2	1674	5.96	72.15	7.02
3	1890	6.18	67.76	12.68
4	1776	0.22	71.1	8.38
5	1683	5.45	83.87	8.08
平均值	1780		77.60	

　　由计算结果可知，采用 DSC 方法评价油泥热解能耗的相对误差不大，说明此 DSC 评价方法可行。测得反应第一阶段和第三阶段需热量分别为 1780J/g 和 77.60J/g。

　　（3）热解能的理论计算。

　　为研究含油污泥的热解能，采用热力学和动力学结合的方法计算热解能，也可以验证 DSC 方法的可行性。

根据实验测试结果及资料查表，油泥热解已知条件见表4-2-11。

表4-2-11　油泥热解的已知计算参数

参　数	数值	参　数	数值
含水率 X/%	64.18	泥土的比热容 C(泥土)/[J/(g·℃)]	0.8
含油率 Y/%	22.15	水蒸发焓 ΔH_{vap}/(J/g)	2257
含渣率 Z/%	16.17	油类蒸发焓 ΔH_y/(J/g)	1127
水的比热容 C(水)/[J/(g·℃)]	4.2	初始温度 t_0/℃	30
水蒸气的比热容 C(水蒸气)/[J/(g·℃)]	1.84	热解终温 $t_{终}$/℃	530
油的比热容 C(油)/[J/(g·℃)]	2.1		

计算方法如下：

① 水分的挥发（30~120℃）。

$$Q_1 = C(水)X(100-t_0) + X\Delta H_{vap} + C(水蒸气)X(120-100)$$

$$= 4.2×64.18\%×70 + 64.18\%×2257 + 1.84×64.18\%×20 = 1660.85 J/g$$

② 泥土的升温（30~530℃）。

$$Q_2 = C(泥土)Z(530-t_0) = 0.8×16.17\%×500 = 54.68 J/g$$

③ 油类升温（30~380℃）与蒸发（190~380℃）。

$$Q_3 = 2.1×22.15\%×350 + 1127×13.36\% = 162.80 + 150.57 = 313.37 J/g$$

④ 油类的热解（380~530℃）。

该实验采用常用的 Doyle 积分法，根据热分析实验获得的 TG 数据进行曲线拟合，建立动力学模型，求得热解反应所需的活化能。公式如下：

$$\ln[-\ln(1-\alpha)] = -\frac{E}{RT} + \left[\ln\left(\frac{AE}{\beta R}\right) - 5.33\right], \quad n=1 \tag{4-2-2}$$

$$\ln\left[\frac{(1-\alpha)^{1-n}-1}{n-1}\right] = -\frac{E}{RT} + \left[\ln\left(\frac{AE}{\beta R}\right) - 5.33\right], \quad n \neq 1 \tag{4-2-3}$$

令 $Y=\ln[-\ln(1-\alpha)]$（$n=1$ 时），$Y=\ln\left[\frac{(1-\alpha)^{1-n}-1}{n-1}\right]$（$n\neq1$ 时），$X=\frac{1}{T}$，$A=-\frac{E}{R}$，$B=\ln\left(\frac{AE}{\beta R}\right)-5.33$，则式（4-2-2）和式（4-2-3）均可变为：

$$Y = AX + B \tag{4-2-4}$$

再根据热分析实验获得的 TG 数据（380~530℃），利用 Origin 软件，分别取 $n=0.5$、1.0、1.5、2.0 时，Y 对 X 作图且进行线性拟合，求出拟合曲线多项式和相关系数，选择相关性较好的活化能 E。所得拟合曲线、拟合结果分别如图4-2-24和表4-2-12所示。

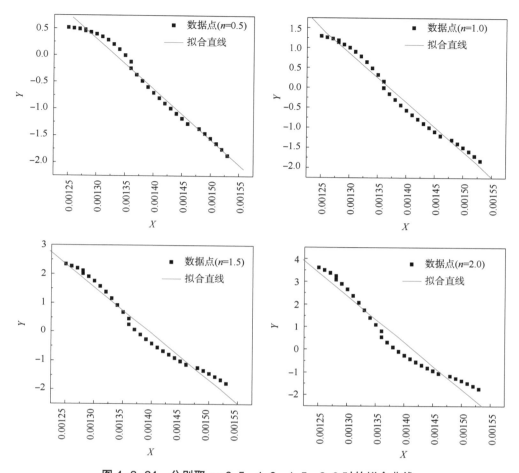

图 4-2-24　分别取 $n=0.5$、1.0、1.5、2.0 时的拟合曲线

表 4-2-12　拟合结果

反应级数 n	拟合曲线	相关系数 R^2	$E/(kJ/mol)$
0.5	$Y=-9405.34X+12.532$	0.9821	78.20
1.0	$Y=-12275.7X+16.807$	0.9827	102.06
1.5	$Y=-16049.17X+22.399$	0.9685	136.23
2.0	$Y=-20627.08X+29.164$	0.9469	171.49

如表 4-2-12 中结果可知，$n=1$ 时曲线拟合最好。从资料中查得原料原油的平均分子量为 646.3，计算出 $Q_4=35J/g$。

⑤ 油泥热解能。

$$Q_{ca}=Q_1+Q_2+Q_3+Q_4=1660.85+54.68+313.37+35=2063.90J/g$$

⑥ 热解能的实验实测值与理论计算值的比较。

由表 4-2-13 可见，通过对 DSC 曲线的积分，定量地给出了含油污泥热解的主要耗能，相对于热解反应复杂对理论计算（表4-2-14）造成的误差，DSC计算能耗更加准确。由于热解反应第二阶段反应平缓，没有出现可积分的吸收峰，不是热解耗能的主要阶段，因此采用热力学对此部分需热量进行估算。通过对两方法计算的结果进行比较，计算值为实测值的98.34%，表明结果吻合得较好。

表4-2-13　DSC计算结果

温度/℃	30~190	190~380	380~530
需热量/(J/g油泥)	1780	241.12（热力学计算）	77.60
合计/(J/g油泥)	2098.72		

表4-2-14　理论计算结果　　　　　单位：J/g油泥

组分	水	石油烃类			泥土
	挥发（30~120℃）	升温（30~380℃）	蒸发（190~380℃）	热解（380~530℃）	升温（30~530℃）
需热量	1660.85	162.80	150.57	35	54.68
合计	2063.90				

（三）小结

（1）实验选取的含油污泥含水率和含油率均较高，含水率达到64.18%，含油率达到22.15%。含水率较高，大大增加热解过程中的能耗；含油率较高，说明有很大的回收潜力，实现无害化的同时实现资源化。

（2）含油污泥热解分为三个阶段：第一阶段为游离水的挥发（30~190℃）；第二阶段为油泥中化学结合水以及低沸点油类物质挥发（190~380℃）；第三阶段为油泥中油的热解反应（380~530℃）。热解能量的消耗主要在反应的第一阶段和第三阶段，需热量分别为1780J/g和77.6J/g。

（3）通过分析DSC曲线，DSC实测值与理论计算热解能耗，两种方法计算结果吻合得较好，含油污泥样品需热量约2100J/g，说明DSC作为一种新方法，对评价含油污泥热解的能耗是可行的。

五、微生物处理技术

由于微生物降解依靠的是特定菌种的生理过程，相对物理和化学方法处理而言，受环境因素影响的程度更大。这些因素包括石油烃污染物的浓度、pH值、充氧量、温度、营养元素、微生物种类等。其中任何一个环节出现问题都会成为降解过程中的限制因素。因此各种石油污染土壤生物处理工艺的核心就是尽可能改善和消除多种限制微生物降解石油烃的不利因素，提高微生物修复的效率。

为了强化石油污染的生物治理过程，缩短污染治理周期，有必要对不同因素间的相互促进、相互制约的作用机制进行研究，将各因素之间的相互影响定量化，探求促进正向作用、抑制负向作用的途径，为各因素制定适宜的施用时间序列，以最大限度加快降解速度，因此设计了如下的复合生物降解实验。

（一）各环境因素不同水平正交实验

实验中选取了 5 个影响石油烃生物降解的因素：A 代表石油烃的污染强度，B 代表接种量，C 代表降解初始 pH 值，D 代表氮元素的投加量，E 代表磷元素的投加量。并将其控制在四个不同的水平，以探求井场油泥降解速度最大化的途径。采取五因素四水平的正交实验方案设计实验，受试的 5 个影响因素及其水平见表 4-2-15。

表 4-2-15　正交试验的因素与水平

水平	因素				
	A 污染强度%	B 接种量%	C 初始 pH 值	D 碳氮比	E 碳磷比
1	1	2	6	100:1	100:0.6
2	3	4	7	100:3	100:0.8
3	5	8	8	100:5	100:1.0
4	7	10	9	100:7	100:1.2

注：表中各因素不同水平的划分标准为：A——石油烃污染物的质量分数；B——菌剂加入的体积分数；C——含油污泥设置初始 pH 值；D——KNO_3 形式的氮源；E——KH_2PO_4 形式的磷源。

根据实验方案，在装有 100g 井场油泥的样品中，降解 15d 获得最佳降解条件，采用重量法对最后的降解结果进行检测，其降解结果如图 4-2-25 所示。

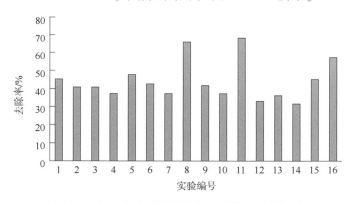

图 4-2-25　正交试验中各组试验的石油去除率

由图 4-2-25 中可以看出，在 15d 的时间里，多数样本有较为明显的降解过程，最多的可以达到 69.45%，最低也有 31.74%。为了深入探讨影响生物降解的每种因素所占的权重以及最优配比，需对所得数据进行正交实验分析。

（1）分析各因素对石油去除率影响的大小：由于实验中各因素的水平数均多于 2，因此不能把每个因素中各个水平平均去除率的极差 R（最大值减去最小值之差）简单地作为判断的依据，而要作出各水平与其平均去除率之间的关系图，再根据关系图上点的散布情况来判断该因素的影响程度。通常用以下三条原则作为判断依据：点的分散程度，如果点散布范围大，则该因素影响显著，反之则影响不显著；点的高低分布情况，高低

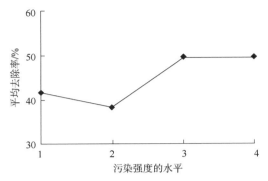

图 4-2-26　污染强度的水平与指标关系图

相差大则该因素影响显著，反之则影响不显著；任意两点的斜率，斜率大则影响显著，反之则影响不显著。五种因素的水平与指标关系图如图 4-2-26 至图 4-2-30 所示。

从图 4-2-26 至图 4-2-30 可以得出：因素 D 碳氮比对石油烃的生物降解影响最为显著，因素 C 初始 pH 值的影响次之，因素 B 接种量的影响再次之，因素 E 碳磷比位居第四，因素 A 污染强度的影响最小。

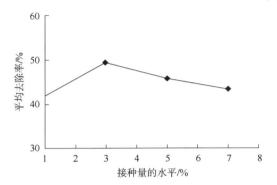

图 4-2-27　接种量的水平与指标关系图

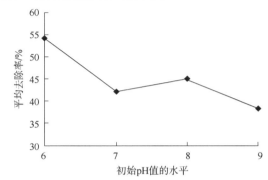

图 4-2-28　初始 pH 值的水平与指标关系图

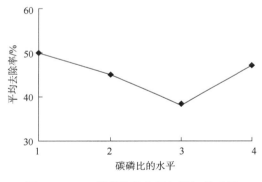

图 4-2-29　碳磷比的水平与指标关系图

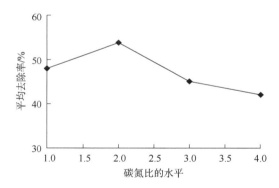

图 4-2-30　碳氮比的水平与指标关系图

（2）取最优水平组合：利用正交表的综合可比性，比较每个因素在不同水平下石油降解率的平均值，挑选出各因素不同水平中的最大者，得最优水平组合为 $A_2B_3C_1D_2E_1$，即污染强度为 3%，接种量为 8%，初始 pH 值 6，碳氮比为 100∶3，碳磷比为 100∶0.6，因为在该水平下石油烃的降解量最大。

（二）不同种类氮源磷源降解石油烃的研究

按照上面实验中得到的最佳降解所需的碳氮比为 100∶3 和碳磷比 100∶0.6，选择不同种类的碳源和磷源进行实验（表 4-2-16）。

表 4-2-16　实验中所用氮源、磷源的种类

溶液名称	浓度/(g/L)	溶液名称	浓度/(g/L)	溶液名称	浓度/(g/L)
H_2NCONH_2	10	NaH_2PO_4	10	$NaNO_3$	20
NH_4HCO_3	20	NH_4NO_3	20	NH_4Cl	20
$(NH_4)_2CO_3$	20	K_2HPO_4	10	Na_2HPO_4	10
$(NH_4)_2SO_4$	20	KH_2PO_4	10	KNO_3	40

在 1~8 号样品中加入 1.05mL 配制好的 NaH_2PO_4 溶液使磷足量，然后分别加入已配好的 NH_4HCO_3 3.56mL、KNO_3 2.28mL、NH_4Cl 2.41mL、$NaNO_3$ 3.83mL、H_2NCONH_2 2.71mL、$(NH_4)_2CO_3$ 2.17mL、NH_4NO_3 1.80mL、$(NH_4)_2SO_4$ 2.88mL，使碳氮比达到 100 : 4.21。在 9~11 号样品中首先加入 1.8mL 配制好的 NH_4NO_3 溶液使氮足量，然后再分别加入已配好的 KH_2PO_4 1.18mL、K_2HPO_4 1.50mL、Na_2HPO_4 1.2mL，使碳磷比达到 100 : 0.9。1~8 号反应体系中的磷源足量且相同，因此可以用来比较含有等量氮元素的不同种类氮源的影响，而 9~11 号反应体系中的氮源足量且相同，因此可以用来比较含有等量磷元素的不同种类磷源的影响。无菌条件下给 1~11 号反应体系加入等量混合菌的菌悬液 8mL。10d 后，分析其原油剩余量，结果如图 4-2-31 所示。

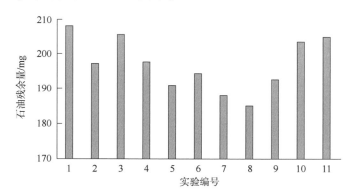

图 4-2-31　不同种类氮源磷源条件下的降解效果

由图 4-2-31 可知，不同种类的氮源、磷源对石油烃的微生物降解确实存在着一定的差异，氮元素、磷元素的存在形式影响微生物的利用。图中显示 7 号、8 号反应体系中的石油残余量都较少，说明铵态形式存在的氮利于微生物的吸收利用，至于不同种类的铵态氮源，阴离子可能会对微生物的降解产生不利影响，其机理有待更进一步研究。1 号、6 号体系中的氮源 NH_4HCO_3 和 $(NH_4)_2CO_3$ 挥发性很强，在降解过程中难免会因摇床的摇动发生氨的挥发，从而引起氮源的供给不足，因此它们的石油残余量较多。8 号、9 号反应体系中的石油残余量与 1 号、11 号相比明显较少，由此可以得出 $H_2PO_4^-$ 中的磷元素比 HPO_4^{2-} 中的磷元素更利于微生物利用。图 4-2-32 中 8 号反应体系的石油残留量最小，石油的去除率最高，因此可以得出当氮源为 $(NH_4)_2SO_3$、磷源为 NaH_2PO_4 时石油降解效果最好。

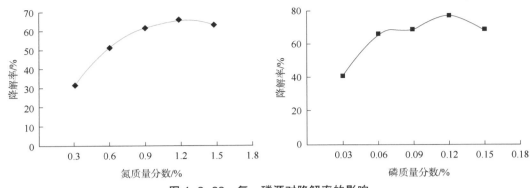

图 4-2-32 氮、磷源对降解率的影响

当氮含量为 0.9%~1.5%、磷含量为 0.06%~0.15% 时，菌群对油泥降解率较高。

(三) 营养物质添加时间

由于铵态氮易于流失，因此在油泥中施加同样量的氮肥如果施加过程及时间不同可能会有不同的降解效果。实验方案如下：

(1) 处理 1：尿素用量为 100:3，分两次平均加入，相隔 15 天；

(2) 处理 2：尿素用量为 100:3，分两次平均加入，第一次加总量的 65%，相隔 15 天，第二次加 35%；

(3) 处理 3：尿素用量为 100:3，分三次平均加入，10 天加一次，每次加总量的 33%。

实验结果见表 4-2-17。

表 4-2-17 氮类营养物质添加方案实验结果

添加方案	油含量/%	降解率/%	菌落数/(10^8CFU/g)
空白	14.31	14.7	0.16
一次加入	9.82	41.4	58
处理 1	9.80	41.6	42
处理 2	9.05	46.0	45
处理 3	10.44	37.7	50.5

由表 4-2-17 中结果可见，不同添加方案下油泥的降解率有一定区别，处理 2 效果较好，首次添加量较大，这与微生物的生长规律及原油降解过程是相符的，即在初期油泥中油含量高，微生物生长速度快，降解活性高，所需的营养成分也较多，一段时间后油含量降低，微生物的生长也趋缓，所需营养物质质量同样下降。营养物质一次加入时可满足微生物前期生长需要，但由于氮类营养物质易流失，后期营养物质的含量可能无法满足微生物生长的需要，因此效果不如处理 2。而处理 1 分两次平均加入，在微生物生长前期导致营养物质不足，使降解过程有所延缓，后期营养物质充分，最终效果与一次加入相当。处理 3 的加入方案导致前期营养物质严重不足，与微生物的生长规律不协调，因而效果差。因此，在现场实际操作过程中，可在首次加入微生物后投加所需氮源的 70%，在处理过程中，根据现场取样分析结果确定需补加的氮源数量。

第三节 强化化学热洗示范工程及效果

化学热洗法以投资少、高效率、易实现、可回收油品、无二次污染等优点成为含油污泥无害化、减量化、资源化处理的最有效方法之一。根据现场经验、实验数据与科学估算，当含油污泥中的含油量大于8%时，通过化学热洗回收石油产生的价值超过工程运行产生的费用，经济潜力大[18-21]。

一、处理工艺

（一）工艺原理

强化化学热洗技术采用预处理—强化化学热洗—固液分离工艺，先对落地油泥、罐底泥筛出杂质并均质化，再加热、加药充分搅拌，静置后回收污油，泥水去固液分离装置进行脱水，实现油、水、泥三相分离，处理后的残渣含油率<2%（图4-3-1）。

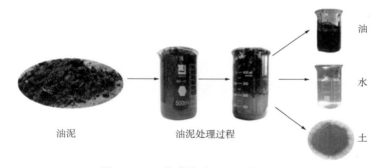

图4-3-1 化学热洗处理工艺原理

化学热洗技术处理量大、无二次污染、处理效果好，能回收污泥中的原油，适用于处理含油量较高、乳化较轻的落地油泥和清罐污泥，但不适用于油田和炼化企业产生的活性污泥和乳化严重的污油泥。

（二）工艺路线

因落地油泥中常含有沙石、杂物、生活垃圾等大块废弃物，需经预处理后筛分出大块物料并将油泥充分均质化，然后将含油污泥在加热并加入定量化学处理药剂的条件下，使油从固相表面脱附、聚集，并借助气浮和机械分离作用回收污油，泥沙进脱水装置脱水后实现残渣含油率在2%以下。因此，整体技术采用预处理—强化化学热洗—离心脱水工艺，工艺流程如图4-3-2所示。

含油污泥由现场运输至装置附近的污泥池中，污泥池两侧设置移动式抓斗机运行轨道，用抓斗机将污泥送至滚筛分选装置。由蒸汽锅炉产生的蒸汽和由热水锅炉产生的热水通过管线送至滚筒筛内部与污泥碰撞流化，使凝固的油泥具有流动性，滚筛分拣出的大块物料由螺旋输送机送至大块物料堆存池。流化后的污泥浆落入制浆机中充分搅拌，表层浮油由浮油回收装置输送至站内污油罐。

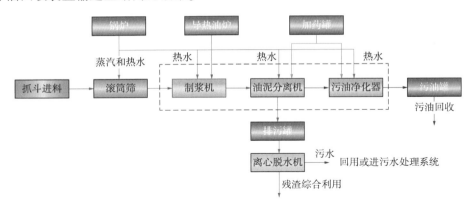

图4-3-2 化学热洗处理油泥工艺流程图

配制好的油泥浆通过渣浆泵进入油泥分离机，在分离机内依据原料的情况加入定量的化学热洗药剂，经过充分搅拌混合，使得油和泥彻底分离。同时在底部向分离机内注入清水以将油气泡的液面托高，油以油气泡的形式浮到上层，通过刮油机把油气泡导入污油净化机内。在污油净化机内加入破乳剂使污油进一步净化，污油经二级过滤后由油泵输送至站内污油罐。油泥分离机中泥水通过管线输送至排泥池中，经提升泵提升后进入离心脱水机进行脱水处理。脱水后的渣土含油率可控制在2%以内，含水率控制在80%以内。离心分离出来的水可循环使用，剩余的污水送回站内污水处理系统处理。

化学热洗技术的三大关键因素：

（1）预处理系统。

现有油泥预处理系统运行效率不高，不能确保分拣出较大颗粒，造成后续处理设备经常堵塞，且油泥均质化不够充分，影响后续污泥的分离效果。因此开发了自动分拣、筛选和污泥均质化的预处理设备，满足污泥处理工艺的进料要求，为油泥热洗分离过程提供保障。

（2）药剂。

通过对不同油泥处理剂的筛选、复配，研究处理剂与不同性质油泥的匹配关系，从而开发出高效处理剂，节省成本。

（3）油泥高效净化处理。

仅采用搅拌、重力沉降等机械分离无法达到落地油泥的处理要求，在油泥分离中引入气浮工艺，油泥浆在机械搅拌力和药物的共同作用下，油和它所包裹的沙粒或土质颗粒充分分离出的油品借助冲入的气泡气浮上升，为油和泥的充分分离创造了条件，最终实现油泥资源化利用。

二、 处理装置

（一）预处理系统

油田存在长期堆存、未及时处理且混有各种垃圾废弃物的落地油泥，成分复杂且已固化，利用现有技术很难直接处理，因此首先必须进行预处理。现有油泥预处理系统运行效率不高，不能确保分拣出较大颗粒，造成后续处理设备经常堵塞，且油泥均质化不够充分，将影响后续污泥的分离效果。

预处理系统由蒸汽锅炉、抓斗机、滚筛分选装置和浮油回收装置组成。

（1）蒸汽锅炉。

蒸汽锅炉橇装设计，外置换热器，可为预处理系统提供120℃蒸汽和80℃热水，触摸屏设计，全自动控制。换热器来水为离心机脱水的污水，实现污水的循环利用。

（2）抓斗机。

抓斗机将污泥池中的含油污泥抓取至滚筛进料口，无线遥控设计，操作方便。

（3）滚筛分选装置。

滚筛筒体由四个拖轮支撑，电动机带动减速机，大小齿轮带动筒体低速旋转。污泥通过无轴螺旋输送机进入旋转的滚筒内，滚筒内安装有一定角度的耐磨橡胶衬板不断带起抛落，自进料端到出料端移动过程中多次循环，并被顺向或逆向的高压冲洗水和蒸汽冲涮洗涤，流化后的污泥进入滚筛下方均混池内，清洗干净的大块物料经过卸料端螺旋输送机落入大块物料堆存池，实现含油污泥的均质化。

（4）浮油回收装置。

该装置根据重力分离原理设计，利用浮油和污水的密度差异，强制抽吸、外排。装置由浮筒式浮吸器、螺杆收油泵、不锈钢软管、阀门仪表等组成，材质耐酸碱、耐腐蚀，浮吸器的收油口可根据现场油污厚度手动调整，操作简单、方便。

（二）化学热洗系统

（1）供热系统。

油泥分离的各个环节都离不开加热，而且各个环节所需温度和热量又不尽相同。加热系统采用预处理系统产生的热水和导热油炉联合供热，既保证了不同温度热量的供给，又使热量的浪费几乎为零。

（2）制浆子系统。

均混池中的污泥经过提升泵进入制浆机中，制浆机设有自动阀门，通过阀门控制注入污泥。制浆机配有搅拌机、热水伴热管路及导热油伴热管路，当需要工作时启动热水伴热对机器内部的污泥进行加热，制浆机设有热电偶可以实现温度的自动控制使热水伴热及导热油伴热配合使用达到污泥的加热功能。加热后的污泥通过搅拌变成流体状态，为后续处理提供有利条件。制浆机底部设有油泥提升泵，并设有液位计与提升泵联锁，通过温度、时间等控制将加热搅拌均匀的油泥提升加压。加压后的油泥经过管道混合器，管道混合器设有加药口，启动油泥提升泵的同时启动加药装置，由于管道混合器的折返混合功能使药剂与介质的混合更彻底，避免了罐体直接加药混合不均匀的缺点。加药后的油泥进入油泥分离机中。

（3）油泥分离子系统。

加药后的油泥进入油泥分离机中，油泥分离机是根据油泥分离特性特制而成的，是集沉降、曝气、溶气、浮选刮油为一体的油泥分离设备。油泥进入机器中部，中部设有稳流筒及螺旋沉降机，稳流筒使液面平稳下降，将进入设备中的液体控制在一定的区域范围内，在沉降机的作用下迫使油泥中的固体泥块等悬浮物沉降到设备底部，而污油则会上浮至设备上部，沉降机采用变频调节，能更好地适应物料的变化，改变沉降速度以达到良好的沉降效果。为了更好地使污油上浮设备中部设有曝气溶气设备，通过微孔曝气气泡上浮使污油加速上浮至液体表面，气泡分布均匀连续上浮达到对液体充分洗涤的作用，使液体中的污油全部向上移动，漂浮在液体表面。同时设备中部设有热水冲洗，利用热水的冲洗作用配合污油上浮。

设备上部设有旋转可调式刮板刮油机，这种刮油机其特有功能是能根据液面高低调节刮板位置，可对液体表面的污油进行高度的提升，达到油水分离的目的。通过刮油机的作用将液面上浮的污油向周边移动，刮板为切线方向离心式设计，通过旋转将页面上的浮油全部刮到周边的污油槽内，然后通过管道流入污油收集器内。油泥分离机底部设有污泥输送泵，将油泥分离机底部的污泥输送至污泥池中等待后续处理。

（4）油水分离子系统。

经过油泥分离机分离的油水进入污油收集器中，污油收集器设有搅拌机及加药孔，通过加药搅拌使药剂迅速发挥作用，在药剂的作用下使油水完全分离。污油收集器上设有热电偶，当温度过高或过低时控制加热系统的开关，在加热的作用下使油水分离更彻底。经过搅拌药剂分离的油水进入油水分离器中通过特有的溶气浮选原理使油上浮、水沉降，水排出设备，浮选的油通过刮油装置进入储槽内，储槽内设有液位计与污油输送泵联锁，将储槽内分离出的油输送至污油储罐中。

（5）加药子系统。

加药设备拥有特有控制技术的定量加药系统，通过在线控制，可实现药剂配比浓度的设定，可实现根据物料量的变化控制加药量等先进功能，同时独特的罐体溢流设计使药剂溶解更均匀。药剂通过配药泵、进水阀及液位计的定量控制来配制一定浓度的药剂，通过搅拌使药剂配制更加均匀。加药泵采用定量供给模式，出口设有脉动阻尼器，使药剂供给更平稳更加均匀。加药泵出口设有回流阀，当管道发生堵塞及故障时回流阀自动开启，防止高压损坏泵体及电动机。

（三）离心脱水系统

离心脱水系统包括进泥泵、卧式螺旋离心机和高分子絮凝剂配投装置、螺旋输送机，以及配套控制系统及流量计等。

1. 进泥泵

通过进泥泵将待分离的泥浆泵入离心机入口。

2. 卧式螺旋离心机和高分子絮凝剂配投装置

采用卧式螺旋离心机，在离心机外筒旋转离心作用下，固体和液体被分开，在主、辅电动机转速差作用下，脱水后的泥和水分别被排出，实现污泥的固液分离。离心机具备优良的密封性能，污泥脱水处于全密封状态下工作，使得环境清洁干净。

自动加药装置可以实现自动定量加药和搅拌溶解功能，与离心机联锁后提供定量有机高分子絮凝剂溶液，促进污泥絮凝效果。絮凝后的污泥经离心脱水后，含水率降至75%左右。

3. 螺旋输送机

离心脱水后的污泥残渣经螺旋输送机从离心机出口运输至集中收集处。

（四）工艺特点

1. 广谱适用的预处理系统

滚筛分选系统可以将含油污泥充分均质化，满足污泥处理工艺的进料要求，为含油污泥的无害化处理提供保障。整套系统自动化控制，劳动强度低。

2. 设备操作简单

化学热洗处理装置在设计上操作简单，自动化程度高，联调和联锁程序保证安全性能，操作定员较少，而且不需要复杂劳动，降低了劳动成本。

3. 设计新颖独特

化学热洗处理装置处理油泥充分发挥了物理和化学技术各自的优势，滚筒筛分结合热水、蒸汽喷淋和搅拌将泥浆的均质化达到最佳状态，化学药物打破油和泥砂的结合，使其彻底分离，再经过补水将油滴托举至液面，便于刮板回收，下沉至底部的油泥残渣含油率可达到较低标准。

4. 独到的药剂配伍

油泥分离所应用的药剂，经过筛选和复配实验，得到独特的配方及最优工艺参数，不仅能充分打开包裹油泥颗粒的油膜，同时还可促使剥离出来的颗粒迅速聚集下沉。

三、 示范工程情况及效果

2013—2018年，分别在华北油田、吐哈油田各新建一套含油污泥处理站，实现化学热洗技术落地应用。2018—2020年，通过设备升级改造，以及药剂攻关和研发，化学热洗装置由固定站式升级为移动橇装装置，在冀东油田完成了试验运行，效果良好。

（一）华北油田含油污泥处理站

2013—2015年，勘探与生产分公司投资1500万元在华北油田采油二厂新建一套含油污泥处理站，用于处理采油二厂产生的罐底泥和落地油泥。主体工艺采用"污泥预处理+综合强化化学热洗+离心脱水"工艺，处理后的含油污泥回收了大部分原油，回收的原油进油罐，多余的水进站内的污水处理系统，实现资源回收和环境保护的双重效益。主体设备设计处理能力2.5t/h，经处理后残渣中含油率可控制在≤2%，实现含油污泥的无害化处理和资源化利用。

127

1. 预处理系统

污泥预处理系统的主要功能是实现污泥的均质化。油泥通过抓斗上料进入滚筒，由蒸汽锅炉产生的热水和蒸汽通过管线至滚筒筛内部与污泥接触流化，使凝固的油泥具有流动性，筛网网孔直径 10mm，粒径小于 10mm 的污泥浆落入污泥均混池中，滚筒分拣出的大块物料由螺旋输送机送至大块物料堆存池。均混池中表层浮油由浮油回收装置输送至站内污油罐（图 4-3-3 和图 4-3-4）。

图 4-3-3　预处理装置进料

图 4-3-4　浮油回收装置收油

2. 强化化学热洗系统

强化化学热洗系统由供热系统、加药系统、油泥制浆系统、油泥分离系统、污油净化系统、污油缓冲系统和自动控制系统等组成（图 4-3-5 和图 4-3-6）。

图 4-3-5　强化化学热洗系统

图 4-3-6　化学热洗排料

油泥浆经由液下泵输送至油泥制浆机中，通过加热搅拌至设定时间后，使油泥黏度降低，油泥颗粒均匀分布于油泥浆中。经渣浆泵泵入油泥分离机经过搅拌加入化学药剂使油和泥沙分离,上浮的原油通过刮油机刮入导油槽自流进入污油净化机中,下沉的污泥经排污阀排入污泥收集池。污油净化机加热搅拌加入化学药剂使污油进一步净化,经二级过滤后实现原油回收。

3. 污泥离心脱水系统

污水离心脱水系统包括卧式螺旋离心脱水机、进泥泵、高分子絮凝剂配投装置、螺旋输送机,以及配套控制系统及流量计等(图4-3-7和图4-3-8)。

图4-3-7　离心脱水系统

图4-3-8　离心机排泥

污泥离心脱水系统的主要功能是实现污泥的固液分离。池中的污泥经进泥泵进入离心机,同时自动加药装置加入一定量的有机高分子絮凝剂,在离心机外筒旋转离心作用下,固体和液体被分开,在主、辅电动机转速差作用下,脱水后的泥和水分别被排出。经离心脱水后,污泥含水率降至75%左右。

该工程于2013年5月开工建设,主体工艺设备于8月全部到货,12月基本完成设备安装和工程施工。2014年4月完成设备空载联机试运。处理后含油污泥残渣含油率检测结果≤2%,达到了项目技术指标要求。

(二)吐哈油田油泥处理站

2015—2017年,中国石油勘探与生产分公司投资1400万元在鄯善采油厂新建一套橇装油泥处理站,处理落地油泥和清罐底泥,处理规模为5t/h。主体工艺与华北油田含油污泥处理站相同,采用“污泥预处理+综合强化化学热洗+离心脱水”工艺。经处理后残渣中含油率可控制在≤2%,实现含油污泥的无害化处理和资源化利用(图4-3-9至图4-3-11)。

(三)冀东油田应用情况

2018—2020年,结合现场减小占地、降低投资的需求,在国家科研经费支持下,完成了设备升级改造,化学热洗装置由固定站式升级为移动橇装装置,整套装置实现模块化、橇装化,形成“基于强化化学热洗钻井固体废物多功能一体化橇装处理设备”。装置根据使用功能分为6个橇体,在工厂里完成橇内设备预制,橇体由汽车运输至现场,在现场仅需将橇体整体吊装到位，连接橇间管线，即可投入使用，缩短安装工期。

(a)预处理装置　　　　　　　　　　　　(b)化学热洗装置

图4-3-9　预处理装置和化学热洗装置

图4-3-10　固液分离处理装置

(a)处理前的油泥　　　　　　　　　　　　(b)处理后的干渣

图4-3-11　处理前的油泥和处理后的干渣

工艺方面，在前期工程项目基础上，增设了药剂循环利用工艺流程和药剂循环罐，提高药剂利用效率，进一步降低处理成本，实现资源回收和环境保护的双重效益。

化学热洗装置主要用来处理含油率10%～50%油污土壤和清罐底泥，也可用来处理含油率不高于30%的含油钻井固体废物。对于落地油泥和罐底泥，一体化多功能固体废物处理技术及橇装装置处理规模为2.5t/h。处理后残渣含油量<1%，进一步提升了处理效果。

工艺流程如图4-3-12所示。

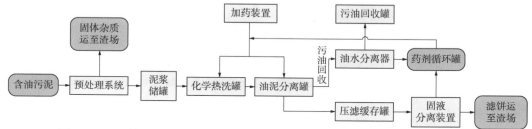

图4-3-12　基于强化化学热洗含油污泥多功能一体化橇装处理设备工艺流程图

含油污泥首先进入预处理系统，经过破碎、筛分，大颗粒固体杂质通过皮带输送器运至渣场，油泥在缓冲罐内暂存后进入化学热洗罐。在化学热洗罐内泥浆和水按比例混合均匀并加热至热洗温度，随后向化学热洗罐内加入热洗药剂1，搅拌一定时间。完成热洗的泥浆转移至油泥分离罐，根据泥浆性质决定是否通过管道添加热洗药剂2。泥浆在油泥分离罐内适当搅拌后充分静置，使洗脱的污油和泥水分层。然后启动油泥分离罐的污油回收装置，将污油收集至油水分离器，进一步油水分离后收集污油至污油回收罐；油泥分离罐下层的泥水经泵转移至压滤缓存罐。在压滤缓存罐内待处理的泥水经高压进料泵打入板框压滤机，经过进料、压榨、吹风、卸饼等工序，实现固液分离，滤饼通过水平滤饼输送器外运，滤液收集至药剂循环罐临时存放，供药剂循环使用或者进一步处理达标外排。处理后残渣含油率可达到2%以下，残渣外运综合利用。

装置由6个橇体构成，分别是收集筛分橇、缓冲收油橇、化学热洗橇、加药缓冲橇、固液分离橇和控制机组橇（图4-3-13至图4-3-18）。

(a)进料斗

(b)收集筛分橇

图4-3-13　进料斗和收集筛分橇

(a) 加药缓冲橇

(b) 化学热洗橇

图 4-3-14　加药缓冲橇与化学热洗橇

图 4-3-15　缓冲收油橇

图 4-3-16　固液分离橇

图 4-3-17　处理后的滤饼

图 4-3-18　装置整体航拍图

第四节　含聚合物油泥调质—脱水—净化示范工程及效果

大庆油田杏Ⅴ—Ⅱ含油污泥处理站位于采油五厂杏Ⅴ—Ⅱ泄油点东侧，南北长 102m，东西宽 95m，总占地面积 9690m²。工程建设含油污泥处理站 1 座，处理量 10t/h，采用调质—脱水—净化处理工艺，配套污泥自动进料系统和污泥预处理流化装置，处理后的污泥含油率降至 2% 以下，达到《油田含油污泥综合利用污染物控制标准》(DB23/T 1413—2010) 标准要求，在实现了污泥的减量化和资源化处理的同时回收含油污泥中的部分污油，获得了经济效益，避免了环境污染，具有较好的社会效益，而且为油田的绿色生产提供有力保证。站内设 1 座约 3000m³ 含油污泥收集池，1 座约 900m² 处理后的污泥堆放场，土地利用系数达 75%[22-27]。

一、工艺介绍

调质—脱水—净化工艺流程如图 4-4-1 和图 4-4-2 所示。

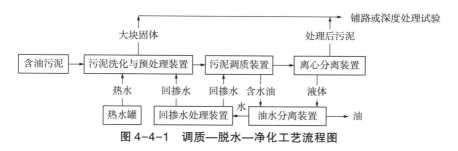

图 4-4-1　调质—脱水—净化工艺流程图

(一) 主流程

含油污泥由污泥运输车辆卸入收集池中，通过自动进料系统的起重机抓斗输送至螺旋输送机的进料口，再由螺旋输送机送至污泥预处理装置的进料口；污泥运输车辆也可直接从卸料平台把含油污泥卸入污泥预处理装置(图 4-4-3)的进料口。经污泥预处理装置分选

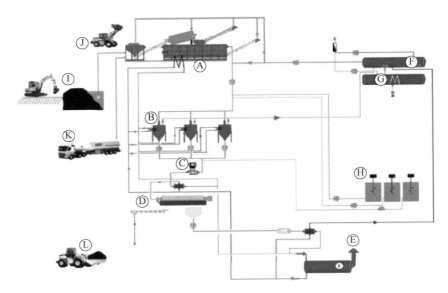

图 4-4-2　调质—脱水—净化工艺流程图

A—污泥液化与预处理装置；B—调质罐；C—离心装置；D—两相离心机；E—回掺热水；F—药剂罐；

G—油水分离器；H—油水分离装置；I—污泥运输车；J—卸料平台；K—污泥运输车；L—污泥堆放场

出的大于 5mm 的粗固体经充分的清洗和处理后送至污泥堆放场，液态含油污泥进入调质罐。

图 4-4-3　含油污泥预处理装置

　　液态含油污泥和回掺热水以及药剂同时进入调质罐（图 4-4-4），升温搅拌、对污泥进行加热和均化，使黏度大的吸附油解吸或破乳，促使油类从固体粒子表面分离；搅拌均化一定时间后静置沉降，上部的溢流液流到油水分离器，下部的含油污泥通过污泥调质提升泵输送到离心处理装置。

　　调质后的含油污泥进入两相离心机进行固液分离，分离出的污泥（含油≤2%）被螺旋输送机输送至污泥堆放场，液体进入油水分离装置进行油水分离（图 4-4-5）；经过油水分离装置分离的含油水返回至掺水罐作为工艺用水，含水油外输至杏五二联合站集输岗（新污泥站址西南侧 600m ）。

图 4-4-4　含油污泥调质装置

图 4-4-5　含油污泥离心分离装置

（二）回掺水流程

整套污泥处理系统依靠回掺热水进行流化、调质、加热。经过油水分离装置处理后的水进入回掺热水处理装置，加热达到一定温度后通过回掺水泵依次输送至污泥预处理装置、污泥调质装置、离心处理装置等各用水系统，掺水主要用于预处理装置，少量的补充水来自清水管（图 4-4-6 ）。

（三）导热油流程

从导热油加热炉出来的导热油，作为加热介质分别进污泥调质装置、离心处理装置、油水分离装置、回掺热水装置各自的加热盘管进口，从各设备加热盘管出口来的导热油汇总至导热油干管，返回至导热油加热装置（图 4-4-7 ）。

图 4-4-6　含油污泥回掺水装置

图 4-4-7　含油导热油伴热装置

（四）加药流程

整套含油污泥处理装置共需絮凝剂、破乳剂、调节剂和清洗剂四种药剂，分别在不同地点加入：

（1）调节剂和清洗剂加入污泥调质罐；

（2）絮凝剂在离心机入口处和油水分离器中加入；

（3）破乳剂在调质罐及离心机出口的中间罐加入。

根据实际生产情况，进行药剂筛选和投药量的确定。

（五）辅助流程

根据实际运行情况，该站对配套工艺进行完善，新建两套辅助流程，用于控制进入系统含油污泥的含水率和延长该站的年运行周期。

（1）前端配套磁分离污水处理装置。积液池中污水通过泵提升至配套建设的磁分离污水处理装置，将池底部污水直接处理后回收，降低进入系统污水的含水率。

（2）储泥池伴热工艺。在隔油池一侧设有储泥池，池底安装伴热管线，伴热面积约占池体的1/4，延长了该站的年运行时间，也可对污油单独进行回收，从而提高该站运行效率及保证出泥含油的达标率。

二、 处理装置

主要设备包括1套（2组）污泥预处理流化装置、3座调质罐、1套离心处理装置（2组，单组处理能力10t/h）等，具体设备设施见表4-4-1。

表4-4-1　主要设备设施表

序　号	设 备 名 称	单　位	数　量
1	污泥预处理流化装置（$Q=10\sim20m^3/h$；50kW）	套	1
2	污泥调质装置（$Q=10\sim20m^3/h$；用电功率30kW）	套	3
3	离心处理装置（$Q=10\sim20m^3/h$） 包括两台液压差速控制两相离心机、管道式破碎机、螺旋输送器、输送泵、管阀配件、电气仪表等	套	1
4	油水分离装置（$Q=10\sim20m^3/h$）	套	1
5	回掺热水处理装置	套	1
6	泵增压装置	套	1
7	导热油加热装置（加热负荷：1200kW）	套	1
8	加药装置	套	4
9	污水回收装置	套	1
10	自动进料系统	套	1
11	配电及电器控制系统	套	1
12	站内自动化控制系统	套	1
13	主厂房（$541.8m^2$）	栋	1
14	含油污泥收集池（$2900m^3$，$54m\times23.4m\times2.3m$）	座	1
15	污泥堆放场（$884m^2$，$34m\times26m$）	座	1

三、 示范工程情况及效果

大庆油田杏V-Ⅱ含油污泥处理站每年5—11月运行，主要投加破乳剂、净水剂、絮凝剂和调节剂，处理后泥中含水率在70%左右，含油率在2%以内。每年处理含油污泥$(1.5~2)×10^4t$，较好地解决了容器清淤污泥和落地油处理，确保了油田安全环保生产。该站运行期间，通过加强节点管理，实现了处理质量和处理效率的提升。

（一）严格控制进料污泥含油率及含水率

该站设计含油污泥的油含量30%、水含量40%、固体含量30%，运行过程中主要接收容器清淤含油污泥，特点是含水率较高，一般可达95%~98%，导致含油污泥产生量大、处理站运行效率低。通过持续探索，从加强技术管理和完善配套工艺等三方面入手，加强清淤管理、开展前端减量、完善配套工艺，确保进入处理系统的含油污泥油水含量接近设计指标，提升处理效率。

一是加强清淤管理。进一步完善清淤管理制度，对不同容器详细制定清淤高度，立式容器的清淤高度由2m下降至1m，有效防止了"过度清淤"，从而控制含油污泥处理站接收含油污泥的含水率。

二是提高已建减量化设备运行时率。由于已建含油污泥减量化设备管理难度大，且需专人管理，全厂已建5套减量化设备运行时率较低，导致外运的含油污泥含水率较高。针对该问题，开展了科研攻关，完善了减量化设备管理制度，摸索了运行参数，优化了药剂配伍，运行时率得以提升。以杏十三-1含聚合物污水站为例，该站生化处理产生的含油污泥经减量化处理后，含水率由96%降至80%。

三是完善配套工艺。针对含油污泥处理站总体接收含油污泥含水率偏高的情况，前端配套建设了磁分离污水处理工艺，定期对池底部的污水进行回收，从而降低进入系统污泥的含水率。

（二）持续优化运行参数

为在干化污泥达标的基础上，提升处理能力，生产运行过程中不断对运行参数进行摸索，先后对掺水比、掺水温度、离心机进泥含固量、药剂浓度、熟化时间等运行参数进行试验优化，处理能力得到较大提升。

一是掺水比、掺水温度、离心机进泥含固量的摸索。投产初期，为保证初期效果，掺水比较高，掺水量与处理油泥量的体积比为8∶1~9∶1，虽然较好地保证了出泥含油的达标，但是整体处理水平较低，日处理量仅$50~60m^3$。为提升该站处理量，不断对掺水比进行调整试验，根据进入系统含油污泥的含水情况和环境温度动态调整掺水比，尽量减少掺水量，从而增加实际处理量。同时，为保证进入调质罐含油污泥的温度，尽可能提高掺水温度，运行期间掺水温度尽量保持在85~90℃，离心机进泥含固量一般为5%~10%。

二是药剂浓度、熟化时间的摸索。由于接收含油污泥的差异较大，当保持同一种加药浓度时，离心机出泥含油、含水的变化较大。实际运行过程中，也并非加药量越大效果越好，这就需要在管理过程中，持续关注出泥情况，根据其动态调整前端的加药浓度，确保离心出泥处于较高的达标水平。虽然设计离心机 1 运行 1 备用，实际两台同时运行，这就导致含油污泥调质时间由 8h 下降至 5h，熟化时间的变化也需要加药浓度相应调整，从而确保达到调质的效果。

（三）提高设备运行时率

该站处理设施多、处理介质复杂、非常规设备多，导致故障率较高且运维难度大，在多年的生产管理中不断探索，以提升运行时率。

一是多渠道进料。由于天吊的故障率较高，为避免前端天吊故障时导致全站停运，实现了多渠道进料。一方面，新建进料管道，含油污泥可实现螺杆泵提升后直接进料；另一方面，也可实现翻斗车拉运直接进料。多渠道进料确保了天吊维修期间该站的连续平稳运行。

二是制定常见问题对策。针对换热器、过滤器易堵塞等常见问题，通过新建换热器旁通、更换新型易拆卸过滤器和配套备用过滤器，确保该类问题能迅速解决，提升运行时率。

三是提升设备维护水平。利用冬季停产进行设备维护保养，并对部分设备的易损件进行提前配备，在投运前 2 周即开始调试，确保环境温度适宜条件下，尽早运行、延迟停运。

该站运行已超过十年，累计处理含油污泥近 $20×10^4$ t，为解决全厂含油污泥处理问题作出了巨大贡献，保障了油田的平稳运行。

第五节　含油污泥超热蒸汽闪蒸处置示范工程及效果

油田污水处理过程中产生的浮渣和剩余活性污泥乳化严重，采用常规的油泥处理技术难以达到效果，乳化油泥严重制约了油田环境质量持续提高和石油企业可持续发展。研究人员研发了蒸汽闪蒸极速干化无害化油泥处理技术和装置，在油田联合站获得了成功应用。

一、处理工艺

（一）技术原理

蒸汽闪蒸干化含油污泥处理技术是将超热蒸汽（450～550℃）以声速和超声速（超过680m/s）以冲击波方式从特制的喷头中喷出，与油泥颗粒进行垂向碰撞，油泥颗粒在超热气体热能和高速所产生的动能作用下，颗粒内的石油类和水等液体迅速从颗粒内部渗出至颗粒表面，并迅速被蒸发，从而实现油、水等液体与固体的分离。高速蒸汽的另一个作用就是对油泥中固体颗粒的破碎作用，达到两倍音速的气流可以轻而易举地把油泥中的大颗粒粉碎为小颗粒，粒径的降低使液体从颗粒内部渗出距离变短，从而在渗出速度一定的条件下，缩短渗出时间。处理后残渣呈细粉末状，含油率可降低到 1% 以下，固体剩余物与原始油泥相比减量化 70% 以上，最大程度实现减量化和稳定达标，处理后的残渣有一定热值，可进一步综合利用[28-29]。

（二）工艺流程

工艺流程如图 4-5-1 所示。

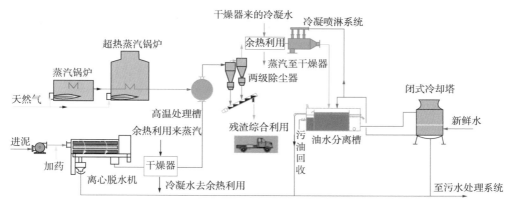

图 4-5-1　油泥处理工程工艺流程图

离心脱水后的污泥通过泵（近距离）或运输车（远距离）转运至 1 号料斗内，污泥通过料斗底部的螺杆泵输送至干燥机，干燥机夹套内通入余热利用装置产生的蒸汽，通过蒸汽预加热污泥并进一步脱水，脱水后的污泥通过螺旋输送机输送至 2 号料斗中，干燥器夹套内冷却的水流至水箱内，通过泵再输送至余热利用装置循环产生蒸汽供给干燥器。2 号料斗中的滤饼通过泵输送至高温处理槽，在槽体内与超热蒸汽发生器产生的高温蒸汽垂直碰撞，污泥瞬间被打散，水从固体颗粒中蒸发出来，高温油气夹带着颗粒输送至二级除尘装置，第一级为旋风分离装置，实现粗过滤，第二级为陶瓷过滤除尘装置，实现精细过滤。固体残渣通过除尘装置下方的两级斜灰阀和螺旋输送器外输。除尘后的高温气进入余热利用装置，然后进入二级冷凝喷淋装置，通过喷淋冷凝为液态进入收集槽，槽内的污水通过板式换热器和冷却塔实现冷却降温。收集槽内的污水通过管线排至污水处理厂。处理后残渣呈细粉末状，含水率 15% 以内，实现减量化 80% 以上。残渣含油率可降低到 1% 以下，实现无害化处置。

（三）技术特点

超热蒸汽闪蒸技术适合于处理油田污水处理过程中产生的以浮渣和剩余活性污泥为主的乳化含油污泥。具有以下技术特点：

（1）处理效果好，残渣含油率可稳定控制在 1% 以下；

（2）油品可回收利用，且油品质变好；

（3）整个处理过程处于蒸汽的保护之下，提高了处理系统的安全性；

（4）处理过程中不需要添加任何化学添加剂，不会产生新的污染；

（5）以蒸汽为热源，加热均匀，热效率高；

（6）颗粒被粉碎，加热过程中不结块，器壁不结焦；

（7）相比其他处理技术，一次性投资成本低，运行成本相对较低。

该技术相比其他热处理技术，在实现最大限度减量化和达标处置的同时，最大的优势是设备本质安全。热处理过程中烃类气体浓度如果不与空气隔绝，大都处于爆炸极限内。为此，热处理过程中，多采用氮气等惰性气体进行保护。已有研究表明，蒸汽是比氮气更好的保护气体，在热处理过程中，装置内充入蒸汽形成微正压，可避免氧气进入装置内，且使整个处理过程始终在蒸汽的保护下，大大提高了装置安全性。该装置运行压力在 10kPa 以下，全过程在蒸汽的保护之下，可实现安全运行。在停机时启动氮气保护，有效防止事故发生，切实保障装置安全。

二、 处理装置

超热蒸汽闪蒸极速干化处理系统主要包括超热蒸汽发生系统、高温处理系统、两级除尘系统、冷却系统、污泥余热利用系统、尾气处理装置、制氮机系统及自动控制系统 8 部分（表 4-5-1）。

表 4-5-1　闪蒸极速干化处理装置配置表

序号	设 备 名 称	功　　能	数量
1	超热蒸汽发生系统	产生超热蒸汽	1 套
2	高温处理系统	超热蒸汽与污泥碰撞粉碎	1 套
3	两级除尘系统	将高温油气中的固体残渣沉降分离出来	1 套
4	冷却系统	高温水气冷却为液体，污水至污水处理系统	1 套
5	污泥余热利用系统	高温气降温换热，将水变为水蒸气后进干燥器，为污泥预热干燥	1 套
6	尾气处理装置	对挥发出来的不凝气进行治理	1 套
7	制氮机系统	陶瓷除尘装置的吹扫自净和停机氮气保护	1 套
8	自动控制系统	实现全自动控制	1 套

（一）超热蒸汽发生系统

超热蒸汽发生系统采用直热管式加热，主要功能是将过热蒸汽加温至 500~550℃。其工作原理是通过天然气燃烧，将装置内部盘管进行加热，蒸汽在盘管中流动，从而加热至所需温度。装置设有锅筒温度传感器、蒸汽出口温度传感器、蒸汽进口温度和压力传感器、天然气流量计等，信号传送至控制柜。当锅筒温度超高、蒸汽压力超高、出口温度超高、除尘系统温度超高时，将会报警并联锁燃烧器，转为小火或停炉，确保装置安全。

（二）高温处理系统

装置设有进料料斗，料斗底部设有螺杆泵，油泥经螺杆泵输送至高温处理槽。高温处理系统是整个极速干化处理系统的核心，高温处理槽接收泵或螺旋输送器输送的待处理含油污泥，高温处理系统的核心是蒸汽喷嘴，蒸汽喷嘴必须能够使蒸汽在相对低压($<0.2MPa$)情况下使蒸汽速度达到亚声速或超声速，产生巨大的冲量，与污泥颗粒碰撞足以粉碎污泥颗粒，加速液态物质渗出速度和挥发速度，达到快速干燥的目的。

（三）两级除尘系统

第一级为旋风除尘，通过重力作用回收固体残渣；第二级为精细陶瓷过滤，经两级过滤除尘后，被汽化的液体继续送至后续冷凝装置。被干化的固体残渣在底部聚集，随后经螺旋输送器的输送，最终送至储料袋内。

（四）冷却系统

冷却系统包括两座冷凝喷淋塔(含1台喷淋泵)、1座油水分离槽、1台换热器(含1台热侧用泵)、1座冷却塔(含1台冷却塔循环泵)。冷凝喷淋塔的主要作用是以最快的速度将汽化的液体冷凝降温，随后液体流入分离槽中。分离槽同样在外部有多个出口，从而回收处于不同层面的油和水。

板式换热器的主要功能是将油水分离槽中的热水冷却，冷却塔为板式换热器提供充足的冷却水。

（五）自动控制系统

超热蒸汽闪蒸极速干化污泥处理控制系统控制闪蒸干化装置的所有电气设备，包括超热蒸汽发生装置、进泥泵、高温处理装置、旋风分离装置和其他各种电磁阀等附属设备。控制系统同样具有彩色液晶触摸屏人机界面，具有手动/自动两种工作方式，自动时所有电气设备的运行全部按程序运行；手动方式时所有电气设备都可以在触摸屏上独立操作。自动启动前，对超热蒸汽发生器炉膛温度、进入高温处理槽的超热蒸汽温度、双旋风分离内部温度、进泥控制温度、物料输送速度等进行设置，可实现超热蒸汽发生装置自动启动停止、进泥泵自动启动停止、旋风分离器自动出渣、停车和故障联锁保护等功能。

（六）尾气处理装置

污泥处理过程中的空气质量与污泥性质有关，为改善运行人员工作环境，在现有装置末端，即油水分离槽引风机后增设尾气处理装置。装置主体采用"吸收法+吸附法"工艺对污泥干化过程中产生的不凝恶臭气体进行治理。

三、 示范工程情况及效果

2010—2012年，含油污泥超热蒸汽闪蒸技术先后在冀东油田两座联合站实现了工程应用。含油污泥处理量为1t/h，经处理后含水率≤15%，含油率≤1%；含油污泥减量化70%以上；直接处理成本≤260元/t，达到了油泥处理指标要求(图4-5-2至图4-5-5)。

该技术的应用，完善了冀东油田联合站工艺流程，从根本上改变了油泥恶性循环的现状，消除了含油污泥给污水处理系统正常生产所带来的隐患，实现了油泥固体废弃物的综合利用和达标排放，对油田企业的可持续发展和保护企业周边生态环境都具有重要意义。

图 4-5-2　浓缩罐

图 4-5-3　离心脱水间+干化处理间

图 4-5-4　浓缩罐离心脱水装置

图 4-5-5　浓缩罐干化处理装置

2018 年，研究人员在原有超热蒸汽闪蒸含油污泥处理装置基础上进行了升级，形成第三代处理装置（图 4-5-6），并在大庆油田投产运行。整体装置采用不锈钢材质，装置密封性得到很大程度提高，改善了员工工作环境；原装置运行中存在的问题得以改进和解决，保证了装置的长周期稳定运行；集成中央控制室，可实现远程操控，装置可全自动控制，降低劳动强度（图 4-5-7 至图 4-5-9）。

残渣剩余物经电镜扫描分析，90% 的粒径在 $20\mu m$ 以下，颗粒中的油充分挥发出来，在一定程度牺牲能耗的情况下，残渣含油率可达到 0.3% 以下。

含油固体废物处理是企业实现环境保护、清洁发展和节能减排的一项重要内容，实现含油污泥无害化处理是建设环境友好型、资源节约型企业的需要。该技术可以实现含油污泥无害化及资源化利用，可以节省巨额的排污费，而且回收的污油也具有一定的经济效益，更重要的是，对降低企业环境污染发生概率、改善石油企业生态环境，具有明显的环境效益和社会效益。

图 4-5-6　第三代超热蒸汽闪蒸油泥处理装置

图 4-5-7　离心脱水后的滤饼　　　图 4-5-8　闪蒸干化处理后的残渣剩余物

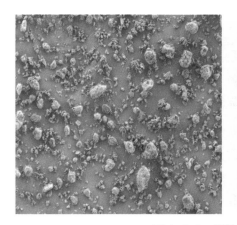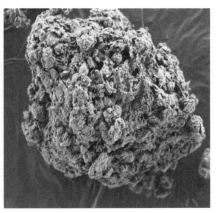

图 4-5-9　残渣扫描电镜照片

第六节　含油污泥热解处理示范工程及效果

一、处理工艺

（一）工艺原理

含油污泥经加热升温，反应温度逐步升至 500~700℃，水分、轻质油组分、聚合物、重质油组分、大分子有机物等随温度的升高依次蒸发热解，最后固态物半焦炭化。反应过程中产生的热解蒸汽由炉体上部的蒸汽出口排出后进入蒸汽回收处理系统，热解后的固体物料经水冷凝降温至100℃以下，经水喷淋降尘后，最后由出料器输出至料槽内打包外运（图 4-6-1）。

图 4-6-1　热解脱附技术原理

含油污泥经预处理装置去除大颗粒后进入热解脱附装置绝氧间接加热，油泥中烃类等有机物受热蒸发、解析或热分解，气相依次进入除尘器、冷却器、油水分离器、气体净化器实现油品回收和可燃气重复利用，固相经水冷螺旋冷却后形成无害化固渣（图 4-6-2）。

由于缺氧加热，含油污泥热脱附/热解处理过程不产生二噁英。

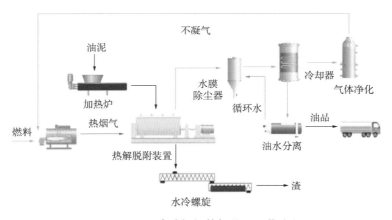

图 4-6-2　含油污泥热解处理工艺流程

（二）工艺参数控制

含油污泥热脱附/热解处理主要控制参数包括原料油泥的油水含量和固体含量、处理温度、停留时间、水膜除尘循环水量与循环冷却温度和气体净化处理指标等。

原料油泥的油水含量和固体含量：热脱附/热解是将油泥中的油、水加热挥发成气相，由于水的蒸发热高，高含水的原料将增加系统能耗。因此，一般热脱附/热解系统控制含油污泥的含水率小于30%、固体含量大于70%。对高含水油泥，通常需要采取调质脱水、预干化处理等措施，有效降低原料油泥的含水率，以降低系统能耗。

处理温度：为保证热脱附/热解后的含油污泥中石油类含量小于3000mg/kg，油泥热脱附/热解温度通常达到500℃左右。油泥中重质组分含量越高，需要的加热温度越高。对于稠油油泥，处理温度通常达550℃以上。为此，燃料加热的壁温通常达800℃以上。

停留时间：热脱附/热解炉类型对停留时间影响较大。间歇式热脱附/热解炉一次性装入的物料多，传热层厚度大，停留时间较长，可达12~24h。螺旋推进式的热脱附/热解炉，因为加热层较薄，传热效率高，停留时间仅0.5~1h，整体处理效率较高。

水膜除尘循环水量与循环冷却温度：增加水膜除尘的循环水量，有利于保障可靠的除尘效果，充分冷凝回收石油烃类组分，但过大的循环水量将增加系统水耗和电耗，因此，实际工程中均根据循环冷却温度控制合适的循环水量。循环冷却温度越低，石油烃类组分的回收率越高。但过低的循环冷却温度，需增加循环冷却系统的投资和运行成本。实际工程中，循环冷却温度一般控制在50~80℃。

尾气净化处理系统：尾气净化处理系统是有效保障油泥热脱附/热解系统尾气达标排放的设备设施。对以天然气为燃料的油泥热脱附/热解系统，由于天然气中的污染物较低，尾气净化处理系统也较为简单，例如采用碱液吸收处理达标。对新发展试验的电磁加热式油泥热脱附/热解系统，由于产生的不凝气不能回烧，其尾气净化处理系统采用了碱液吸收—干式过滤—蓄热式催化氧化工艺，流程相对较长，投资较大[30-32]。

二、 处理装置

含油污泥热解处理装置基本要求：

（1）热解处理后残渣的石油类含量小于3000mg/kg。

（2）全程密闭运行，无轻烃气体外逸。

（3）采用天然气或伴生气等清洁能源为燃料时，烟气经除尘净化后达标排放。

（4）根据处理量，可以选用橇装模块化或固定站式设计，适应各种需求。

（5）应适用于难处理的含油污泥，特别是减量处理后油泥、落地油泥、老化油泥。

工业应用的含油污泥热解处理装置按照炉型结构可分为三大类：间歇热解装置、连续螺旋式热解装置和直接火焰加热链板式热解炉。按照处理工艺流程可分为一段式和二段式。

（一）含油污泥间歇热解装置

含油污泥间歇热解装置采用天然气加热，通过密封蒸馏间歇反应装置实现油泥加热分离，蒸馏工艺如图4-6-3所示。

间歇热解设备的主要优点：

（1）间歇热解设备造价低廉，大幅降低了设备成本；

（2）间歇热解对处理物料要求不高，含油污泥、编织袋与彩条布可以同时进行处置。

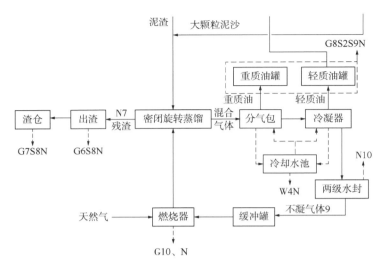

图 4-6-3　含油污泥密闭蒸馏工艺流程

G—气体；S—固体；W—液体；G6S8N—G7S8N 为 G6 气体转变为 G7 气体，S8 固体未变

间歇热解设备存在以下明显缺陷：

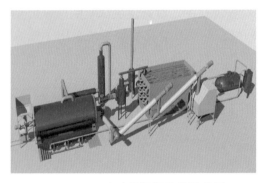

图 4-6-4　含油污泥间歇热解装置

（1）间歇热解设备使用寿命极短，一般为 3 年左右；

（2）间歇热解设备不能合理调节天然气与不凝气的配比，耗能较大；

（3）批次处理，升温时天然气消耗较大；

（4）间歇热解设备处理后物料不能完全达标，并且设备故障频发。

含油污泥间歇热解装置及含油污泥间歇热解炉实验装置分别如图 4-6-4 和图 4-6-5 所示。

图 4-6-5　含油污泥间歇热解炉

（二）连续螺旋式热解设备

连续螺旋式热解设备（图4-6-6和表4-6-1）适用于处理油田钻采、集输及炼化过程中产生的各种含油废弃物（含油污泥、含油土壤、染料涂料废物），挥发性、半挥发性及难挥发性有机污染物和汞污染场地，也适用于垃圾处理（生物质垃圾、生活垃圾、市政污泥），在无氧条件下通过控制加热温度和加热时间对含油废弃物和有机污染土壤进行热相分离处理。擅长处理黏性污染物。双螺旋差速啮合的结构设计，能够彻底解决含油废弃物加热过程中的结焦问题。装置处理能力达到30000~120000t/a。

图4-6-6　连续螺旋式热解炉

表4-6-1　螺旋式间接热解装备参数

项　　目	参　　数
适用对象	含油污泥、化工污泥、汞污染固体废物、有机精馏残渣、高浓度有机污染土壤
处理能力/（t/h）	2~6
热解脱附温度	250~550℃连续控温
装备形式	模块化、橇装化、移动化
处理周期/min	20~120
处理方式	连续式
气氛	欠氧、无氧
工作压力	微负压
燃料	天然气、生物质、柴油

（三）直燃式链板型热处理系统 RTTU（remedx thermal treatment unit）

油泥在主燃室的不锈钢链板传送带上经一系列燃烧器直接加热，使碳氢化合物从油泥固相中脱附出来；热解烟气进入二次燃烧室进行高温燃烧，彻底分解有机污染物；采用湿式降温除尘工艺分别对渣土、尾气进行处理，使渣土、尾气达标后直接排放，从而达到目标污染物与土壤分离并被去除的目的（图4-6-7）。

适用范围：落地油泥、罐底油泥、炼厂油泥等。

技术特点：

（1）直燃式火焰加热，热效率高，燃料消耗量低；

（2）处理效率高，处理能力大；

（3）产生粉尘量少，尾气处理彻底；

（4）模块化安装，自动化控制，维护方便。

(a)直燃式加热系统　　　　　　　　　　　(b)文丘里除尘系统

图 4-6-7　直燃式链板型热处理系统装置

三、 示范工程情况及效果

大庆油田在边远分散的油泥集中点采用橇装模块化设计的处理站，主要工艺采用热解脱附技术，设计标准符合黑龙江省地方标准《油田含油污泥处置与利用污染控制要求》（DB 23/3104—2022），处理后残渣含油率在 3000mg/kg 以下（图 4-6-8、图 4-6-9、表 4-6-2）。

含油污泥热解脱油土可固化制免烧砖（图 4-6-10），制成砖抗压强度达 15MPa，总铅、总汞等环保指标均符合国家标准，可用于筑路和铺路、渠道护坡、围堰等用途，为脱油土资源利用提供了更多选择[33-38]。

图 4-6-8　大庆油田橇装含油污泥处理站设备

图 4-6-9　大庆油田含油污泥热解处理效果

表 4-6-2　油田含油污泥种类和基本组成

油泥种类	含水率/%	含油率/%	含固率/%
作业污泥	40~50	10~20	30~40
落地污泥	5~10	5~10	80~90
清罐油泥	65~75	15~25	5~10
其他污泥	60~70	10~15	25~35
罐底泥	60~70	20~30	5~10

图 4-6-10　含油污泥热解脱油土制免烧砖

第七节　含油污泥微生物无害化处理示范工程及效果

　　微生物无害化处理技术是一种经济、有效的石油污染土壤修复方式，主要针对含油率较低的落地油、石油污染土壤与水处理底泥等，添加微生物、营养元素及膨松剂，调节土壤的 pH 值和湿度从而优化烃类生物降解的条件，同时要对土壤进行翻耕使其充分含氧，通过一年左右的时间，将土壤中石油烃转化为无害的土壤成分。该技术整体投资少，运行费用低；处理效果好，能实现土壤的全面修复；不需要加入化学试剂，能耗低[39-42]。

一、处理工艺

(一)石油烃微生物降解修复原理

微生物修复就是在人为强化的条件下，利用自然环境中的土著微生物或人为投加的微生物的代谢活动，对环境中的污染物进行转化降解去除。其主要原理是微生物利用石油烃类作为碳源进行同化降解，使其最终完全矿化，转变为无害的无机物质的过程。

微生物主要利用生物胞内酶的催化作用实现原油等有机污染物的消解，具体的降解过程为：首先，污染土壤中的土著或外源微生物通过自身分泌的表面活性剂对原油等有机污染物进行乳化；其次，乳化后的污染物黏附在微生物的细胞膜表面，并进一步通过主动转运、被动转运、胞吞作用等某一特定的方式进入细胞内；最后，处于胞内环境的污染物就会与相应的酶进行酶促反应，并最终完成污染物的降解。胞内代谢一般为有氧代谢，需要在氧分子的存在下进行，通过加氧酶的催化反应，氧化形成醛、醇或者酸等不完全氧化产物，转化为能被微生物细胞所利用的物质，最终代谢成为简单化合物，如 CO_2、H_2O 和 CH_4 等。

石油烃是由链烷烃、环烷烃、芳烃组成的复杂混合物。不管微生物采用何种机制降解石油烃类污染物，起关键作用的都是微生物体内合成的各种与烃类降解有关的酶。因此，石油烃的微生物降解性因其所含烃分子的类型和大小而异，中等长度(C_{10}—C_{24})的链烷烃最易降解，短链烷烃对许多微生物都有毒，长链烷烃的生物可降解性降低。从烃分子类型看，链烃比环烃易降解，不饱和烃比饱和烃易降解，直链烃比支链烃易降解，支链烷基越多，微生物越难降解，多环芳烃较难降解或不降解。

(二)处理工艺与参数控制

1. 油泥微生物处理工艺

好氧翻耕法：收集油泥之后，分拣出石块、编织袋、棉纱、手套、树枝等杂物，将块状泥土、颗粒物均匀破碎，按计算加量将微生物处理菌剂、营养液、膨松剂、钝化剂等加入调质后的油泥中，并与油泥反复翻搅、混合均匀、铺平。将温度计和土壤水分测定仪插入油泥处理场中，并定期观测。检测油泥含水率，调整加水量，使混合后的油泥含水率保持在 40%~50%。每 10 天添加 1 次肥料，加量为初次添加量的 50%。每 20 天补加 1 次菌剂，加量为初次加量的 50%。处理过程中定期洒水，夏季 2~4 天/次、春秋季 4~6 天/次，以保持油泥具有疏松度和通透性，油泥中水分保持在 40%~50%；每 6~8 天翻耕一次，翻耕时应将下部油泥翻起，翻耕过程中尽量粉碎块状和板结油泥(图 4-7-1)。

厌氧堆肥法：以生物肥为堆肥原料，加入含油污泥、秸秆，调节 pH 值和湿度至适宜范围，加入一次发酵菌，使其中的纤维分解为微生物可直接利用的糖类，待堆体温度升高至 60℃左右并维持一段时间，降至 30℃时加入降油菌，利用微生物以石油为碳源的生长代谢过程降解含油污泥中的原油，并保持含氧量、湿度在一定范围内，实时监测降油率等相关指标。在堆肥一个月左右时加入固肥剂维持堆体肥力（图 4-7-2）。

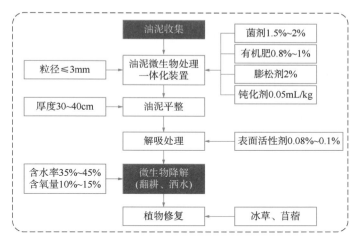

图 4-7-1 好氧翻耕法处理工艺流程图

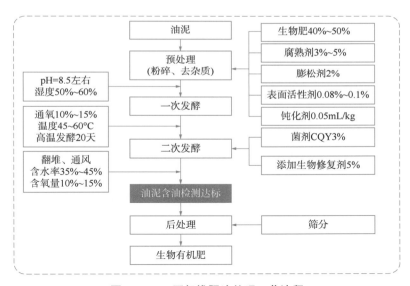

图 4-7-2 厌氧堆肥法处理工艺流程

2. 其他微生物联合处理工艺

电动力耦合微生物处理工艺：将电极插入受污染的土壤，并加电压通入电流，发生土壤孔隙水和带电离子的迁移，土壤中的带电污染物质在外加电场作用下发生定向移动并在电极附近累积，定期将电极抽出处理，从而将污染物除去，之后通过生物强化有效降解土壤中的污染物。将电动技术作为一种强化手段应用于微生物修复含油土壤，即在外加电场的作用下，污泥中的水分发生电解，正极和负极会产生[H]和[O]，有利于土壤好氧微生物的生长，提高其代谢能力，从而提高对有机污染物的降解。而[H]则可以作为污染物转化过程中的电子供体或受体，从而提高污染物转化反应的速率，即能够弥补微生物单独作用的一些不足，在外加电场的作用下，成本较低，操作简单易行，节省人力物力。

3. 工艺参数

由于微生物降解依靠的是特定菌种的代谢过程，相对物理和化学方法处理，受环境因素影响的程度更大。这些因素包括石油烃污染物的浓度、pH 值、充氧量、温度、营养元素、微生物种类等。其中任何一个环节出现问题都会成为降解过程中的限制因素。因此，各种石油污染土壤生物处理工艺的核心就是尽可能改善和消除多种限制微生物降解石油烃的不利因素，提高微生物修复的效率。

微生物菌剂：针对油田自然环境特点、油泥理化特性、原油组分及油泥微生物多样性等，以本源功能复合菌群联合降解、生物活性控制为核心，筛选培养并采用 Biolog 微平板法、全细胞脂肪酸分析、16Sr DNA 序列比对分析方法相结合鉴定，获得了直链烷烃降解菌 11 株，环烷烃降解菌 6 株，芳烃降解菌 2 株，产表面活性剂菌 2 株，构建了以本源多菌属为主的高效石油降解复合微生物菌群，利用 GC-MS 和正交试验，按照质量比配制成针对不同区块的复合菌剂，比单一菌株在相同条件下降解率提高了 15.5%，处理过程中互相协同、共生—伴生关系良好，具有很好的环境适应性，为井场油田微生物处理提供了有力的技术支持。

污染物浓度：大量的石油污染物渗透到土地，会影响土壤的透气性、与外界的物质交换以及微生物菌株的代谢活动；而高浓度的石油烃污染物会对微生物造成包覆作用，阻碍氧气或营养物质的吸收，进而减缓了对石油烃的降解转化，甚至不能提供自身生命活动所需的物质能量，从另一方面来说，污染物浓度过高，盐度随之也就越大，环境的渗透压差也就越大，就会导致微生物脱水休眠甚至失活。该技术在应用中主要处理含油率 10% 以内的含油污泥。

温度：温度对微生物的生长繁殖并不是越高越好，微生物生长繁殖等生命活动多依靠各种酶来进行，而酶的活性与温度的变化有直接关系，在一定温度范围内，酶活性可以达到最高，微生物的新陈代谢及生命活动也就随之越强，一旦超出这个范围，就会降低新陈代谢的效率，阻碍微生物生命活动的进行。该微生物处理工艺温度选择 20~40℃，尽量选择夏季进行。

溶解氧：微生物修复过程通常分为好氧和厌氧两种情况，理论上，微生物降解汽油和柴油等有机物质所需要的氧气大约为烃类质量的 3.5 倍，氧气充足的条件下，基本可以保障微生物对汽油和柴油等有机物质的降解效率，然而没有氧气或氧气不足时，微生物降解有机化合物的速率相对降低。该工艺主要通过定期翻耕以保持油泥中溶解氧含量大于 0.5mg/L。

主要营养物质：微生物生长繁殖需要多种营养元素，如常量元素（包括 N、P、K），以及多种微量元素（包括 Na、S、Ca、Mg、Fe、Mn、Zn、Cu、Ni、Co 等），这些元素一般的土壤环境都能满足其正常生命活动的需要。限制微生物对石油烃类污染物降解能力的主要因子主要是氮源和磷源，微生物在利用富含有机碳的污染物进行代谢活动时，氮、磷元素的缺乏会限制其对外界污染物中碳源的吸收和利用，从而成为影响石油污染物降解的关键因素。在石油污染区域中投入含氮、磷的营养物，氮含量为 0.1%～0.35%，磷含量为 0.06%～0.10%，钾含量为 0.01%～0.04%。

pH 值：石油污染物会对环境中营养物质的构成和比例造成影响，使得有毒污染物在微生物中进一步积累。pH 值对微生物生命活动的影响很大，随着 pH 值的变化，会改变微生物（细胞）内外的电荷数和离子度，阻碍营养盐等物质的运输和离子交换，从而引起细胞膜的电位变化，对微生物各种酶系的活性造成不良影响。最佳降解 pH 值主要根据石油污染物最适 pH 值降解范围与菌株自身最适生长 pH 值范围相协调，该工艺 pH 值为 7.2～7.7 时可实现微生物对石油类污染物的高效降解。

二、处理装置

（一）油泥微生物处理装置

1. 粉碎装置

针对油泥湿度大、黏度高、易结块、原油分布不均的问题，为提高降解效率，研制了油泥微生物处理装备，包括杂物拣除、定量给料、混合破碎、精细筛分、数字控制五个模块。

油泥粉碎装置采用整体橇装式设计，主要包含自动配药系统、物料筛分、物料粉碎及物料输送等装置。菌剂配制系统由药剂箱、加药泵、菌剂搅拌装置及螺旋输送装置组成。液体菌剂注入加药箱通过计量泵计量后，菌剂经搅拌装置顶部环形喷淋装置喷出，同时开启搅拌装置，使罐内的药剂和蓬松剂充分混合，最终由螺旋输送机送至振动筛。物料粉碎系统由粗网振动筛、进料螺旋输送机及物料粉碎机三部分组成。油泥和菌剂进入粗网振动筛将较大颗粒筛选出橇外，合格物料通过螺旋输送机提升至粉碎机进料口，经粉碎机混合及粉碎后由出料口排出。出料系统由精网振动筛、出料输送机、粗料回送螺旋机组成。粉碎机出口物料经过精网振动筛筛选后，合格物料送出橇外处理，隔离物料经粗料回送螺旋机再次送至物料进口。

油泥粉碎预处理装置（图 4-7-3）具有离心、剪切、研磨三种功能，可实现粉碎后粒径≤3mm，且短程内粉碎、搅拌可同时完成，采用无极变速电动机可控制处理剂投加比例，完成精确给料，配置除铁、石块分选系统，有效实现了不同物料的分类除杂。

图 4-7-3　油泥粉碎预处理装置

2. 翻耕机

翻耕机（图 4-7-4）主要作为生物堆维护施工机械，对堆垛完成的生物堆进行翻耕混合，使菌剂和膨松剂及油泥混合得更均匀。

3. 铲车

铲车作为施工的主要装载设备，进行油泥转运、上料，膨松剂上料，同时也承担着修整地面、铺垫井场、垃圾装载、垃圾转运的工作。同时保证铲斗尺寸和油泥预处理设备进料尺寸相匹配，保证上料顺利（图4-7-5）。

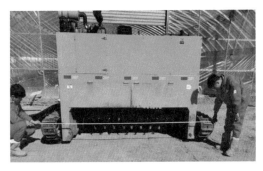

图4-7-4　翻耕机

图4-7-5　铲车

（二）其他处理装置

1. 电动耦合处理装置

电动耦合处理装置可以最大限度发挥微生物和电场在处理含油土壤方面的优势，使得经过预处理含油率降低后的土壤得到有效修复处理，最终能够实现达标排放（图4-7-6和图4-7-7）。

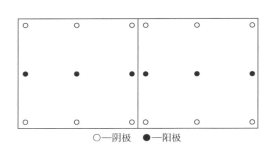

○—阴极　●—阳极

图4-7-6　单个箱体中电极的排列方式模拟图

图4-7-7　装置中电极的实际排列

利用石墨电极较高的高温强度、低热膨胀系数、较好的可加工性和良好的导热及导电性等特性，使用电阻率为 $7.5\mu\Omega\cdot m$、直径 3cm、长度 50cm 的棒状纯石墨电极，工作电压为 36V，电极极柱排列设置为并列串联排布式，单个箱体分三组电极，每个电极之间的距离为 36cm，实际电场强度为 100V/m。电场作用方式采用直流电，100V/m 的电场强度每天作用 2h，在第一轮现场试验中连续作用一个修复处理周期。由于电极之间距离为 36cm，因此，实际提供的电压为 36V 的人体安全电压。

2. 生物反应器

为了给微生物降解含油污泥提供最佳环境条件，使各项控制参数能够保持在工艺参数的控制范围内，充分发挥微生物的降解活性，最大限度提高降解效率，缩短降解时间，研发了具有自动调节控制参数的生物反应器（图4-7-8）。

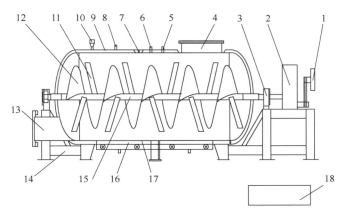

图 4-7-8　生物反应器示意图

1—电动机；2—减速箱；3—联轴器；4—进料口；5—进水口；6—内筒放汽口；

7—内筒温度表接口；8—放气孔；9—双层油罐；10—进油口；11—浆片；12—绞龙；

13—出料口；14—橇板；15—主轴；16—电阻丝；17—保温层；18—配电箱

生物反应器的主体为圆形双层卧式结构的罐体，在罐体底部设计增加长方形加热室，加热棒分布其中，从而使物料受热更为均匀。罐体外焊接夹套，夹套内放置电阻丝和导热油，与温度表连接；温度控制通过 RTO（PT-100）探头，采用数字 PID 控制，搅拌控制通过时间继电器，达到正反转自动控制，实现了设备控制的自动化。反应罐内设搅拌器，采用绞龙加浆叶的综合搅拌形式，与单一的浆叶相比能够使搅拌强度加大，从而更能满足均质和溶解氧的需求。罐体设计有自动喷淋装置和营养液输送系统，可保持降解所需温度和营养条件与pH 值。上料部分采用卷扬机的方式进行物料输送，电动机通过圆柱蜗杆减速机将转速降低并驱动卷筒，利用钢丝绳卷筒传动，把回转运动转换为直线移动，从而牵引料车上下运动，完成上料的工艺动作。罐体前部上侧为进料口，上料采用上料卷扬机，罐体尾部下侧为出料口，罐体一侧设爬梯，方便上下操作；与输送带上料方式相比，不仅节约了空间、降低了劳动强度，而且避免了污染物的洒落，从而保证施工现场的整洁。

含油污泥处理装置的应用，能够实现污泥就地处理，既保护了环境，又降低了运行成本，最大限度地减少固定设施建设，大大提高设备的重复利用率，避免重复建设基建投资。

三、 示范工程情况及效果

中国石油对于含油污泥微生物无害化技术研究起步较早，长庆油田自 2007 年开始研究落地油泥微生物处理技术，至今发现了 17 株石油烃降解优势菌种，构建了以本源多菌属为主的高效石油降解复合菌群及适应不同油区的菌剂体系；青海油田培育出了适宜盆地高原气候、高效且无生态风险的微生物菌株，开展了油泥砂微生物处理技术先导性试验，开拓了高原油田油泥微生物处理的技术先例；胜利油田建立了油泥生物堆肥技术，实现了老化原油的无害化处置；新疆油田与大庆油田采用微生物制剂处理稠油污泥试验取得了良好效果，完成了微生物处理技术突破。

据统计，含油污泥微生物处理技术，针对稀油、稠油、高凝油等不同石油烃特性的污染土壤，结合湿地、黄土高原、荒漠的不同土壤特性，形成了"堆肥处理法、预制床耕作法、生物反应器法"三种工艺方法，地耕法机械化和堆肥法工厂化两种处理模式，确定了石油烃类微生物生长的最佳条件：pH 值为 6~9 时，降解温度为 30℃，含水率为 40%~45%。研发出对酶活性有激发作用、可增强酶活性的两类微生物营养液体系，使脱氢酶活性增强 15%~25%；基于化学螯合的重金属钝化技术，有效控制了重金属离子对降解菌的毒性作用，使降解菌活性提高了 1 倍。同时，引入现代农业技术，构建了微生物智能化工厂化作业方式，一方面使微生物处理底渣的环境得到改善，温度、湿度、含氧量等指标得到控制；另一方面利用机械化替代人工操作，提高了生产效率。经过两个月的生化发酵处理，均达到石油行业标准《陆上石油天然气开采含油污泥资源化综合利用及污染控制技术要求》，最后将处理后的渣土作为路基填料铺垫油区道路。

该项技术的规模化、工业化应用，截至 2020 年底，已累计处理低浓度油泥 20 余万吨，每年有效改善万余个井场土壤环境质量，同时节约各项费用 1.4 亿元，为当地环境质量持续提升和油田企业可持续发展提供了强力技术支撑。截至 2020 年，这项技术已获发明专利 8 件，制定行业标准 2 项、企业标准 3 项，并获得生态环境部、甘肃省等多项科技进步奖，获全国第二十二届发明奖金奖。

参 考 文 献

[1] 孙新，姜许健，杨小华，等 . 含油污泥凝胶体系的研制及性能评价[J]. 精细化工，2023，40(1)：200-206，232.

[2] 孙妩娟，王琴婷，王历历，等 . 热带假丝酵母菌对含油污泥的修复潜力研究[J]. 石油与天然气化工，2022，51(4)：113-118.

[3] 王培龙 . 油田含油污泥对自然环境的影响及处理方法现状[C]//中国环境科学学会 2022 年科学技术年会论文集(二)，2022：4.

[4] 杨曦，李倩倩，武利，等 . 低温热解技术处理含油污泥的应用与研究[C]//第十九届沈阳科学学术年会论文集，2022：131-136.

[5] 李艳京，黄立信，修建龙，等 . 含油污泥生物洗油体系和工艺实验研究[J]. 应用化工，2022，51(9)：2659-2662，2668.

[6] 范晓慧，武楷佳，甘敏，等 . 含油污泥铁组元的高效分离及其制备复合纳米催化剂[J]. 中国冶金，2022(10)：129-135，142.

[7] 郑凯元，周莉莉，何磊 . 含油污泥储池对地下水影响预测与防控[J]. 化工安全与环境，2022，35(26)：14-16.

［8］杨丽，付可，张静茹，等．含油污泥处理技术及发展综述［J］．辽宁化工，2022，51（6）：769-772，877.

［9］邱煜凯，冯爱煊，李小龙，等．油田含油污泥无害化和资源化技术研究进展［J］．山东化工，2022，51（12）：210-212.

［10］胡佳卫，张迪，张营，等．中韩石化污泥干化减量化技术改造及运行现状［J］．广东化工，2022，49（12）：148-150.

［11］巩志强，褚志炜，隽永龙，等．含油污泥气化特性［J］．中国石油大学学报（自然科学版），2022，46（3）：188-194.

［12］王宇晶，张楠，刘涉江，等．热化学清洗含油污泥的效果评价及机理［J］．化工进展，2022，41（6）：3333-3340.

［13］韩冬云，曹蕊，曹祖斌．含油污泥低温热解［J］．沈阳大学学报（自然科学版），2022，34（3）：169-174，182.

［14］赵泽雨．国内含油污泥处理管控标准现状及比较研究［J］．环境污染与防治，2022，44（6）：829-832，840.

［15］沈聪，吴限，杨莹，等．化学清洗—热蒸汽气浮联合工艺处理含油污泥［J］．石油化工高等学校学报，2022，35（3）：16-22.

［16］刘超．某海上平台含油污泥的物性分析［J］．天津化工，2022，36（3）：40-43.

［17］陈星元，王丽，王翔鹏，等．微波热解油泥研究进展［J］．当代化工，2022，51（5）：1212-1217.

［18］宫文凯．间歇热解技术处理暂存池中含油污泥的工程应用［J］．油气田地面工程，2022，41（5）：52-54.

［19］蒋华义，胡娟，齐红媛，等．磁性纳米粒子类型和质量浓度对微波热解含油污泥的影响［J］．化工进展，2022，41（7）：3908-3914.

［20］雷大鹏，单晖峰，杨登，等．工程化阴燃技术治理含油污泥工程示范［J］．环境工程，2022，40（10）：150-155，168.

［21］葛藤．含油污泥资源化技术研究［J］．化工安全与环境，2022，35（17）：9-11.

［22］肖啸，贺丽鹏，于涛，等．上游业务含油污泥系统化管控经验探索［J］．油气田环境保护，2022，32（2）：56-58，62.

［23］张爽，王琳珲，赵泽雨，等．中国石油海外项目含油污泥处理标准探讨［J］．油气田环境保护，2022，32（2）：11-15.

［24］张永波．电化学-微生物-植物联合处理工艺修复低浓度含油污泥的研究［J］．节能与环保，2022（4）：69-70.

［25］曹蕊，韩冬云，曹祖斌．含油污泥的固化与成型机理研究［J］．石油化工高等学校学报，2022，35（2）：9-14.

［26］刘庆，薛广海，李强．含油污泥擦洗剥离技术应用试验研究［J］．矿冶，2022，31（2）：94-98.

［27］孙中文．油田含油污泥场地污染调查评估点的布置分析［J］．造纸装备及材料，2022，51（4）：168-170.

［28］汪建柱，巩志强，朱丽云，等．含油污泥催化热解研究进展［J］．应用化工，2022，51（4）：1164-1167，1173.

［29］王琴婷，孙妩娟，柯从玉，等．油气田含油污泥处理技术研究进展［J］．广州化工，2022，50（7）：

7-10.

[30] 孙瑄，杨鹏辉，鱼涛，等 . 含油污泥热解残渣的生态安全评价方法研究[J]. 应用化工，2022，51
　　（4）：1151-1155.

[31] 谯梦丹，马丽丽，杨冰，等 . 电动—微生物协同处理含油污泥[J]. 应用化工，2022，51（5）：
　　1368-1372.

[32] 贾秀芹 . 含油污泥减量化处理技术的工程实例[J]. 硫磷设计与粉体工程，2022（1）：31-33，5.

[33] 罗飞，贺利乐 . 生物法降解含油污泥反应器流场及工作参数研究[J]. 中国环境科学，2022，42
　　（4）：1754-1761.

[34] 姜雪，章媛媛，俞音，等 . 不同类型含油污泥的污染特性对比[J]. 新疆环境保护，2022，44（1）：
　　22-31.

[35] 部德英 . 含油污泥减量化处理方法研究与应用[J]. 清洗世界，2022，38（3）：6-8，11.

[36] 侯迪雅，任宏洋，张琳婧，等 . 含油污泥生物表面活性剂化学清洗影响因素研究[J]. 清洗世界，
　　2022，38（1）：27-32，50.

[37] 从生伟，郭利霞，王辉，等 . 青海油田含油污泥调剖技术应用[J]. 石油石化节能，2022，12（1）：
　　21-23，8.

[38] 刘天乐，鱼涛，张晓飞，等 . 超临界水氧化技术在含油污泥处理中的应用分析[J]. 化工技术与开
　　发，2022，51（Z1）：60-66.

[39] 李强，田新堂，林海，等 . 生物表活剂处理含油污泥的研究进展与应用[J]. 现代化工，2022，42
　　（3）：50-54.

[40] 谢建勇，石彦，武建明，等 . 含油污泥调剖体系在裂缝性油藏的应用[J]. 油田化学，2021，38
　　（4）：627-633.

[41] 尚贞晓，赵庚，马艳飞 . 含油污泥催化热解及残渣资源化利用实验研究[J]. 石油与天然气化工，
　　2021，50（6）：115-119，125.

[42] 刘锦萍，张春元，王震寰 . 水热氧化技术处理含油污泥的研究进展[J]. 当代化工研究，2021（22）：
　　153-154.

第五章　污水处理与回用技术工程应用

采油废水富含有机物，其中的污泥更滋养大量硫酸盐还原菌以及腐生菌等，该类采油废水不仅损害管线与设备，而且会造成地层堵塞，对环境、设备、人体均会造成不可磨灭的影响。因此，采油废水的处理回用对于保护、节约水资源，促进生态平衡可持续发展，具有重大意义。

第一节　采油废水达标排放工程应用

冀东油田采出液主要采用两段脱水工艺，分离出的采出水主要处理工艺为常规污水处理+生化处理。冀东油田油气集输公司主要负责油田采出水处理、外排以及回注水处理任务。

一、处理工艺

采油废水外排处理工艺为两级沉降+核桃壳过滤+生化处理。

一次隔油罐、二次隔油罐两级重力沉降+核桃壳过滤罐除油+气浮+悬浮附着厌氧、好氧生化处理。将油田采出水处理至符合《城镇污水处理厂污染物排放标准》（GB 18918—2002）一级标准的 A 标准后达标排放。

回注水处理工艺为两级沉降+核桃壳过滤+生化处理+纤维球过滤器→金刚砂过滤器→水质软化→中空纤维膜过滤→物理杀菌。

一次隔油罐、二次隔油罐两级重力沉降+核桃壳过滤罐除油+厌氧、好氧生化处理+纤维球精细过滤+金刚砂精细过滤+超滤膜过滤+等离子水质软化+电解物理杀菌。将油田采出水处理至《碎屑岩油藏注水水质指标及分析方法》（SY/T 5329—2012）中"注入层平均空气渗透率≤0.01"的相关指标[1-5]。

二、处理装置

冀东油田油气集输公司目前有两套采出水处理系统，分别是高尚堡联合站 $2×10^4m^3$ 采出水处理系统（以下简称 A 系统）和 $4×10^4m^3$ 采出水处理系统（以下简称 B 系统）。A 系统处理水主要用于油田采油回注，B 系统处理水主要用于外排。

A 系统主要设备有 1 具 $3000m^3$ 一次隔油罐、1 具 $2500m^3$ 二次隔油罐、2 具 $500m^3$ 缓冲罐、8 具核桃壳过滤罐、一座处理能力 $20000m^3/d$ 生化站、4 具纤维球过滤罐、4 具金刚砂过滤罐、一套处理能力 $6000m^3/d$ 软化水装置、一套处理能力 $6000m^3/d$ 中空纤维膜、一套电解杀菌装置。

隔油罐的主要功能是对污水系统加药后进行重力沉降除油、除悬浮物；核桃壳过滤罐的主要功能是除油；纤维球过滤罐、金刚砂过滤罐的主要功能是进一步去除污水中的颗粒杂质；软化水装置的主要功能是降低污水的硬度、实现处理水质的软化；中空纤维膜的主要功能是精细处理、进一步去除污水中的杂质和油污；电解杀菌装置的主要功能是杀死污水中的细菌，保证回注水细菌合格。

B 系统主要设备有 2 具 5000m³ 一次隔油罐、2 具 4500m³ 二次隔油罐、2 具 1000m³ 缓冲罐、7 具核桃壳过滤罐、一座处理能力 25000m³/d 生化站。

回注水系统主要包括中空纤维膜过滤装置及配套供水、清洗、加药设施。中空纤维膜过滤装置设计规模为 6000m³/d（可用于注水的水量），出水水质指标 A1 级（含油 ≤5mg/L，SS ≤1mg/L，粒径中值 ≤1μm）。处理工艺为外排水经 4 台提升泵提升进入 4 具纤维球过滤罐+4 具金刚砂过滤罐后进入 2000m³ 循环水罐缓冲，通过 3 台超滤提升泵提升至超滤膜过滤装置处理后进入 2 具 1000m³ 滤后水罐，通过 3 台外输泵进行外输。其中超滤膜过滤装置 3 组并联运行，单套处理能力 100m³/h。每套膜组件 76 支，为外压式，基础膜材质为聚偏氟乙烯（PVDF）；耐压强度为 0.2MPa；5 套加药装置包括次氯酸钠、亚硫酸氢钠、氢氧化钠、柠檬酸、盐酸加药装置[6-12]。

油气集输公司高尚堡联合站常规污水处理工艺流程如图 5-1-1 至图 5-1-5 所示。

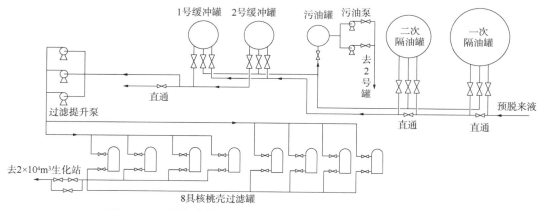

图 5-1-1 油气集输公司高尚堡联合站常规污水处理工艺简图

图 5-1-2 常规污水过滤罐和隔油罐

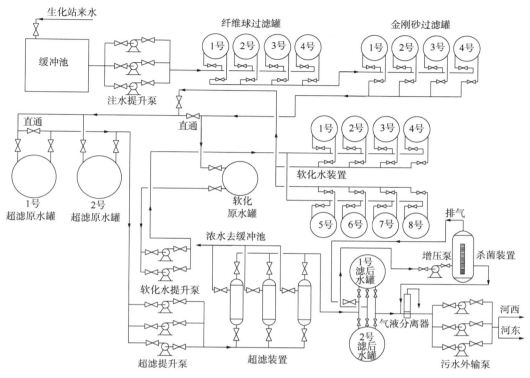

图 5-1-3　油气集输公司高尚堡联合站回注水处理工艺简图

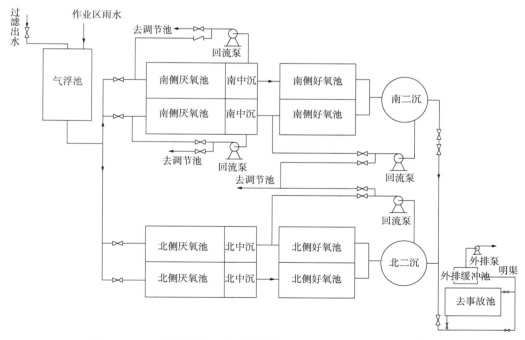

图 5-1-4　油气集输公司高尚堡联合站生化处理系统工艺处理简图

图 5-1-5　油气集输公司高尚堡联合站生化站填料及好氧池

三、 示范工程情况及效果

按照冀东油田采出水处理系统分段控制分段达标的要求，采出水系统各处理阶段指标见表 5-1-1 和表 5-1-2。

表 5-1-1　常规污水各段指标

处理段	取样点	达标标准
一段 一次隔油罐	一次隔油罐 出口	含油≤150mg/L； 悬浮物≤100mg/L
二段 二次隔油罐	二次隔油罐 出口	含油≤100mg/L； 悬浮物≤50mg/L
三段 缓冲罐	缓冲罐出口	含油≤60mg/L； 悬浮物≤30mg/L
四段 核桃壳过滤罐	核桃壳过滤罐滤后水出口	含油≤20mg/L； 悬浮物≤15mg/L
一段 纤维球、金刚砂过滤罐	金刚砂过滤罐滤后水出口	含油≤2mg/L； 悬浮物≤5mg/L； 粒径≤2μm
二段 超滤膜过滤罐	超滤膜过滤罐出口汇管	含油≤2mg/L； 悬浮物≤1mg/L； 粒径中值≤1μm
三段 污水外输	污水外输泵 出口	含油≤1mg/L； 悬浮物≤1mg/L； 粒径中值≤1μm

表 5-1-2　生化处理各段指标

处理段	取样点	达标标准
一段 生化气浮池	气浮池	含油≤25mg/L； COD≤300mg/L； 氨氮≤20mg/L； 总磷≤3mg/L

续表

处理段	取样点	达标标准
二段 生化中沉池	中沉池出水	含油≤15mg/L； COD≤150mg/L； 氨氮≤15mg/L； 总磷≤2mg/L
三段 生化二沉池	二沉池出水	含油≤1mg/L； COD≤50mg/L； 氨氮≤5mg/L； 总磷≤0.5mg/L
四段 生化水外排	外排泵出口	含油≤0.8mg/L； COD≤45mg/L； 氨氮≤4mg/L； 总磷≤0.4mg/L

最终生化外排水、回注水指标如下：

外排水：COD≤50mg/L，悬浮物≤10mg/L，含油量≤1mg/L，氨氮≤5mg/L，总磷≤0.5mg/L。

回注水：悬浮物≤1.0mg/L，悬浮物粒径中值≤1.0μm，含油量≤5.0mg/L，硫酸盐还原菌（SRB）≤10个/mL，铁细菌（IB）≤1000个/mL，腐生菌（TGB）≤1000个/mL，平均腐蚀速率≤0.076mm/a。

第二节　污水回用热采锅炉工程应用

一、处理工艺

采出水先经"重力除油+溶气浮选+两级过滤"的三段式处理（图5-2-1），去除采出水中大部分油和悬浮物，再采用离子交换技术，将污水中的钙镁离子与树脂离子进行离子交换，降低污水硬度，得到软化污水，供注汽锅炉使用[13-15]。

原油脱出水进入调节水罐匀质匀量，降低生产波动对污水处理系统的影响；经提升泵加压至除油罐，同时投加相应药剂，实现重力除油、除悬浮物；脱出水经重力作用流入浮选机，同时投加相应药剂，在混凝和气浮作用下去除污水中微小油滴和悬浮物；浮选出水经重力作用流入过滤吸水池暂存，经过滤泵提升进行两级过滤，进一步去除油和悬浮物；过滤出水利用余压进入软化器，与软化器中树脂离子交换去除硬度，软化器设两级，保证软化器再生时连续运行；软化器出水利用余压进入外输罐暂存，之后外输至各注汽站作为湿蒸汽发生器的水源[16-18]。

二、处理装置

处理装置详情见表5-2-1。

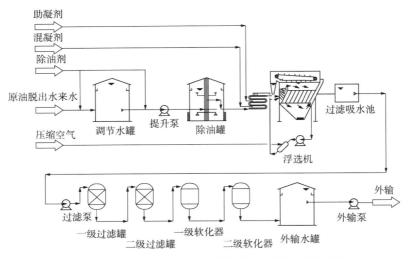

图 5-2-1　除油+浮选+二级过滤+软化典型工艺流程图

表 5-2-1　处理装置表

序号	设备类别	设备名称	工 作 原 理	适 用 范 围
1	除油设备	斜板（斜管）除油罐	为提高分离效率，减少停留时间，常在除油罐内增加斜板或斜管，其他原理、结构同自然除油罐、混凝沉降罐	适用于去除乳化程度和油含量、悬浮物含量较高的污水处理
2	浮选设备	加压溶气浮选机	在加压条件下，使空气溶于水，形成空气过饱和状态，然后减至常压，使空气析出，以微小气泡释放于水中，水中的油或悬浮颗粒黏附在气泡上随气泡一起上浮到水面上去除	一般适用于油水密度差小，原水乳化严重的采出水处理，一般需要加入化学药剂来提高处理效果；可替代活性污泥法中的二沉池，对曝气池出流混合液进行固液分离，或者取代已建二沉池的活性污泥工艺中的污泥浓缩池
3	过滤设备	核桃壳过滤器	在压力差的作用下，悬浮液中的液体透过可渗性介质（过滤介质），固体颗粒被介质截留，从而实现液体和固体的分离	适用于含油量高、悬浮物含量低的污水处理，一般用于一级过滤，当来水中含胶质、沥青质较多或不易反洗的物质较多时，可采用搓洗式核桃壳过滤器
4		多层滤料过滤器		适用于来水中油含量不高的污水处理。一般串联在一级过滤罐后作为深度处理设备。当来水中油含量不高时也可作为一级过滤；当来水中含胶质、沥青质较多或不易反洗的物质较多时，可采用搅拌式双滤料过滤器
5	软化设备	软化器	利用离子交换剂的可交换离子与液相中的钙镁等离子发生交换以降低污水硬度的分离方法	适用于污水硬度较高、需要软化处理达到回用注汽锅炉水质的污水

三、 工程应用效果

在油田 8 座站场开展应用，处理规模 $9.7×10^4 m^3/d$，处理污水量 $6.5×10^4 m^3/d$，出水水质达到《油田污水回用湿蒸汽发生器水质指标》（Q/SY 1275—2010），其中二氧化硅 $≤300mg/L$，数据见表 5-2-2，其中欢三联污水处理站、曙四联污水处理站分别如图 5-2-2 和图 5-2-3 所示。

表 5-2-2　工艺技术主要控制指标表

序　号	项　目	出水指标/（mg/L）
1	油含量	≤2
2	悬浮物	≤5
4	总硬度（以 $CaCO_3$ 计）	≤0.1
5	二氧化硅	≤300

图 5-2-2　欢三联污水处理站

深度处理设计能力 $20000×10^4 m^3/d$，

日处理污水 $12000×10^4 m^3$

图 5-2-3　曙四联污水处理站

深度处理设计能力 $22000 m^3/d$，

日处理污水 $16000 m^3$

第三节　钻试废液利用处置工程应用

我国油气开发区多处于水资源匮乏、生态环境脆弱地区，公众关注度高，环保要求严，油气开发需统筹考虑产业发展与环境容量的协调问题。我国油气开发废液处理需要解决两大难题，一是原有处理方式难以满足各种废液处理工艺技术需求，需针对废液的产状和特性，研究提出适宜的处置模式，并解决不同处理模式存在的科学问题，主要体现在：（1）非常规原油开发产生的高含油、高黏度、高乳化废液，理想的处置方式是处理后借助注水系统替代清水注入目标层进行驱油，实现资源化利用，节约水资源，需要解决回注处理对应的地层配伍性、药剂适应性及工艺合理性、残渣无害化等科学问题；（2）页岩气、致密气等非常规天然气开发大规模采用水力压裂，具有现场用水量大和返排液量大等特点，理想的处理方式是井场平台就地处理合格后复配压裂液，实现资源化利用，需要关注药剂适应性及工艺合理性、提高循环利用率，解决开发用水量大与水资源匮乏的问题。二是油气开发过程中，在钻井、压裂、酸化等生产作业阶段产生大量的废液，一般包括钻井废水、压裂返排液、酸化废液、洗修井废水等，废液种类繁多、成分复杂，且多呈现高黏度、高稳定、高 COD 特征，废液处理及利用已成为油气开发实现绿色发展、清洁发展的关键制约因素，需解决"有机物快速破胶降黏、快速絮凝沉降与悬浮物高效去除、有害元素（离子）定位去除、含油固体残渣无害化"等技术难题，开发高效的药剂菌剂，以及经济可行、规模化应用的关键工艺技术及装备[19-28]。

针对我国油气开发废液处理中存在的科学问题和关键技术难题，"十二五"以来，勘探与生产分公司先后通过国家、中国石油等多项重大科技专项，开展科技攻关及应用研究，解决油气开发废液处理和产业化应用中存在的科学问题和关键技术问题，提出废液处理的成套技术方案，并推广应用，整体提升油气开发环保治理技术水平[29-32]。

一、 钻试废液集中处理工艺

（一）固液分离技术

可用于水基钻井固体废物固液分离处理的设备主要包括陶瓷真空转鼓过滤、板框压滤机、带式压滤机、带式真空脱水机、卧式螺旋卸料沉降离心机等，见表 5-3-1。

表 5-3-1　水基钻井固体废物固液分离设备对比

设备类型	设备原理	设备优点	设备缺点
陶瓷板真空转鼓过滤机	真空抽滤，以陶瓷板为过滤介质，滤板连续旋转自动刮渣	连续处理，自动刮渣，过滤面积大，处理能力大，滤渣干	过滤压力低，滤速小，陶瓷滤板抗油能力差，易堵塞，滤板更换成本极高
板框压滤机	压力过滤，在滤布两层加压过滤，定期卸出滤室滤渣	过滤压力高，滤速快，滤渣干，过滤面积可调，排渣能力强，投资和运行成本低	间歇运行，抗油能力差
带式压滤机	压力过滤，在滤布两层连续加压过滤，通过刮板连续刮渣	连续处理，过滤压力高，滤速快，滤渣干，投资和运行成本适中	设备结构复杂，维护管理要求高
带式真空脱水机	真空抽滤，在滤布两层连续加压过滤，通过刮板连续刮渣	连续过滤，滤渣干，排渣能力强，投资和运行成本适中	设备结构复杂，维护管理要求高，过滤压力低，滤速小
卧式螺旋卸料沉降离心机	离心分离，通过差转速螺旋自动排渣	连续处理，抗油性能好，作业环境清洁，维护成本低	投资大，排渣松散，高固相物料处理能力低

综合考虑固液分离系统的排渣能力、排出渣的性状和系统对废物中油类、聚合物等组分的适应性能及现场应用成熟度，对比结果如下。

（1）卧式螺旋卸料沉降离心机可连续处理，抗油性能好，作业环境清洁，维护成本低，满足了随钻处理设备小型化、标准化及分离效果的要求，可用作水基钻井固体废物随钻处理的固液分离设备。

（2）板框压滤机过滤压力高，滤速快，滤渣干，过滤面积可调，排渣能力强，投资和运行成本低，已在南方勘探公司、冀东油田等现场应用验证，且处理后的滤饼进行简单处理后可用于铺路基土的加工，满足了集中处理设备成熟化及分离效果的要求，确定板框压滤机为水基钻井固体废物集中处理的固液分离设备[33-36]。

（3）钻井液收集装置：对拉运来的废弃钻井液先经过振动筛将大颗粒岩屑或大颗粒异物筛除后进入钻井液池搅拌。

（4）破胶调理装置：将钻井液输送至钻井液调理罐，按照钻井液性能试验确定的药剂投加至钻井液调理罐进行混合搅拌，待反应完成达标后通过钻井液进料泵输送至压滤单元进行固液分离。

压滤单元装置：压滤机采用两端进料的模式，通过全过程自动控制（进料、拉板卸料、清洗滤布、接液翻板、加压鼓膜、排水等）进行固液分离。

进料：油缸处于保压状态后，打开进料控制阀，钻井液通过进料泵输送到压滤机内。

压榨：具备二次压榨功能。

吹风：压榨结束后，通过压缩空气清理中心进料孔和降低滤饼水分。

分离后的滤饼经过进一步加工后用于制铺路基土，滤液排入污水提升池后进一步深度处理。

（二）液相处理技术

针对废水中悬浮物处理技术主要有混凝+过滤、化学混凝沉降、电化学离心、氧化两级 RO、化学沉降+两级过滤等处理技术[37-39]。

混凝+过滤技术：技术处理单元简单，处理设备体积较小，适用于废水的简单预处理。

化学混凝沉降技术：处理设备小，高色度废水药剂添加量大，处理成本较高，不能对废水进行深度污染物去除。

电化学离心技术：通过电化学吸附作用去除废水中的劣质固相，废水直接回用。设备对进水水质中固相颗粒含量要求高，需要配套高频振动筛进行废水预备处理。

氧化两级 RO 技术：可有效降低废水 COD 及矿化度，但处理成本较高，同时 RO 需要定期反冲洗，最终浓盐水难处理。

化学沉降+两级过滤技术：依靠化学药剂进行破胶处理，经过充分沉淀进行杂质分离后，再进入两级过滤处理。处理成本较高，出水不能达到回注水质标准。

针对已有的去除悬浮物的工艺对比结果见表 5-3-2。

表 5-3-2 去除悬浮物主要设备组成及参数

比选项目	方案 1 气浮除渣+砂滤	方案 2 多元分离+催化 微电解+多级过滤	方案 3 氧化—气浮— 混凝—过滤	方案 4 溶气处理+ 混凝沉淀+磁分离
处理规模/（m³/h）	5~50	5~50	5~50	5~50

续表

比选项目	方案 1 气浮除渣+砂滤	方案 2 多元分离+催化 微电解+多级过滤	方案 3 氧化—气浮— 混凝—过滤	方案 4 溶气处理+ 混凝沉淀+磁分离
出水指标	SS≤10mg/L; 含油量≤10mg/L	SS≤5mg/L; 含油量≤5mg/L	SS≤10mg/L; 含油量≤10mg/L	SS≤10mg/L; 含油量≤10mg/L
主要优点	工艺成熟、设备运行稳定	能快速分离油和气、泥多相物质;加药量少;可降解高分子有机物,降低滤罐堵塞	反应速率快、处理效果好;设备占地小	污泥产生量少;处理速度快、效率高、能耗低;加药量低
主要缺点	气浮最佳加药量较难控制;产生污泥需配高速离心机脱水	设备尺寸相对较大,不适合移动式作业	气浮最佳加药量较难控制;产生污泥需配高速离心机脱水	处理效果受限于磁板面积和大小,出水水质不稳定
是否可以处理多种废水	可用于压裂返排液等多种作业废水	可用于压裂返排液等多种作业废水	可用于压裂返排液等多种作业废水	可用于压裂返排液等多种作业废水
运行成本	较低	低	较高	较低

由上述对比可以看出,气浮装置由于处理效果好,目前仍是液相处理流程中的首选设备之一,同时也是橇装移动式压裂返排液处理装置的首选设备。2014—2019 年先后在长庆油田采油六厂、采油一厂、采油十二厂对压裂返排液、酸化废液、洗修井废水等进行处理,试验结果表明,一级气浮+二级气浮+砂滤处理对处理油田开发过程中产生的压裂返排液效果较好,运行成本低,设备可实现橇装模块化。

对于不含油的液相,可跨过一级气浮流程直接进行处理,处理后废水可用于配制压裂液或者回注。设备的设计充分突出橇装设备的灵活性和适用性,各个橇块功能相对独立,针对压裂返排液和气井可随意组合不同橇块,在满足不同类型压裂返排液处理要求的前提下,降低设备投资和运行成本。

针对油气开发用水量大与水资源和环境承载力弱的矛盾,以及废液处理及利用过程中存在的难破胶、难分离、回注处理地层配伍性、药剂适应性与工艺合理性等科学问题和技术难题,形成两套废液处理工艺和整体技术方案。

(1)"破胶降黏+混凝+气浮分离+多级过滤""电催化氧化破胶降黏+微涡流混凝造粒沉降+球墨铁微电解"工艺应用于含油废液回注处理,出水水质石油类≤5mg/L、悬浮物≤2mg/L,满足中低渗透层注水指标要求。

(2)"预处理(高级氧化破胶)+混凝+气浮除渣+多级过滤+精细过滤(除硼树脂)"工艺应用于多体系压裂返排液配液回用处理,出水循环利用率 92%以上。

1."破胶降黏+混凝+气浮分离+多级过滤"处理工艺

工艺流程如图 5-3-1 所示。

收集与预氧化:待处理的钻试废液通过罐车运输至钻试废液处理站,待 pH 值测试满足处理条件后，卸入站内作业废水池内进行均质调节。作业废水池具有隔油和预氧化功能，通过隔油措施将水体内含有的绝大部分悬浮油去除，通过添加破胶剂将钻试废液进行氧化破胶。采用罗茨风机进行曝气辅助氧化和搅拌（图 5-3-1）。

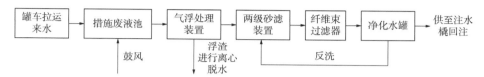

图 5-3-1 罗茨风机曝气辅助氧化和搅拌工艺流程图

混凝反应：破胶除油后的钻试废液通过提升泵打入废液进液管线，待添加液态 NaOH 将 pH 值调整至 7 左右后打入混凝反应装置内，在管道混合器前端加入混凝剂进行混凝反应，通过混凝剂的架桥作用，使钻试废液内的细小悬浮物及残留的部分石油类物质聚集，形成细小的絮凝物。

气浮除渣：经混凝后的钻试废液通过管道泵打入气浮除渣一体化橇装处理装置，在管道混合器前端加入絮凝剂。通过气浮装置的气浮选作用，将水体中的絮凝物通过刮渣系统和斜板沉降系统去除。

过滤系统：经气浮装置净化后的液相通过两级自动砂滤装置及纤维束过滤装置进行过滤，达标后进入净化水罐实现回注。

固相减量化：经气浮装置分离出的污泥进入污泥浓缩罐初步浓缩后，再经卧式螺旋卸料离心机强制离心分离脱水，脱水后的固体浮渣含水率≤80%，收集后由业主拉至附近油泥处理站进行处理；液相排入污水提升池后，由转子泵打入作业废水池后重新循环处理。

水质净化：若水质中硫化物含量过高，可以在备用加药罐内加入除硫剂；若水体中含氧较多，在末端净化水罐加入除氧剂。

2. "电催化氧化破胶降黏+微涡流混凝造粒沉降+球墨铁微电解"处理工艺

钻修井废水首先通过电催化高级氧化装置，将水中的有机物断链，使钻修井废水破胶、降黏（图 5-3-2）。电催化高级氧化是通过阳极反应直接降解有机物，或通过阳极反应产生羟基自由基、臭氧、双氧水等氧化剂降解有机物的氧化技术。电催化高级氧化装置出水加入絮凝剂、混凝剂进入多元分离器，以微涡流形式发生混凝，污泥沉降在污泥斗处，油类物质聚集到排油腔，液相通过排出廊道和出口管流出多元分离器，从而实现泥、水、油多元分离。液相进入微电解装置，通过微电解作用将污水中的高分子物质进一步断链成小分子物质，此过程产生的亚铁离子具有较强的混凝作用，为后续斜板沉降奠定基础；液相再通过斜板沉降和自动化砂滤装置达到出水指标。多元分离器和斜板沉降分离出的固相经过脱水、深度固化后，进行回填。出水含油量<5mg/L，固体悬浮物含量<5mg/L，回用率接近100%。

微电解利用氧化还原和电富集的作用，以原电池反应的产物本身的混凝作用、新生絮体的吸附作用和床层的过滤作用等综合效应实现废水处理。微电解填料选用全高温烧结工

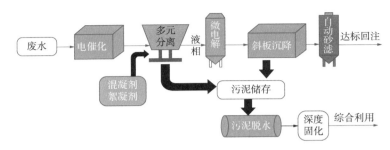

图 5-3-2　电催化高级氧化装置工艺流程图

艺制造的铁碳合金填料，具有含碳量高、抗板结能力强的特点。填料方式采用半固定床，相比常规的固定床填料，半固定床形式可以利用反冲洗时填料间碰撞和摩擦，降低填料结块、板结的情况。铁碳合金填料浸入待处理废液中，Fe 和 C 之间存在的电极电位差会形成许多微小的原电池，阳极附近反应生成大量的二价亚铁离子 Fe^{2+}；Fe^{2+} 氧化生成的 Fe^{3+} 逐渐水解生成聚合度大的 $Fe(OH)_3$ 胶体絮凝剂，可以有效地吸附、凝聚水中的污染物，从而增强对废水的净化效果。电场作用使得阴极反应产生大量[H]和[O]，在偏酸性的条件下，这些活性成分对废液中的污染物组分进行氧化还原反应，使有机大分子断链、开环，提高了废水的可生化性[40-45]。

3. "预处理(高级氧化破胶)+混凝+气浮除渣+多级过滤+精细过滤(除硼树脂)"处理工艺

预处理通过氧化剂对压裂返排液配液降解破胶和活化污染物，使返排液浓度、黏度快速降低，并通过固液分离实现有机物的快速去除，在此基础上进一步通过反应吸附絮凝工艺完成多价金属离子、残留的瓜尔胶等物质的脱稳游离；再利用高效气浮技术实现固、液、气的快速分离，残余的水溶性小分子物质则被深层过滤工艺去除；为了确保交联剂 B 元素不影响废水再次调配压裂液，在过滤工艺之后，精细过滤采用 B 元素选择性树脂对其专项去除，保证出水指标达到调配压裂液的水质要求。

压裂返排液配液回用处理工艺流程如图 5-3-3 所示。

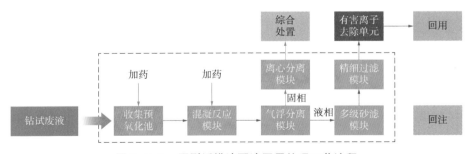

图 5-3-3　压裂返排液配液回用处理工艺流程

氧化预处理：通过离心泵将破胶剂打入现场压裂返排液的储存罐中，待破胶完成后将 pH 值调节至 7~9，采用离心泵打入混凝反应装置。

混凝反应：通过管道混合器加入混凝剂进行混凝反应，使压裂返排液内的细小悬浮物及残留的部分石油类物质聚集，形成细小的絮凝物。

气浮除渣：经过混凝反应并加入助凝剂及浮选剂的混合液，采用离心泵输送至气浮除渣装置的气浮区，与气浮区产生的微小气泡接触，将悬浮物托举到液面表层后通过刮渣机去除，刮渣机去除的污泥通过螺杆泵排入污泥浓缩罐继续处理，去除悬浮物后的清水进入气浮除渣装置清水区，进入下一道工序继续处理。

多级过滤：经气浮装置净化后的液相通过离心泵打入多级过滤装置，出水直接进入净化水罐。若出水水质达标则通过管道泵打入净化水罐待配液回用；若不达标则需进入精细过滤装置进一步处理。多级过滤运行一段时间后采用反洗系统进行反洗。

精细过滤：采用离心泵将净化水罐内的滤后水打入精细过滤装置，过滤后进入净化水罐待配液回用。精细过滤运行一段时间后采用反洗系统进行反洗。

污泥减量化：采用螺杆泵将气浮装置分离出的污泥打入污泥浓缩罐，初步浓缩后再采用螺杆泵将浓缩后污泥打入离心机进行强制离心分离脱水，脱水后的固体浮渣进行外输处理，液相由转子泵打入破胶调理罐后重新循环处理。

二、 处理装置

（一）主要处理设备

1. 隔膜压滤机

隔膜压滤机（图5-3-4）具有压榨压力高、耐腐蚀性能好、维修方便、安全可靠等优点，是冶金、煤气、造纸、炼焦、制药、食品、酿造、精细化工等行业的首选设备，已被广泛应用于需要固液分离的各个领域。隔膜压滤机被认为是普通厢式压滤机的替代升级设备。隔膜压滤机在单位面积处理能力、降低滤饼水分、对处理物料性质的适应性等方面都表现出较好的效果。

隔膜压滤机在滤板的两侧加装了两块弹性膜（复合橡胶隔膜是整体膜片），运行过程中，当入料结束时，可将高压流体介质注入隔膜板中，这时整张隔膜就会鼓起，压迫滤

图5-3-4　钻试废液集中处理示范
工程使用的隔膜压滤机

饼，从而实现滤饼的进一步脱水，即压榨过滤。钻试废液集中处理示范工程用隔膜压滤机对水基钻井液、钻井液上清液进行处理，滤饼含水率≤30%。

2. 气浮装置

气浮装置由混合反应段、溶气系统（溶气泵、溶气管系统）、池体（接触区、分离区、集渣区、布水区、斜板分离区、集水区、集泥区）组成。

气浮装置工作前应盛满清水，然后溶气泵进入工作状态，当溶气泵的出水压力超过

0.45MPa，并稳定 5min 后（溶气系统正常工作），气浮装置可以开始进含油污水。

含油污水与进入接触区的回流溶气水充分混合，悬浮物与微气泡结合形成气浮体，进入布水区，此时较大的气浮体迅速上升至集渣区，较小的气浮体进入斜板分离区，根据浅地原理，大部分气浮体将在此被去除，一小部分密度较大的颗粒将下沉至气浮装置底部，通过定期排泥将其排出。

处理后的污水一部分作为回流水回到系统中，大部分出水将进入下一级处理单元。

链板式刮沫机由减速机传动输送链条及刮板在池内作循环运行，将池顶部浮渣刮进集渣坑。链板刮沫机主要由传动装置（电动机减速机、传动链系统）、从动轮（轴）装置、主动轮（轴）装置、传动链与刮板、托架等部件组成。

3. 自动砂滤装置

自动砂滤装置采用多种不同粒径滤料为介质，按不同工况选择合理级配，最大限度地发挥不同密度、不同材质、不同粒径滤层的截污能力及对水中固体粒径的控制能力，比较接近理想层的分布方式和合理的滤料级配。由于分布在上层的滤料颗粒间的孔隙较大与下层孔隙较小的滤料分层配置，这样就可以较好地发挥整个滤层的吸附能力，最大限度地增加截污能力，且有良好的除油和除水中有机杂质的双重效果（图5-3-5）。

图 5-3-5　钻试废液集中处理示范
工程使用的全自动砂滤装置

设备在安装完毕开始使用（或停止使用）前，应手动操作，打开过滤进水阀，并排除容器和管汇中的空气。

设备运行采用可编程控制器进行全自动控制，一个完整的运行周期由过滤及过滤排放（排油排气）、水冲洗等工作流程组成。

（1）过滤：打开过滤进水阀和过滤出水阀，含油污水自设备上部进入配水系统，配水均匀后流经过滤层，水中悬浮物和油被拦截，滤后水经集水系统从设备底部排出。在此状态下，由于过滤阻力的增加而产生水头损失，从而导致流量减小。出水水质恶化或水头损失过大（约98kPa）即表明此流程结束。

（2）过滤排放（排油排气）：设备在过滤状态下，每间隔 2h 自动开启过滤排油阀门 5min 以排除容器顶部集聚的污油和气体，浮油排放至收油罐或专门的集油装置。

（3）等待：如果设备反洗未结束，此时设备进入等待状态（仍过滤），直至设备反洗结束进入过滤，则该设备立即进入下一流程（停止进水、反洗）。

（4）停止进水、进入反洗，打开反洗出水阀及反冲洗进水阀。

（5）静置：滤料经过反洗后利用滤料自重进行自动分层恢复原有特性准备进入下一个循环周期。

（6）可以不定期投加清洗剂，进行手动反洗。设备停止使用时应手动操作，打开吸气阀和手动放空阀，排除容器和管汇中积水。

4. 悬挂挤压纤维束过滤装置

悬挂挤压纤维束过滤装置的过滤精度大于其他纤维过滤器，且精度稳定、处理量大、介质反洗再生彻底、使用寿命长、滤层可调、结构可靠，是理想的新一代过滤设备(图5-3-6)。

图5-3-6　钻试废液集中处理示范工程使用的悬挂挤压纤维束过滤装置

过滤时液压系统将纤维束调节到一定高度后压紧，滤料处于压实状态，水流由上而下流经纤维束，将水中悬浮颗粒拦截，洁净水从下端出水管流出。

反洗时液压系统将纤维束不断拉伸和压缩，并由下而上进入一定强度的反洗水，出水将脏物带出罐外。反洗结束时滤料处于压实状态。

5. 卧式螺旋卸料离心机

卧式螺旋卸料离心机利用混合液中具有不同密度且互不相溶的轻、重液和固相，在离心力场中获得不同沉降速度的原理，达到分离分层或使液体中固体颗粒沉降的目的。该设备能自动连续操作，广泛应用于化工、轻工、食品、选矿等行业，在环保工程中也是理想的处理设备，适用于体积分数≤40%、固相密度大于液相密度、具有一定流动性的悬浮液的分离。该类机器分离因数高、生产能力大、适应性好，能对物性不同的多种物料进行澄清、脱水、分级操作。机器采用下沉式总体结构，占地面积小、结构紧凑、运行平稳、安装方便、辅助设备少、维护和操作简便，便于橇装化。

卧式螺旋卸料离心机由两个电动机驱动，主电动机通过皮带带动转鼓及差速器外壳转动，辅电动机通过差速器变速后驱动螺旋，这样使转鼓与螺旋同向旋转且具有一定的转速差。

当悬浮液进入螺旋输送器内腔，经加速锥加速后，从出料口流出，流向转鼓内壁，组成悬浮液的轻相、重相，由于受到不同的离心力，重相快速沉积到转鼓内壁，而轻相黏附到重相表面，轻相和重相之间形成了一个分界面。随着重相沉积的增多，螺旋叶片顶端进入重相沉积层，这时转鼓与螺旋输送器同向高速旋转，且有一定的差值，此相对转速差使重相颗粒向小端出料口移动，而轻相经螺旋通道，流向大端液相出口处，经溢流板流出。液相溢流半径由调节板控制。

（1）转鼓：由圆锥转鼓、圆柱转鼓、大小端盖等组成。在转鼓的大端轴向分布有6个出液孔，液位由调节板控制。为适应各种不同物料及固相不同干度的需要，通过调换调节板的不同溢流半径 R 来调节液位尺寸，R 值越大，沉降区越短，干燥区就越长，分离出来的固相也就越干；反之，沉降区越长，分离出来的液相固含量就越少，固相也相应变湿。

转鼓的小端径向分布有 8 个镶有耐磨衬套的固相出口。

（2）螺旋输送器：主要由柱锥体的内筒、叶片及法兰盘等组成。叶片焊接在筒体上呈螺旋线形，叶片的外圆及推料前面喷有一层耐磨硬质合金层，抗磨性能好，喷涂层磨损后可以修复。螺旋出料口处有布料加速锥，将物料预先加速至转鼓转速后再进入转鼓工作腔，以减少物料对液池的冲击。

（3）差速器：设备采用 2K-H 行星齿轮差速器，传动效率高，工作可靠且结构紧凑。它的外圆与转鼓做同步旋转，输出轴带动螺旋输送器转动，确保了转鼓和螺旋输送器以不同的速度同向旋转，得到稳定的转差值。

（4）传动部件：主、辅电动机均采用普通电动机配变频调速器，主电动机根据物料特性调节不同离心机工作转速，辅电动机可调节不同差转速。

6. 加药装置

絮凝剂类型采用高分子粉末状或液态助凝剂，粉剂调配时，经定量供料装置送入混合器中，并以精确的药量进入配有搅拌器的熟化罐中，熟化时间为 30~40min，混合液经多级搅拌后形成均一浓度的溶液，最后进入贮液箱中，通过计量泵送至投加点。主要由药箱（药箱内部分为溶药槽、熟化槽、贮药槽三部分）、干粉料斗、干粉投加机、预浸润系统、搅拌机、进水组件、液位及料位传感系统、投加泵、稀释装置、管路阀门和自控等部分组成（图 5-3-7）。

图 5-3-7　压裂返排液处理
橇装装置——加药装置

在贮药箱药液处于低位时自动启动进水间，预浸润系统及溶药箱开始进水。延时 5~30s 后，干粉投加机开始投药，同时搅拌机处于工作状态，干投机、搅拌机运行。时间可通过电柜控制面板上输入元件设定。当达到所设定的高液位后，干粉投加机停止投药，延时 5~30s 后，进水阀关闭。加药泵运行、停止的工作状况可由加药控制柜或远程控制确定。

该装置设定后可按溶药箱内液位高低实现药剂干粉的自动投加，自动进水搅拌与稀释后，定量连续投加，使得高效沉淀过程不间断自动供药。干粉配制及投加装置在溶药箱药液处于低位时自动启动干粉投加机和进水电磁阀溶药，直至药液到高位自动停止，系统运行时搅拌机一直处于工作状态。两套搅拌装置确保充分溶解。

（二）装置加工设计

钻试废液集中处理站采用集中建站设计理念，设备采用橇装模块化设计，固液分离单元包括钻井液接收装置、破胶调理装置、压滤单元装置；液相处理设备包括加药装置、破胶混凝装置、气浮出渣装置、全自动砂滤装置、离心脱水装置、污泥浓缩装置。

1. 设计依据

GB/T 19001—2016 《质量管理体系 要求》；

GB 50183—2015 《石油天然气工程设计防火规范》；

TSG 21—2016 《固定式压力容器安全技术监察规程》；

GB 150.1~150.4—2010 《固定式压力容器》；

NB/T 47003.1—2009 《钢制焊接常压容器》；

NB/T 47020~47027—2012 《压力容器法兰、垫片、紧固件》；

HG/T 20592~20635—2017 《钢制管法兰、垫片、紧固件(PN 系列)》；

GB/T 25198—2010 《压力容器用封头》；

JB/T 4712.1~4712.4—2007 《容器支座》；

JB/T 8938—1999 《污水处理设备 通用技术条件》；

SY/T 0523—2008 《油田水处理过滤器》；

GB/T 50892—2013 《油气田及管道工程仪表控制系统设计规范》；

GB/T 50823—2013 《油气田及管道工程计算机控制系统设计规范》；

GB 50052—2009 《供配电系统设计规范》；

GB 50054—2011 《低压配电设计规范》；

GB 50217—2018 《电力工程电缆设计规范》；

SY/T 0060—2017 《油气田防静电接地设计规范》；

GB 50058—2014 《爆炸危险环境电力装置设计规范》；

GB/T 7251.4—2017 《低压成套开关设备和控制设备》；

GB/T 985.1—2008 《气焊、焊条电弧焊、气体保护焊和高能束焊的推荐坡口》；

NB/T 47013.1~47013.13 《承压设备无损检测》；

GB/T 3323—2005 《金属熔化焊焊接接头射线照相》；

SH/T 3542—2007 《石油化工静设备安装工程施工技术规程》；

GB 13348—2009 《液体石油产品静电安全规程》；

SY/T 0043—2006 《油气田地面管线和设备涂色规范》；

JB/T 4711—2003 《压力容器涂敷与运输包装》；

JB/T 4333.2—2013 《厢式压滤机和板框压滤机 第 2 部分：技术条件》；

GB/T 1348—2019 《球墨铸铁件》；

GB/T 2100—2017 《通用耐蚀钢铸件》；

GB/T 2348—1993 《液压气动系统及元件 缸内径及活塞杆外径》；

GB/T 2878—1993 《液压元件螺纹连接 油口型式和尺寸》；

GB/T 3766—2001 《液压系统通用技术条件》；

GB/T 25295—2010 《电气设备安全设计导则》；

GB/T 4774—2004 《分离机械 名词术语》；

GB 5226.1—2019　《机械电气安全—机械电气设备　第 1 部分：通用技术条件》；

GB/T 7932—2003　《气动系统通用技术条件》；

GB/T 7935—2005　《液压元件　通用技术条件》；

GB/T 9439—2010　《灰铸铁件》；

GB/T 10894—2004　《分离机械　噪声测试方法》；

GB/T 12361—2016　《钢质模锻件　通用技术条件》；

GB/T 13306—1991　《标牌》；

GB/T 13384—2008　《机电产品包装通用技术条件》；

GB/T 14408—2014　《一般工程与结构用低合金钢铸件》；

JB/T 5000.3—2019　《重型机械通用技术条件　第 3 部分：焊接件》；

JB/T 6418—2010　《分离机械　清洁度测定方法》；

JB/T 7217—2008　《分离机械涂装　通用技术条件》。

2. 固液分离装置

1）破胶调理装置单元

破胶调理装置包括辅助加药装置、1 号药剂（破胶剂）制备罐、2 号药剂（絮凝剂）制备罐（分为四个等容积的药罐，二备二用）、钻井液调理罐、液位控制、耐腐蚀药剂计量泵等装置，用于药剂的制备与废弃钻井液的破胶脱稳。

液态或固态药剂通过爬坡皮带输送机输送至药剂制备平台，与清水按照一定比例分别投加至 1 号和 2 号药剂制备罐，在搅拌装置的不停搅拌下进行溶解；将溶解后的化学药品分别采用速度可调的 1 号、2 号加药泵自动添加至四个钻井液调理罐中进行反应，充分反应后的废弃钻井液进入下一道工序。

破胶剂、絮凝剂的加药速度、制药浓度及加药顺序由厂家自行确定，应保证进入压滤机的钻井液与药剂完全溶解并充分反应。同时还应满足两台压滤机及时交替进料，达到 $50m^3/h$ 的处理量。

钻井液调理罐液位计、进泥控制阀组与钻井液池的提升泵联锁控制，实现高低液位自动启停。钻井液进料泵和钻井液调理罐液位计联锁，实现低液位停泵报警，防止进料泵无料空转。1 号药罐液位计、2 号药罐液位计和 1 号加药泵、2 号加药泵联锁控制，实现低液位停泵报警，防止加药泵无料空转。1 号加药泵、2 号加药泵、钻井液提升泵、钻井液进料泵和压滤机可实现逻辑控制。

2）压滤装置单元

压滤装置单元由（但不局限于）压滤机机架、隔膜滤板及配板、滤布、液压系统、PLC 控制柜、拉板系统、滤布清洗系统、空气吹扫系统、液压翻板和滤饼运输系统等构成。压滤装置单元可实现完成破胶调理后的钻井液的固液分离，过滤过程分为进料、压榨、吹风、卸饼、水洗滤布等工序。

进料：采用单电动机带双油泵、双液压系统，实现两端进料工作方式。进料阶段双油泵同时工作，以最大流量快速充满压滤机；升压阶段双油泵同时工作，快速升压到设定压力；保压阶段随流量的减少，一台油泵停止工作，由单台油泵运行保压工作。该泵能够自动控制输出流量且保证设定压力，根据实际设定一个压力值，当升到设定值时压力停止上升，此时，泵可在零到最大流量间根据实际需要自动切换单泵运行或双泵运行，并保持设定压力不变。进料应采用两端进料，应严格控制两台压滤机的卸料时间，避免滤饼同时堆积在皮带输送机上。

压榨：以清水为介质实现对滤饼的二级挤压功能，采用聚丙烯高压隔膜滤板作为压榨载体，通过压榨泵将压榨介质注入膜片空腔内，膜片鼓起挤压腔室内滤饼，当压榨压力达到设定压力后并通过压榨泵变频保压一段时间，滤饼中一部分滤液被挤压排出，滤饼含水率进一步降低，得到含水率低于30%的滤饼。

吹风、卸饼：自动集水盘安装在滤板组下方，用于将滴落的滤液和清洗水导向集水管排走。集水盘应与压滤机联动，卸料时能自动打开排泥，并对滤饼的卸落不得产生任何干扰。卸落的滤饼通过安装在压滤机下方的水平输送带（整体贯穿两台压滤机）传输至爬坡输送带。

清洗滤布：清洗水泵可在 PLC 控制下自动变频运行。出水口应有一个旁路阀和释压阀，用于控制高压泵启动和停机时的压力做到轻载启停，防止水泵和系统过压情况出现。当突然停电时，可将压力水全部旁通循环回到水泵吸口，保证安全。

3. 液相处理装置

1）氧化预处理单元

通过离心泵将破胶剂打入现场压裂返排液的储存罐中，待破胶完成后将 pH 值调节至 7~9 后采用离心泵打入混凝反应装置。

2）混凝反应单元

经过氧化预处理后的压裂返排液通过提升泵打入废液进液管线后进入混凝反应装置。在下一级管道混合器加入混凝剂，通过管式反应装置充分混合后进入混凝反应池，在搅拌器充分搅拌下进行反应，使压裂返排液内的细小悬浮物及残留的部分石油类物质聚集，形成细小的絮凝物。通过液位计和管道泵、液位计与返排液提升泵实现联锁，实现整个混凝反应装置的自动运行，确保搅拌过程中液体不溢出混合池，且应防止管道泵在低液位时空转运行。反应后的出水通过管道混合器分别加入助凝剂及浮选剂，经管式反应装置充分混合后进入下一道工序。

混凝反应单元包括 3 套管式反应装置、4 套管道混合器、1 套混凝反应池、两套搅拌器和管道泵等装置，主要功能是调节 pH 值并对氧化破胶后的钻试废液进行加药混凝。

混凝反应单元包括 1 套混凝反应池、4 套管式反应装置、4 套管道混合器、两套搅拌器和管道泵等装置，主要功能是对返排液进行加药混凝反应。主要性能参数如下：①离心泵两台，$Q = 50 \text{m}^3/\text{h}$，$H = 25\text{m}$；过流面均采用不锈钢 S31603；变频电动机运行方式为连续运行。②混凝反应池 1 套，材质为 Q235B（内、外防腐满足设备现场使用条件及使用年限）；有效容积 6m^3；配搅拌器两套。

3）气浮除渣单元

气浮除渣利用储水槽底部气浮装置产生的大量微气泡，去除污水中的大量浮渣，通过刮渣系统将絮凝物收集，设备由气浮设备本体、溶气罐、溶气水泵、刮渣机、反应搅拌机及仪表、工艺管、阀件等构成。经过混凝反应并加入助凝剂及浮选剂的混合液通过管道泵输送至气浮除渣装置的气浮区，与气浮区产生的微小气泡接触，将悬浮物托举到液面表层后通过刮渣机去除，刮渣机去除的污泥通过螺杆泵排入污泥浓缩罐继续处理，去除悬浮物后的清水进入气浮除渣装置清水区，进入下一道工序继续处理。

工艺要求：气浮氧化物去除装置抽取回流水要能够保证抽水区域液面恒定，避免压力和装置的频繁调整，保证气浮除渣装置运行稳定；气浮氧化物去除装置清水区的排液应设置超越管线(不流经自动砂率装置和纤维束过滤装置)至破胶调理罐；气浮氧化物去除装置的污泥，应设置超越管线(不流经污泥浓缩罐)至离心机进行脱水；液位计与气浮氧化物去除装置排泥泵联锁，实现高低液位排泥泵的自动启停，液位计和多级过滤装置过滤泵联锁，实现高低液位过滤泵的自动启停。

气浮除渣单元包括溶气气浮除渣装置、溶气罐、气液混合泵、刮渣系统等，主要性能参数如下：

气浮除渣装置 1 座，材质为 Q235B(内、外防腐满足设备现场使用条件及使用年限)，设计出水指标为悬浮固体含量 ≤30mg/L；溶气效率 95% 以上；溶气水回流比为 40%；释放器释放气泡直径 20~50μm；水力停留时间 ≥30min；刮渣器接液材质 S31603；具有排泥区、出水区等功能区。

溶气罐 1 套，材质为 S31603，DN500mm；设计压力为 0.6MPa；回流溶气水加压至 0.4~0.6MPa；

气液混合泵 1 台，F 级绝缘，B 级温升；$Q = 35m^3/h$，$H = 60m$；多级气液混合泵，艾杜尔或同级品牌。

4）多级过滤单元

多级过滤单元主要用于过滤气浮除渣装置来水，进一步降低水中悬浮物和石油类。滤料的级配由厂家自行确定，但应保证砂滤装置的长期稳定运行，工艺原理如图 5-3-8 所示。

气浮除渣装置清水区的清水通过过滤泵提升进入多级过滤装置，水中的悬浮物和一些被氧化的残留物被截留在过滤介质的表层，过滤后的滤后水进入下级处理系统。当过滤介质表层截污量达到反洗设定值后，设备开始进行自动反冲洗作业(图 5-3-8)。

反洗水采用 40m³ 净化水罐来水。反冲洗作业应当逐台进行，并应保证其余装置持续过滤。反洗后应采用独立管线将水排入破胶调理罐。

多级过滤单元由两级全自动砂滤罐组成，包括一级过滤(两罐并联)、二级过滤(两罐并联)、过滤泵、反洗泵、压力传感器等装置，主要性能参数如下：

一级砂滤罐两套，处理能力 25m³/h，φ2000mm；材质 Q345R，内壁采用环氧树脂涂

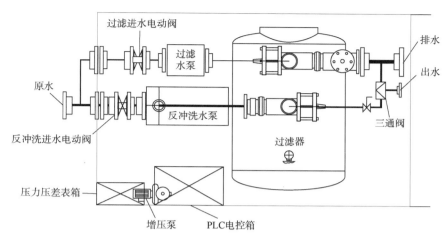

图 5-3-8　砂滤工艺原理图

料，外部采用聚氨酯漆，滤料破损率<0.3。

二级砂滤罐两套，处理能力 25m³/h，φ2000mm；材质 Q345R，内壁采用环氧树脂涂料，外部采用聚氨酯漆，滤料破损率<0.3。

出水指标为悬浮固体≤10mg/L。

5）精细过滤单元

精细过滤单元由过滤器Ⅰ（纤维过滤或其他同级过滤）与过滤器Ⅱ（除硼树脂过滤）组成，采用离心泵将 40m³ 净化水罐内的滤后水依次打入精细过滤装置的过滤器Ⅰ和过滤器Ⅱ，过滤后进入 10m³ 净化水罐待配液回用。当过滤介质表层截污量达到反洗设定值后，设备开始进行自动反冲洗作业；反洗水采用净化水罐来水。

过滤器Ⅱ的工作流程是压裂返排液经过前端处理，通过泵提升进入吸附单元 1 号吸附处理，1 号吸附柱出水串入 2 号吸附柱，2 号吸附柱出水进入吸附后储罐。待树脂吸附出口硼含量超标后系统暂停，开始再生 1 号吸附柱，再生完后切换为 2 号；吸附柱再生期间，吸附柱单柱运行，如此类推。吸附后的吸附柱首先通过反向水洗，将吸附柱内未被吸附的原料洗至原料罐继续吸附，同时起到疏松树脂的作用。水洗后的吸附柱使用 5% 左右硫酸正向进行再生，再生、水洗酸过程中产生的再生液进行外排，水洗酸结束后使用稀碱转型后树脂待用。

过滤器Ⅰ主要由一台过滤器、液压站、过滤泵和反洗泵组成，过滤器Ⅱ包括两台吸附柱，酸再生系统、碱再生系统以及辅助系统，两级过滤器均带有自动反洗系统，主要性能参数如下：

陶瓷过滤器 1 台，处理量 5m³/h，材质为 Q345R，1.5μm 粒径去除率≥96%。

出水指标悬浮固体≤2mg/L，硼酸/硼酸根≤5mg/L。

树脂柱 2 台，规格尺寸为 DN900mm×1900mm；材质为玻璃钢。

浓硫酸罐 1 个，材质为玻璃钢；车载，自流到配酸罐，配酸水罐容积 0.3m³，材质为

PE；配碱水罐容积 0.3m³，材质为 PE。

除硼专用树脂：Seplite LSC-800；含固率 45%~55%；粒度范围（0.4~1.0mm）≥95%；树脂膨胀率≤10%。

离心泵立式（变频控制）1 台，$Q=8m^3/h$，$H=45m$。

反洗离心泵 1 台，$Q=10m^3/h$，$H=20m$；反洗强度 8~10L/（s·m²）；反洗时间 20~30min。

6）污泥减量化单元

污泥减量化单元的主要功能是对气浮出渣进行预浓缩和固液离心分离，气浮除渣装置产生的污泥由排泥泵打入污泥浓缩罐，经浓缩后进入离心机脱水，分离出的污泥进入泥斗外运。

污泥浓缩罐通过搅拌系统将污泥充分搅拌，防止污泥堵塞。底部污泥通过螺杆泵打入离心机脱水，进离心机前需通过管道混合器加入污泥浓缩剂，螺杆泵应具备变频功能。

离心脱水控制系统控制离心脱水机组的所有电气设备，包括离心机、进料螺杆泵、加药泵、自动溶药加药系统、螺旋输送机和其他各种电磁阀等附属设备。可以满足离心机主电动机和副电动机变频器启动、停车、调速和故障联锁保护，污泥进料泵变频器、加药泵、药粉供给电动机变频器的启动、停车、调速和故障联锁保护，螺旋输送机的启动、停车和故障联锁保护，以及差转速自动控制、进泥流量自动控制、加药装置自动配药、离心机启动前和停止后自动强制冲洗控制、污泥浓缩罐泥位和进泥螺杆泵、污泥浓缩罐泥位和气浮除渣装置排泥螺杆泵联锁控制等。

离心机应设置加药系统，可根据来泥量、来泥性质自动进行溶药、加药。

污泥减量化单元包括卧式螺旋离心脱水机、污泥浓缩罐、螺旋卸料器和螺旋输送机，主要性能参数如下：

卧式螺旋离心脱水机 1 台，型号为 LW450×1800，处理能力为 10~15m³/h；主副电动机变频，自带自动冲洗；转鼓为 AISI321，转鼓直径不小于 430mm，长径比 4∶1。

螺旋卸料器材质为 AISI321，螺旋卸料器的进料口为碳化钨硬质合金堆焊；固相含水率≤80%。

污泥浓缩罐 1 具，规格为 φ2.8m×6.5m，40m³；材质为 Q345R，配套防腐；设置高液位溢流口，低液位报警控制；配超声波液位计。

螺杆输送机两台（变频控制），材质为 S30408，处理能力为 $Q=15m^3/h$，$H=60m$。

7）加药单元

加药单元包括添加破胶剂、pH 值调节剂、混凝剂、絮凝剂、浮选剂等药剂，满足各工艺单元加药点加药，主要性能参数如下：

加药罐 1 套，罐体采用立式折板结构，分十个腔体；有效容积 6m³×2，4m³×8；材质为 Q235B（内、外防腐满足设备现场使用条件及使用年限）。

搅拌器 10 套，转速<100r/min；与介质接触零部件材质为 S31603。

加药泵（隔膜式）规格 0~800L/h，$p=0.5MPa$ 6 套；规格 0~400L/h，$p=0.5MPa$ 两

套；规格 0~1500L/h，$p = 0.5$MPa 两套。过流部件材质为 PVDF，隔膜材质为 PTFE；带阻尼器、单向阀、浮子阀流量计。

8）自动控制单元

总配电柜、各橇供电总开关、各设备电源开关组成三级配电。

可选择手动、自动两种控制模式，手动模式通过按钮或开关实现各设备的启停，指示灯显示设备运行状态（运行和停止）；自动模式保证 PLC 检测系统正常，实现一键启动和停止。控制柜上的显示器能显示各橇仪表检测参数和设备运行状态（55kW 以上电动机显示运行电流）。

控制系统 6 套：通过 PLC 满足手动和自动两种控制模式（通过手动、自动选择旋钮）。液晶显示屏画面显示本橇设备组态，显示本橇测控、设备运行参数（55kW 以上电动机显示电流）和状态。各橇的防爆电源配电柜、防爆控制柜、PLC 控制柜、防爆控制箱等，可组合为一个整体防爆配电、控制柜（箱），组合方式和数量根据需要自行设置，保证成套设备接线方便、安全稳定运行。

各橇防爆配电柜 6 套：接受总配电柜的供电，橇内各用电设备电源从该配电柜引出。

总防爆配电柜 1 套：接受外部电源的馈电，并将各橇电源从该防爆配电柜引出。

三、 工程应用效果

（一）长庆油田采油六厂压裂返排液处理示范工程

2014 年：提交实施方案，预处理后出水进入联合站污水处理系统进一步处理后回注。在长庆油田采油六厂建设压裂返排液无害化处理及资源化利用示范工程，为油气田可持续发展提供环保技术支持（图 5-3-9）。

2015 年：调整建设方案、确定站址，启动初步设计；完成初步设计，并通过采油六厂审核；启动项目 HSE 评价，并得到批复；完成项目施工图设计，并通过采油六厂审核；完成设备加工定制，并交付采油六厂保管。

2017 年：完成现场土建施工、设备安装工作；完成设备调试、试运行工作；出水水质持续稳定达标。

图 5-3-9　长庆油田采油六厂压裂
返排液处理示范工程

橇装设备处理规模：20m³/h。处理后出水指标：悬浮物含量≤20mg/L、含油量≤10mg/L，pH 值为 6~9，满足长庆油田规定的废液进入联合站系统相关标准。与以往工艺路线相比，大大降低了处理成本（60 元/m³ 以上降至 40 元/m³ 以下）。截至 2017 年 10 月，处理 7000m³ 钻试废液。

（二）陇东油田致密油开发钻试废液回注处理示范工程

以致密油开发钻试废液回注处理一体化技术为主体技术，在陇东油田建成开发钻试废液回注处理能力为 $10×10^4m^3/a$ 的示范工程。

完成致密油钻试废液回注处理示范工程建设，包括工艺方案设计、初步设计、施工图设计，现已建成长庆油田采油十二厂固城钻试废液集中处理示范工程一座，长庆采油一厂王窑钻试废液集中处理示范工程一座，形成年处理钻试废液 $16.2×10^4m^3$ 的能力（图 5-3-10 和图 5-3-11）。

图 5-3-10　$50m^3/h$ 固城钻试废液集中处理示范工程　　　图 5-3-11　$50m^3/h$ 王窑钻试废液集中处理示范工程

（三）苏里格致密气钻试废液井场回用处理示范工程

以致密气多体系压裂返排液回用配液处理技术为主体技术，建成苏里格致密气田聚合物 $50m^3/h$、瓜尔胶 $50m^3/h$ 压裂返排液井场回用处理示范工程。

2020 年 9 月完成 $50m^3/h$ 致密气聚合物体系、瓜尔胶体系压裂返排液回用处理示范工程建设，已完成工艺方案设计、初步设计、施工图设计、设备建造。现累计达标处理约 $5.1×10^4m^3$，用于压裂返排液回用（图 5-3-12）。

图 5-3-12　$50m^3/h$ 压裂返排液井场回用处理示范工程

参　考　文　献

[1] 赵宝祥，陈江华，李炎军，等．涠洲油田大位移井井眼清洁技术及应用[J]．石油钻采工艺，2020，

42(2)：156-161.

[2] 中国石化胜利油田建设绿色油田奉献清洁能源[J]. 山东人大工作，2019，484(12)：65.

[3] 邱家友，朱明新，黄军强，等. 安塞油田井下作业清洁生产技术研究与应用[J]. 石油化工应用，
    2019，38(9)：90-94.

[4] 郝宙正，邢洪宪，李清涛，等. 变径套管清洁工具在海上油田的应用与研究[J]. 石油机械，2019，
    47(1)：67-73，106.

[5] 郭海明. 某油田公司油气运销部二轮清洁生产审核效益分析[J]. 中国石油和化工标准与质量，
    2018，38(24)：25-27.

[6] 徐旭龙，肖元沛，徐阳，等. 浅谈井下作业清洁生产技术在安塞油田的推广应用[J]. 石油石化绿色
    低碳，2018，3(4)：56-58.

[7] 张旭. 油田井下作业清洁生产技术研究与应用分析[J]. 化工管理，2018(10)：200.

[8] 张悦. 吴定地区陆上油田清洁生产方案设计与实施研究[D]. 青岛：中国石油大学(华东)，2018.

[9] 绿色清洁发展共筑文明企业——长庆油田第三采油厂[J]. 西部大开发，2017(11)：2.

[10] 深入安全清洁生产建设绿色油田——记冀东油田公司[J]. 环境保护，2017，45(4)：3.

[11] 喻帅. 新形势下油田企业清洁生产管理体系的创建与实施[J]. 企业文化(下旬刊)，2018(3).

[12] 吕爱爱. 源头消减全程控制：辽河油田曙光采油厂的清洁生产管理[J]. 企业管理，2017(2)：
    22-24.

[13] 马强. 稠油污水深度处理技术研究与应用[J]. 承德石油高等专科学校学报，2010，12(2)：34-38.

[14] 刘冰，文莉，姜平峰，等. 高含硅稠油污水不除硅回用热注锅炉技术应用[J]. 石油石化节能，
    2013，3(2)：18-20.

[15] 夏福军，隋向楠. 含油污水处理工艺中的污泥及污油回收技术改进措施[J]. 油气田环境保护，
    2011，21(4)：28-31，71.

[16] 侯君，程林松，房宝才. 油田注汽锅炉水质影响因素研究[J]. 油田化学，2005(4)：322-324.

[17] 曾宝森，李龙桂，王华. 油田注汽锅炉给水泵的改造方案优选[J]. 石油机械，2002(8)：73-74.

[18] 戴玉良，余顺平，何明明. 油田水处理外排污水减排措施[J]. 中国设备工程，2010(9)：19-20.

[19] 祝威，葛福想，韩霞，等. 胜利油田某废液站压裂返排液特性分析[J]. 环境工程，2019，37(12)：
    132-136.

[20] 毛金成，李勇明，赵金洲. 压裂返排液循环使用技术综述[J]. 化工环保，2016，36(4)：370-374.

[21] 王佳，李俊华，雷珂，等. 压裂返排液处理技术研究进展[J]. 应用化工，2017，46(7)：1414-
    1416.

[22] 马红，黄达全，李广环，等. 瓜胶压裂返排液重复利用的室内研究[J]. 钻井液与完井液，2017，34
    (4)：122-126.

[23] 林孟雄，杜远丽，陈坤，等. 复合催化氧化技术对油气田压裂返排液的处理研究[J]. 环境科学与
    管理，2007，32(8)：115-118.

[24] 马云. 油田废压裂液的危害及其处理技术研究进展[J]. 石油化工应用，2009，28(8)：1-3.

[25] 严忠，李莉，周俊佑，等. 油田作业废液处理技术研究及应用[J]. 石油化工应用，2017，36(3)：
    33-40.

[26] 陈昊，王宝辉，韩洪晶. 油田压裂废液危害及其处理技术研究进展[J]. 当代化工，2015，44(11)：
    2635-2637.

[27] 马健伟，任淑鹏，李根华，等．高级氧化技术处理石化废水的研究进展[J]．当代化工，2017，46（4）：752-754.

[28] 陆恬奕，李宇，徐瑞，等．高级氧化技术水处理研究进展[J]．当代化工，2021，50（5）：1257-1260.

[29] 孙怡，于利亮，黄浩斌，等．高级氧化技术处理难降解有机废水的研发趋势及实用化进展[J]．化工学报，2017，68（5）：1743-1756.

[30] 赵丽红，聂飞．水处理高级氧化技术研究进展[J]．科学技术与工程，2019，19（10）：1-9.

[31] 陈蕾，王郑．电化学高级氧化技术在工业废水处理中的应用[J]．应用化工，2019，48（2）：434-437.

[32] 黄挺，张光明，张楠，等．FeO类芬顿法深度处理制药废水[J]．环境工程学报，2017，11（11）：5892-5896.

[33] 卜有伟，郝以周，吴萌，等．红河油田压裂返排液回用技术研究[J]．石油天然气学报，2014，36（6）：139-142，8.

[34] 张太亮，欧阳铖，郭威，等．混凝—磁分离—电化学技术处理压裂返排液研究[J]．工业水处理，2016，36（4）：37-41.

[35] 王顺武，赵晓非，李子旺，等．油田压裂返排液处理技术研究进展[J]．化工环保，2016，36（5）：493-499.

[36] 郭威．非常规压裂返排液无害化处理技术研究[D]．成都：西南石油大学，2014.

[37] Pignatcllo J J. Dark and photoassisted Fe（Ⅲ）- catalyzed degradation of chlorophenoxy herbicides by hydrogen peroxide[J]. Environmental Science &Technology, 1999, 26（5）：944-951.

[38] Nicot J P, Scanlon B R, Reed y R C, et al. Source and fate of hydraulic fracturing water in the Barnett Shale: A historical perspective[J]. Environmental Science & Technology, 2014, 48（4）：2464-2471.

[39] 周道琛，史晓琼，李斌，等．压裂返排液处理技术研究[J]．石油化工应用，2018，37（6）：97-99.

[40] 赵萧萧，石会龙，吴伟峰，等．油田压裂返排液处理工艺的研究现状及展望[J]．山东化工，2018，47（2）：57-58，61.

[41] 李俊．压裂返排液的处理方式研究[J]．石化技术，2018，25（2）：287.

[42] 赵萧萧，石会龙，吴伟峰，等．油田压裂返排液处理工艺的研究现状及展望[J]．山东化工，2018，47（2）：57-58，61.

[43] 张健，靖波，李庆，等．电化学法深度处理油田污水COD研究进展[J]．环境科学与技术，2016，39（S1）：150-154.

[44] 柴思琪，樊祥博，李明，等．油田压裂返排液处理研究进展[J]．山东化工，2018，47（1）：34-36.

[45] 王娟．页岩气压裂返排液电化学处理技术[J]．天然气勘探与开发，2017，40（3）：106.

第六章　废气治理与回收工程及效果

《陆上石油天然气开采工业大气污染物排放标准》(GB 39728—2020)、《锅炉大气污染物排放标准》(GB 13271—2014)等一批"史上最严环保标准"相继出台,对油气开采行业挥发性有机物排放全过程控制、锅炉及加热炉二氧化硫、氮氧化物排放提出了极高的要求;我国《"十三五"控制温室气体排放工作方案》将甲烷、二氧化碳列入控制指标,国家发展和改革委员会要求开展重点企业温室气体排放报告、启动全国碳排放权交易市场。中国石油提出了甲烷排放管控行动方案,要求 2025 年温室气体排放总量比 2015 年下降 10%,单位油气当量温室气体排放强度比 2015 年下降 10%。各石油生产企业积极应对,以满足国家与中国石油环保标准的要求。

面对国家低碳减排系列新要求,中国石油统筹规划了燃煤锅炉烟气治理、燃气锅炉低氮燃烧改造、温室气体控制、伴生气回收等十大减排工程,主要污染物排放总量在消化建设项目新增排放量的同时仍实现全面削减。相比 2015 年,2020 年二氧化硫、氮氧化物分别削减 26.6%、31.1%,全面超额完成"十三五"环保规划设定的污染排放总量零增长要求;炼化企业挥发性有机物排放总量显著减少,降幅达 45%。

第一节　油气田废气产生及特性

油气田排放的废气通常分为三类:(1)油田钻井和生产工作中提供动力的内燃机引擎排放的废气,勘探、地面工程、井下作业及油气运输产生的汽车尾气和采油、油气集输过程中的加热炉、锅炉、高压蒸汽炉等产生的废气;(2)存在于整个油气开发过程的轻烃挥发,主要发生在开采、贮存和运输环节中,自采油井场、计量站、中转站、联合站及油气管线等油气集输系统排放;(3)钻井过程中溢出、井下作业酸化施工排放的硫化氢和测井产生的放射性气体等。

废气中的大气污染物主要为 SO_2、NO_x、CO、烟尘和部分燃烧碳氢化合物。放空、挥发、泄漏的烃类气体主要成分包括甲烷烃和非甲烷烃,伴生气体主要是 H_2S 气体[1-2]❶。

一、锅炉加热炉废气

一般油田加热炉的主要燃料为煤、原油和伴生气,加热炉在油田生产过程中消耗了大量的煤炭、燃油和伴生气,同时排放了硫化物和氮氧化物,对环境造成严重污染。废气中

---

❶ 《陆上石油天然气开采工业大气污染物排放标准》(GB 39728—2020)。

185

的大气污染物主要为 SO_2、NO_x、CO、烟尘和部分燃烧碳氢化合物。

二、 硫化氢气体

硫化氢主要来源于以下三种途径：一是岩浆生成；二是硫酸盐热化学转化；三是微生物硫酸盐还原转化。硫酸盐经过地质作用，在很高的温度和压力条件下分解产生硫化氢气体，这些气体一般在地体下，不会散发出来。但是由于石油开采这些硫化氢气体散发出来进入地面和集输系统，这些气体都是剧毒气。

三、 挥发性有机化合物

油气田 VOCs 污染源主要为钻井过程中排放的无组织工艺废气、柴油机燃烧燃料产生的烟气和井喷事故排放的气体，均为短期无组织排放。油气生产期来源为采油（气）、油气集输至站场、油气初步加工处理、储存与外输等过程排放的气体，分为有组织排放和无组织挥发两类。有组织排放包括加热炉、导热油炉等供热设施燃料燃烧不完全排放的含少量VOCs 的烟气、非正常生产工况火炬燃烧排放等；无组织挥发主要有原油天然气初加工过程中分离、稳定等各类设施排放、动静密封处泄漏、储罐损失、装卸损失、废水收集和处理过程逸散等产生的含 VOCs 的气体。

第二节　燃煤锅炉烟气治理与回收技术研究

随着《锅炉大气污染物排放标准》和部分省市印发的《大气污染防治行动计划》《燃煤电厂大气污染物排放标准》等一系列标准的实施，最新超低排放指标：氮氧化物 $\leqslant 50mg/m^3$、烟尘 $\leqslant 5mg/m^3$、$SO_2 \leqslant 35mg/m^3$，现有设施已无法达到标准要求，难以实现超低排放。

针对于此，大庆油田、玉门油田、锦州石化等油气生产企业快速响应、积极行动，引进先进成熟技术，实施燃煤锅炉烟气治理工程改造，提高脱硫脱硝运行效率等减排措施，大幅度降低烟气污染物的排放。

一、 锅炉烟气脱硫脱硝治理技术研究实验

石灰石—石膏湿法烟气脱硫由物理吸收和化学吸收两个过程组成。在物理吸收过程中SO_2 溶解于吸收剂中，只要气相中被吸收气体的分压大于液相呈平衡时该气体分压，吸收过程就会进行，吸收过程取决于气液平衡，满足亨利定律。由于物理吸收过程的推动力很小，所以吸收速率较低。而化学吸收过程使被吸收的气体组分发生化学反应，从而有效地降低了溶液表面上被吸收气体的分压，增加了吸收过程的推动力，吸收速率较快。烟气脱硫（FGD）反应速率取决于四个速率控制步骤，即 SO_2 吸收、HSO_3^- 氧化、石灰石溶解和石膏结晶[3-13]。

（一）吸收主要影响因素实验

影响脱硫效率的因素有 pH 值、液气比、Ca 与 S 的物质的量比、FGD 入口烟气流量和SO_2 浓度、石灰石品质、浆液浓度等。

如图 6-2-1 所示，随着烟气中 SO_2 含量的变化，吸收剂石灰石的加入量以 SO_2 的脱除率为函数。SO_2 负荷取决于烟气体积流量和原烟气的 SO_2 含量。加入的 $CaCO_3$ 流量取决于 SO_2 负荷与 $CaCO_3$ 和 SO_2 的物质的量比。随着 $CaCO_3$ 的加入，吸收塔浆液将达到某一 pH 值。脱硫效率随持液槽中 pH 值的升高而提高，低的 pH 值有利于石灰石的溶解、HSO_3^- 的氧化和石

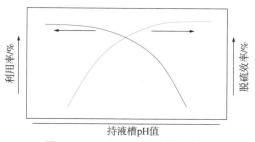

图 6-2-1 利用率/脱硫效率随 pH 值变化关系图

膏的结晶，但高的 pH 值有利于 SO_2 的吸收，可见 pH 值对 FGD 的影响非常复杂和重要。

从化学原理分析，当碱液（吸收剂）的浓度较低时，化学传质的速度较低。当提高碱液浓度到某一值时，传质速度达到最大值，此时的碱液浓度称为临界浓度。烟气脱硫的化学吸收过程中，以碱液为吸收剂吸收烟气中的 SO_2 时，适当提高碱液浓度，可以提高对 SO_2 的吸收效率，吸收剂达到临界浓度时脱硫效率最高。但当碱液浓度超过临界浓度后，进一步提高碱液浓度并不能提高脱硫效率。为此应控制合适的 pH 值，此时脱硫效率最高（图 6-2-2），Ca 与 S 的物质的量比最合理，吸收剂量利用最佳。FGD 运行结果还表明，较低的 pH 值可以降低堵塞和结垢的风险。因此，在石灰石—石膏法烟气脱硫中，pH 值一般控制在 5.0~5.6 较适宜。

（二）液气比对脱硫率的影响

亚硫酸盐是一种含氧酸盐，分子式为 Na_2SO_3，其酸根为亚硫酸根（SO_3^{2-}），其酸酐为二氧化硫（SO_2），在地表水中通常不存在亚硫酸盐，如果亚硫酸盐排放到出水中（来源于市政污水），那么它就很容易被氧化成硫酸盐，亚硫酸钠是亚硫酸盐存在的最常见的形式，是优良的还原剂，用来清除氧。由图 6-2-2 可以看出，提高液气比有利于提高脱硫效率，液气比对石灰石的利用率影响较小，提高液气比有利于亚硫酸盐的氧化。

（三）石灰石浆液品质的影响

如图 6-2-3 所示，石灰石碾磨得越细越有利于提高脱硫率。由此也可以得出，石灰石碾磨得越细越有利于提高石灰石的利用率，即降低钙硫比，但是碾磨的成本也会增高，例如磨机的电耗、钢耗。此外，为了保证出力，也会增加投资。因此，选择和保持合理的石灰石颗粒的细度很重要。

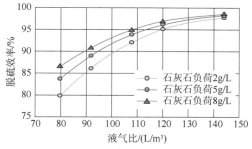

图 6-2-2 液气比对脱硫效率的影响关系图

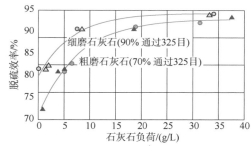

图 6-2-3 石灰石研磨对脱硫效率的影响关系图

二、 燃煤锅炉烟气治理工艺与处理装置

(一) 脱硫脱硝处理工艺与装置

1. 伴生气湿法脱硫工艺

伴生气湿法脱硫技术是以复配金属离子催化剂为脱硫剂，原料气经分离、吸收后，在吸收塔顶得到净化伴生气；液相经氧化、过滤处理后，得到固体硫黄(图 6-2-4)。该技术能够将伴生气 H_2S 含量脱除至 $20mg/m^3$ 以下，达到 GB 17820—2018《天然气》二类气要求。

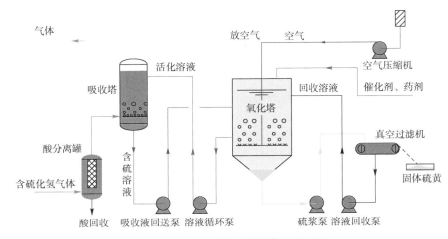

图 6-2-4　湿法脱硫装置简要流程图

在吸收塔内，气体自下而上与顶部喷洒的吸收溶液逆向接触反应，气体中的 H_2S 被溶解吸收，反应生成单质硫黄，随溶液进入吸收塔底部。净化后的气体经过顶部除雾器，调节压力后进入燃气输送管道。

吸收后的溶液夹带硫黄，从吸收塔底部经过富液泵变频流量调节后打入氧化塔，一部分作为塔顶喷淋液消除泡沫，另一部分直接进入氧化塔进行氧化再生。在氧化塔内，来自风机的氧化空气经过氧化风分布器，均匀分布在氧化塔底部吹出，与来自吸收塔的富液接触，溶液中的亚铁离子被空气中的氧气氧化，生成三价铁离子，重新恢复反应活性。溶液中的硫黄在重力作用下逐步沉降在氧化塔底部。

生成的硫黄逐步在氧化塔锥底沉降为固含量为 5%～15%(质量分数)的硫浆。锥底有一系列的空气吹扫环，吹扫环上遍布喷嘴，定时用压缩空气吹扫锥底，以防止硫黄黏附。含有较高浓度硫黄的硫浆通过硫浆泵送至过滤机，得到硫黄产品，滤液打回氧化塔。

2. 选择性催化还原法(SCR)脱硝工艺

SCR 是指在 300～420℃的温度区间内和催化剂的作用下，通过在催化剂上游的烟气中喷入氨或其他合适的还原剂，利用还原剂"有选择性"地与烟气中的 NO_x 反应并生成无毒无污染的 N_2 和 H_2O。在通常的设计中，使用液态无水氨或氨水(氨的水溶液)。无论以何种形式使用，首先使氨蒸发，然后和稀释空气或烟气混合，最后通过分配格栅喷入 SCR 反

应器上游的烟气中。图6-2-5为SCR反应原理示意图。

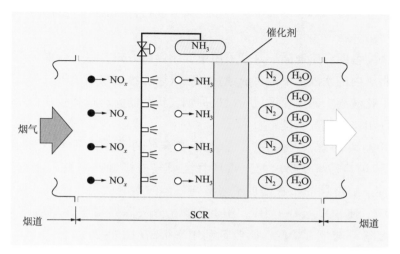

图 6-2-5　SCR 反应原理示意图

在锅炉烟气中，NO 一般占总 NO_x 浓度的 90% 以上。在 SCR 反应器内，在一定温度和催化剂的作用下，NO 通过以下反应被还原：

$$4NO+4NH_3+O_2 \longrightarrow 4N_2+6H_2O$$

$$6NO+4NH_3 \longrightarrow 5N_2+6H_2O$$

当烟气中有氧气时，反应第一式优先进行，因此，氨消耗量与 NO 还原量有一对一的关系。

在锅炉烟气中，NO_2 一般约占总 NO_x 浓度的 5%，NO_2 参与的反应如下：

$$2NO_2+4NH_3+O_2 \longrightarrow 3N_2+6H_2O$$

$$6NO_2+8NH_3 \longrightarrow 7N_2+12H_2O$$

上面两个反应表明还原 NO_2 比还原 NO 需要更多的氨。

在绝大多数锅炉烟气中，NO_2 仅占 NO_x 总量的一小部分，因此 NO_2 的影响并不显著。

在反应过程中，由于 NH_3 可以选择性和 NO_x 反应生成 N_2 和 H_2O，而不是被 O_2 所氧化，因此反应被称为具有"选择性"。工业应用中 SCR 法常用的还原剂有氨水、液氨和尿素，在用尿素做还原剂时通常采用热解或水解的方法将尿素溶液热解为含有 NH_3 的气体再喷入 SCR 反应室烟道中。

3. 处理装置

1) 吸收塔及主要部件

烟气进入吸收塔内，自下而上流动与喷淋层喷射向下的石灰石浆液滴发生反应，吸收 SO_2、SO_3、HF、HCl 等气体。吸收塔采用先进可靠的喷淋空塔，系统阻力小，塔内气液接触区无任何填料部件，有效地杜绝了塔内堵塞结垢现象。石灰石浆液制备系统制成的新石灰石浆液通过石灰石浆液泵送入吸收塔浆液池，石灰石在浆液池中溶解并与浆液池中已经生成石膏的浆液混合，由吸收塔浆液循环泵将浆液输送至喷淋层。浆液通过空心锥形喷嘴雾化，与烟气充分接触。在吸收塔浆液池中部区域，氧化风机供给的空气通过布置在浆液池内的喷枪与浆液在搅拌器的协助下进一步反应生成石膏（$CaSO_4 \cdot 2H_2O$）。

（1）喷淋层。

每只吸收塔配备四台浆液循环泵，采用单元制运行方式，每一台循环泵对应一层喷淋装置。循环泵将塔内的浆液从下部浆液池打到喷淋层，经过喷嘴喷淋，形成颗粒细小、反应活性很高的雾化液滴。四层喷淋层可以根据烟气负荷的大小选择投用的层数，以降低能源的消耗和保证出口烟气的温度。

喷淋层采用高级的螺旋状喷嘴，在同等喷雾条件下，对循环泵的压力需求较低（图6-2-6）。该种喷嘴可使喷出的三重环状液膜气液接触效率高，能达到高效吸收性能和高除尘性能。喷淋层的布置增加了浆液与气体的接触面积和概率，保证吸收塔横截面能被完全布满，使 SO_2、SO_3、HF、HCl 等被充分去除。由于在吸收塔内吸收剂浆液通过循环泵反复循环与烟气接触，吸收剂利用率很高（图6-2-7）。

图6-2-6　喷淋层和喷嘴实物图

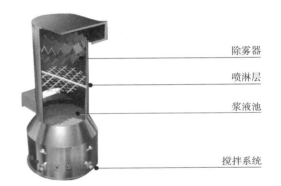

除雾器

喷淋层

浆液池

搅拌系统

图6-2-7　吸收塔内部结构示意图

（2）吸收塔浆液池。

吸收塔浆液池的主要功能为完成酸性物质和石灰石的反应。酸性物质通过强制氧化把亚硫酸盐氧化成硫酸盐，吸收塔浆液池同时提供石灰石足够的溶解时间，促使过饱和溶液里面的石膏结晶，提供石膏晶体充分长大的停滞时间。

当锅炉原烟气通过吸收塔时，蒸发带走一部分吸收塔内的水分，石膏结晶带走一定的水分，废水排放也会带走一部分水分，这样将导致吸收塔浆液中的固体浓度逐步增大，进而影响反应的正常进行。浆液的液位由吸收塔的液位控制系统控制，流失的水将通过除雾器冲洗水来补充，同时也通过向吸收塔补充新鲜工艺水来保持液位。塔内浆液的密度通过调节吸收塔内石膏浆液的排放量来控制。

吸收塔浆液池上部设溢流口，保证浆液液位低于吸收塔烟气入口段的下沿。溢流管道配备吸收塔密封箱，它可以容纳吸收塔的溢流液，同时为吸收塔提供了增压保护，保证系统运行的安全稳定。密封箱（图6-2-8）的液位由周期性补充工艺水来维持。

吸收塔顶部设有放空阀。当 FGD 装置走旁路或当 FGD 装置停运时，阀门开启。在调试及 FGD 系统检修时打开，可排除漏进的烟气，有通气、通风、通光的作用，方便工作人员操作；FGD 停运时，可避免烟气在系统内冷凝并腐蚀系统，如图 6-2-9 所示。

图 6-2-8　密封箱实物图

图 6-2-9　排空阀实物图

2）吸收塔浆液循环泵

吸收塔浆液循环泵（图 6-2-10）安装在吸收塔旁的循环泵房内，用于吸收塔内石膏浆液的循环。采用单流和单级卧式离心泵，包括泵壳、叶轮、轴、轴承、出口弯头、底板、进口、密封盒、轴封、基础框架、地脚螺栓、机械密封和所有的管道、阀门及就地仪表与电动机。

浆液循环泵配有油位指示器、联轴器防护罩和泄漏液的收集设备等。配备单个机械密封，不用冲洗或密封水，密封元件配有人工冲洗的连接管。轴承型式为耐磨型。

吸收塔操作液位的设计能充分保证泵的工作性能，泵的叶轮背后不气蚀；同时，选择较大的泵入口管管径，能有效防止气蚀的发生，延长泵的使用寿命。在塔内循环泵入口管路装设大孔径的过滤器。

图 6-2-10　浆液循环泵实物图

3）氧化空气系统

每套吸收塔的氧化系统由氧化风机、氧化空气喷枪及相应的管道、阀门组成。氧化空气通过氧化空气喷枪均匀地分布在吸收塔底部浆液池中，将 $CaSO_3$ 氧化成 $CaSO_4$，进而结晶析出。

氧化空气系统是吸收系统的一个重要组成部分，氧化空气的功能是促使吸收塔浆液池内的亚硫酸氢根氧化成硫酸根，从而增强浆液进一步吸收 SO_2 的能力，同时使石膏得以生成。氧化空气注入不充分或分布不均匀都会引起吸收效率的降低，严重时还可能导致吸收塔浆液池中亚硫酸钙含量过高而结垢，甚至发生亚硫酸钙包裹石灰石颗粒使其无法溶解。因此，对该部分的优化设置对提高整个设备的脱硫效率和石膏产品的质量显得尤为重要。

氧化和结晶主要发生在吸收塔浆液池。吸收塔浆液池的尺寸足够保证提供浆液完成亚硫酸钙的氧化和石膏（$CaSO_4 \cdot 2H_2O$）结晶的时间。氧化空气入塔前经增湿降温，使氧化空气达到饱和状态，可有效防止分布管空气出口处结垢。

该系统氧化空气喷枪布置在吸收塔浆液池中下部，为石灰石溶解、亚硫酸钙氧化和石膏结晶过程提供最佳反应条件。氧化空气喷枪上部浆液因为刚吸收了大量 SO_2，pH 值略低，有利于石灰石的进一步溶解和石膏的生成，对提高石膏的品质有利，氧化空气喷枪下部由于有新加入的石灰石浆液，pH 值略高，将浆液提升至喷淋层的吸收塔循环泵入口位于该区域，有利于提高吸收 SO_2 的能力。

氧化空气由两台氧化风机提供。从空气总管起，各个空气支管在吸收塔外垂直向下接到氧化空气喷枪。该方式尤其适合大尺寸的吸收塔，氧化效果好，布气均匀，氧化空气的利用率高，氧化空气用量少且保证石膏品质。众多工程实际表明，正常运行状况下（除吸收塔维修期间外），一般不必要对其进行清洗。

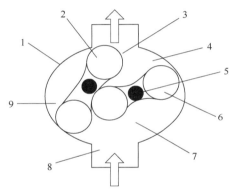

图 6-2-11　罗茨风机原理示意图
1—机壳；2—转子；3—风机；4，7，9—空腔；
5—齿轮；6—转子；8—进风管

氧化风机采用罗茨风机，每台包括润滑系统、进出口消音器、进气室、进口风道（包括过滤器），吸收塔内分配系统及其与风机之间的风道、管道、阀门、法兰和配件、电动机、联轴节、电动机和风机的共用基础底座、就地控制柜、冷却器等。

罗茨风机是一种定排量回转式风机，如图 6-2-11 所示，依靠安装在机壳的两根平行轴的两个"8"字形的转子对气体的作用而抽送气体。转子由装在轴末端的一对齿轮带动反向旋转。当转子旋转时，空腔 7 从进风管吸入气体，在空腔 4 的气体被逐出风管，而空腔 9 内的气体则被围困在转子与机壳之间随转子的旋转向出风管移动。当气体排到出风管内时，压力突然增高，增加的大小取决于出风管的阻力的情况而无限制。只要转子在转动，总有一定体积的气体排到出风口，也有一定体积的气体被吸入。

4）除雾器

除雾器用于分离烟气携带的液滴，防止冷烟气玷污 GGH、烟道等。气液通过曲折的挡板，流线多次偏转，液滴则由于惯性而撞在挡板上被捕集。经过净化处理的烟气流经两级卧式除雾器，在此处将烟气携带的浆液微滴除去。从烟气中分离出来的小液滴慢慢凝聚成比较大的液滴，然后沿除雾器叶片的下部往下滑落，直到浆液池。经洗涤和净化的烟气流出吸收塔，最终通过烟气换热器升温后经净烟道排入烟囱（图 6-2-12）。

二级除雾器（水平式），配备冲洗水系统和喷淋系统（包括管道、阀门和喷嘴等）。

除雾系统包括一台安装在下部的粗除雾器和一台安装在上部的细除雾器，彼此平行，

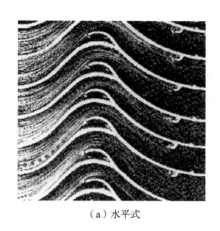 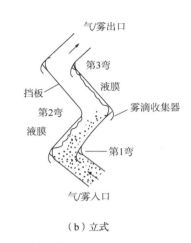

（a）水平式 　　　　　　　　　　（b）立式

图 6-2-12　除雾器原理示意图

下层除雾器（一级除雾器）的上下面和上层除雾器（二级除雾器）的下面设有冲洗喷嘴，正常运行时下层除雾器的底面和顶面，上层除雾器的底面自动按程序轮流清洗各区域。当除雾器压降超出设定值时即自动完成一个冲洗程序。

除雾器冲洗系统的设计特别需注意 FGD 装置入口的飞灰浓度及除雾器沉积物的影响。在吸收塔上层除雾器上部增设一层冲洗喷嘴，该层喷嘴可在异常情况或检修时对二级除雾器进行人工冲洗，以确保除雾器的高可靠性。

（二）燃气锅炉低氮燃烧工艺与装置

2019 年 8 月 20 日，生态环境部发布《京津冀及周边地区 2019—2020 年秋冬季大气污染综合治理攻坚行动方案（征求意见稿）》，明确规定，加快推进燃气锅炉低氮改造，暂未制定地方排放标准的，原则上按照 NO_x 排放浓度不高于 50mg/m³ 进行改造。2019—2020 年，陕西、河北等省份相继颁布了地方锅炉大气污染物排放标准，对锅炉大气污染物排放提出了更高的要求。2020 年 4 月 1 日，中国石油质量安全环保部下发《关于下达 2020 年污染防治任务清单的通知》。

按照国家、各级政府及中国石油要求，华北油田冀中区域和山西区域、长庆油田陕北区域积极开展燃气锅炉、加热炉氮氧化物超标治理，执行 NO_x 排放不高于 50mg/m³ 的标准，加速完成低氮燃烧器改造工程。

1. 处理工艺

油田伴生气含氮量 0.5%~6%，主要以 N_2 形态存在，以化学键结合的氮极少。在燃烧过程中等效于空气中的 N_2，生成的是热力型 NO_x。因此油田伴生气燃烧产生的 NO_x 主要是热力型 NO_x，并有少量快速型 NO_x。原油中含氮量为 0.05%~0.4%，燃烧生成的 NO_x 主要是热力型 NO_x 和燃料型 NO_x，并有少量快速型 NO_x。

针对燃气锅炉烟气中热力型 NO_x，采用"分级燃烧+烟气内循环（FIR）"低氮燃烧处理工艺，通过控制火焰温度和过量空气系数，降低锅炉烟气中氮氧化物含量，实现 NO_x 减排。

1）燃烧分级技术

分级扩散燃烧：分级燃烧是利用浓淡燃烧理论，将燃料和空气按照不同配比，使燃烧分别在燃料过浓、过淡和燃尽三个区域分阶段完成。通过对火焰进行合理的分区，在前端形成当量比小于 1 的富氧低温区，用过量的空气来抑制高温区的产生，从而减少氮氧化物生成；在后端形成当量比大于 1 的富燃还原区，以还原性氛围抑制氮氧化物的生成。通过燃料与空气分层、分段混合燃烧，由于燃烧偏离理论当量比，可降低 NO_x 的生成，如图 6-2-13 所示。

在浓淡火焰一次燃烧时，空气系数范围控制在 0.6~0.75 和 1.35~1.7，抑制 NO_x 生成效果明显，燃烧完全，燃烧过程相对稳定。

2）烟气再循环低氮燃烧技术

利用部分烟气与空气混合参与助燃，在炉膛内部气流组织实现火焰卷吸、切向气流产生旋涡，形成部分烟气回流，烟气回流量一般为 5%~10%。同时降低炉膛温度及混合空气中的含氧量，将 NO_x 排放量降至 $30mg/m^3$ 以下。由图 6-2-14 可知，在整个当量比范围内，烟气再循环效果明显，烟气再循环率越大，抑制 NO_x 生成越显著。这种方式目前能够较为精确地对低氮燃烧过程进行控制，也是较为主流的低氮燃烧方案（图 6-2-15）。

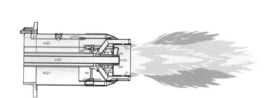

图 6-2-13　分级扩散燃烧器示意图

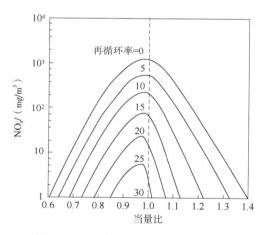

图 6-2-14　当量比与烟气再循环率

2. 处理装置

低氮燃烧器主要通过在稳焰盘上增加旋流装置，在火焰中心区域形成强旋流，加强各级火焰之间的剪切、热传递和物质传递，形成稳定的火焰传播方式，确保燃烧的稳定和安全；另外，还可以通过增加中心位置火焰，确保火焰持续燃烧（图 6-2-16）。

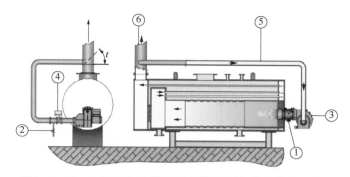

图6-2-15　分级扩散燃烧+烟气再循环低氮燃烧简要系统图

1—燃气进口；2—冷凝水排放阀；3—燃烧器；4—烟气回流阀；5—烟气再循环管；6—烟囱

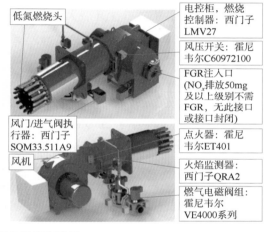

图6-2-16　低氮燃烧器装置

　　低氮燃烧器输出功率与海拔和温度修正、炉膛背压、加热炉热效率等参数相关。海拔和温度修正：燃烧器的输出功率以20℃和1013.25mbar❶进行标定，海拔和温度变化会引起空气密度变化，会造成燃烧器输出功率变化，本次统一按修正系数0.837计（20℃，海拔1500m）。炉膛背压：微正压燃烧压力为2~4mbar，油田加热炉受热面结构影响，背压取4mbar能够满足需求。该背压下一般不影响燃烧器最大输出功率。加热炉热效率：依据相关规范和实际运行数据，取热效率85%。

　　低氮燃烧器工艺管路统配有减压阀、过滤器、燃气调节阀、快关阀等元件，保证燃料气系统可实现燃料气的减压、过滤、调节、紧急切断。风机为燃烧器提供助燃空气，并在点炉前对炉膛进行预吹扫程序。燃烧系统能实现自动点火和切断，有火焰检测和熄火停机保护功能。

　　低氮燃烧器整体采用一体式结构，结构紧凑、布局合理，外观美观，壳体采用钢质结构，坚固耐用，寿命长。超低氮燃烧头组件由优质耐热合金制造。利用分级燃烧+烟气内

❶　1mbar＝100Pa。

循环(FIR)+烟气外循环(FGR)技术,可实现最低 30mg/m³ 的超低 NO$_x$ 排放,满足日益严格的环保法规要求。当 NO$_x$ 排放指标在 50mg/m³ 及以上时,可不使用 FGR,大幅简化安装。严格执行 GB/T 36699—2018《锅炉用液体和气体燃料燃烧器技术条件》标准,设置完备的预吹扫、燃气压力监测、风压监测和火焰检测功能,产品运行具有高度的安全性。可适应多种燃料气,包括商品燃气、非商品燃气、油田伴生气、焦炉煤气等燃料。产品采用电子式多伺服精细调节结构,具有大调节比,可智能精细调节风量与燃气量,使两者的比例达到最佳平衡状态。

三、 燃煤锅炉烟气治理工程应用

(一)脱硫脱硝处理工程应用

2008 年以来,中国石油开展大气污染物排放达标升级改造及总量减排工作,实施了大庆油田、玉门油田、锦州石化等企业锅炉超低排放改造;西南油气田、云南石化硫黄回收装置尾气治理改造;哈尔滨石化催化装置烟气脱硝;呼和浩特石化等企业提高脱硫脱硝运行效率等减排措施。实现二氧化硫减排量 3419.4t/a,氮氧化物减排量 3060.6t/a。

实施烟尘超低排放改造后,可大幅度降低电厂烟气污染物的排放,烟尘、二氧化硫、氮氧化物排放限值:烟尘小于 5mg/m³、SO$_2$ 小于 35mg/m³、NO$_x$ 小于 50mg/m³,满足国家发展和改革委员会、环境保护部、国家能源局联合下发了《煤电节能减排升级与改造行动计划(2014—2020)》的要求,对保护环境、保持地区经济可持续发展等都具有十分重要的意义。

华北油田针对冀中区域各厂在用燃气加热炉、发动机烟气排放不达标现状和问题,提出引进技术成熟、安全可靠的改造方案,对 17 座站场和 52 台发电机进行改造,采用干法或湿法脱硫工艺,将加热炉烟气 SO$_2$ 降至 10mg/m³ 以下,采用选择性催化还原法(SCR法)烟气脱硝技术,将发电机 NO$_x$ 排放降至 75mg/m³ 以下。

1. 呼和浩特石化 280×10⁴t/a 催化再生烟气脱硫脱硝项目

催化装置规模:280×10⁴t/a;烟气量 39.2×10⁴m³/h。

脱硝采用 SCR 技术,脱硫除尘采用 WGS 技术,项目设计及运行情况见表6-2-1。

表 6-2-1 呼和浩特石化项目设计及运行情况

项目	SO$_2$	NO$_x$	颗粒物
污染物浓度/(mg/m³)	335	181	115
设计净化效果/(mg/m³)	100	100	50
实际处理效果/(mg/m³)	10	50	18
实现污染物减排/(t/a)	800	199	280

2. 庆阳石化 160×10⁴t/a 催化再生烟气脱硫脱硝项目

催化装置规模:160×10⁴t/a;烟气量 22.5×10⁴m³/h。

脱硝采用 SCR 技术,脱硫除尘采用 WGS 技术,项目设计及运行情况见表6-2-2。

表 6-2-2　庆阳石化项目设计及运行情况

项目	SO₂	NOₓ	颗粒物
污染物浓度/(mg/m³)	500	400	180
设计净化效果/(mg/m³)	100	200	50
实际处理效果/(mg/m³)	10	80	20
实现污染物减排/(t/a)	759	496	240

3. 大连石化热电厂 6 台催化油浆锅炉烟气脱硫脱硝项目

热电厂规模：共计 6 台动力炉，其中 220t/h 3 台，130t/h 2 台，120t/h 1 台；烟气量 $22.5 \times 10^4 m^3/h$。

大连石化热电厂采用催化油浆作为锅炉燃料，充分利用炼厂附加值产品，实现炼厂效益最大化。项目组克服污染物浓度高，污染物成分复杂、未燃尽碳等特殊工况的影响，脱硝采用 SNCR+SCR，有效避免了重金属、未燃尽炭等不利因素的危害；脱硫除尘采用自主研发的Ⅱ代 WGS 技术，分别采用两炉一塔、四炉一塔方案，大大降低了工程投资和占地面积，保障了项目可实施性；PTU 采用自主开发的第Ⅲ代 PTU 工艺，不仅实现了烟气的限时达标排放，满足了 $SO_2 \leqslant 50mg/m^3$、$NO_x \leqslant 80mg/m^3$、颗粒物 $\leqslant 20mg/m^3$ 的火电厂标准特别排放限值的要求，同时解决了未燃尽碳带来的黑水问题。另外，有力保障了催化油浆的高效使用，大大提高了炼厂的经济效益，实现达标排放和盈利双线丰收。

（二）燃气锅炉低氮燃烧工程应用

近年来，中国石油在冀东油田、长庆油田、华北油田、兰州石化、哈尔滨石化、克拉玛依石化等企业开展加热炉低氮改造。在塔里木油田、玉门油田工程总投资达 6000 万元，年减排 NO_x 340t；华北油田低氮燃烧器改造 165 台，项目总投资 8000 万元。

长庆油田实施低氮改造先导试验，完成锅炉 118 台、第一期工程改造锅炉/加热炉 260 台，二期工程改造 355 台，年减排 NO_x 527.6t。实施后低氮燃烧器的改造可以满足低氮排放要求，供配电无须改造，且工程投资较低，不影响加热炉热效率。

对长庆油田 6 个油气生产单位的 48 台锅炉/加热炉烟气排放中的氮氧化物检测分析，改造后氮氧化物浓平均浓度为 $41.3mg/m^3$，最大浓度 $73mg/m^3$，最小浓度 $10mg/m^3$，结果全部达标。具体结果见表 6-2-3。

表 6-2-3　低氮改造前后自行监测结果分析汇总

序号	使用单位	数量/台	氮氧化物浓度/(mg/m³)		效果/%
			改造前监测均值	改造后监测均值	
1	第一采油厂	40	136.8	60.9	55.5
2	第三采油厂	54	129.0	57.6	55.3
3	第五采油厂	4	122.4	48.8	60.1
4	第八采油厂	11	153.1	36.2	76.4

序号	使用单位	数量/台	氮氧化物浓度/(mg/m³)		效果/%
			改造前监测均值	改造后监测均值	
5	第九采油厂	15	167	41	75.4
6	第一采气厂	7	163.1	53	67.5
	合计	131	145.9	56.8	61.1

1. 不同厂家改造前后监测分析

对比分析了深圳佳运通、唐山冀东、福建华夏蓝天科技三家供应商锅炉/加热炉排放超标先导试验治理效果，通过监测数据对比分析改造前后氮氧化物降低率，可知唐山冀东对锅炉/加热炉排放超标先导试验治理效果较好，氮氧化物排放减少72.27%。具体结果见表6-2-4。

表6-2-4 不同厂家治理效果对比分析汇总

项目	数量/台	改造前		改造后		氮氧化物降低率/%
		氮氧化物/(mg/m³)	达标率/%	氮氧化物/(mg/m³)	达标率/%	
深圳佳运通	105	142.5	0	54.8	100	62.54
福建华夏蓝天科技	15	228.00	6.6	63.53	100	72.14
唐山冀东	11	120.18	0	33.33	100	72.27

2. 不同燃气来源治理效果评价

对131台加热炉/锅炉所用燃料类型进行统计，燃料共分为三种：净化后天然气(产品气)、净化前天然气(原料气)、伴生气(来源于油井)。根据监测数据，对三种燃料加热炉/锅炉改造效果加以分析，无论是通过氮氧化物降低率，还是改造后氮氧化物浓度不大于$50mg/m^3$加热炉数量，都表明使用净化后天然气作为燃料的加热炉改造效果最好，使用净化前天然气作为燃料的加热炉次之，使用伴生气作为燃料的加热炉最差。具体结果见表6-2-5。

表6-2-5 不同燃料治理效果对比分析汇总

燃料类型	数量/台	改造前平均值/(mg/m³)	改造后平均值/(mg/m³)	氮氧化物降低率/%	≤50mg/m³ 占比/%
净化后天然气	7	163	55	66.26	43
净化前天然气	52	142	60	57.75	38
伴生气	72	122	56	54.10	25

第三节 天然气净化厂尾气治理工程

天然气作为重要的清洁能源，其生产过程从井口采出的或从原油分离出的天然气大多含有硫的成分，需要通过净化厂进行净化、除硫后方可作为商品天然气供用户使用。在净化过程中，天然气净化厂尾气中含有一定数量的SO_2气体，如果直接排放将对生态环境造成严重破坏，需要采取技术措施对天然气尾气中的 SO_2 气体进行治理，以消除对生态环境的破坏。

我国自 2015 年，针对石油炼制、石油化学、天然气等行业陆续发布实施了一批环保要求更加严格的污染物排放标准，其中包括了《石油炼制工业污染物排放标准》（GB 31570—2015）、《石油化学工业污染物排放标准》（GB 31571—2015）、《陆上石油天然气开采工业大气污染物排放标准》（GB 39728—2020）等，根据行业特点及加工原料性质情况，分别制定了相对应的标准。新标准发布，对行业发展产生了较大的影响，推动了技术的进步。

各行业为了满足更加严格的污染物排放标准，除了通过现有催化剂功能性换代，在工艺技术方面也加大了投资，如改造增加尾气处理单元等，比较多的是采用还原吸收尾气处理工艺、氧化吸收尾气处理工艺、全时段达标技术等。

一、 西南油气田净化厂尾气治理工程

（一）还原类尾气达标治理技术

1. 基本原理

还原吸收法是用 H_2 或 H_2 和 CO 的混合气体作还原气，使硫黄回收装置含硫尾气中的 SO_2 和单质硫经催化剂加氢还原生成 H_2S，同时在催化剂作用下将尾气中的 COS 和 CS_2 等有机硫化物水解为 H_2S，再通过选择性脱硫溶剂进行化学吸收，溶剂再生解析出的酸性气返回至硫回收装置原料酸性气中继续回收单质硫。此类工艺有 Beavon/Selectox 工艺、SCOT 工艺、串级 SCOT 及 RAR 工艺、LS-SCOT 工艺、Super SCOT 工艺及 HCR 工艺，其中以 SCOT 应用最广。Claus 装置配套 SCOT 还原法尾气处理工艺后可使总硫收率达到 99.8%。

2. 还原吸收尾气处理技术应用

川渝地区天然气净化厂为了满足更严格的尾气二氧化硫排放标准，原有的低温克劳斯或延伸克劳斯工艺已不能满足尾气二氧化硫排放浓度的要求，自 2021 年陆续实施工艺技术升级改造，在西南油气田 A 净化厂、B 净化厂和 C 净化厂改造增加了还原吸收尾气处理工艺，以下是某净化厂的实际应用情况。

目前运行有三套天然气净化装置。配套 $80 \times 10^4 \mathrm{m}^3/\mathrm{d}$ 脱硫装置（Ⅰ）和 $50 \times 10^4 \mathrm{m}^3/\mathrm{d}$ 脱硫装置（Ⅱ）的硫黄回收装置于 2008 年建成，采用 MCRC 硫黄回收工艺。扩建的 $300 \times 10^4 \mathrm{m}^3/\mathrm{d}$ 的净化装置于 2013 年正式投产，配套建设的硫黄回收装置采用 CPS 技术。硫黄回收装置正常生产期间，尾气每小时平均排放 SO_2 浓度为 $3712 \sim 6272 \mathrm{mg}/\mathrm{m}^3$（干基，过氧 3%，任意一小时平均浓度，下同）间波动，两套回收装置在切换时，尾气小时平均排放 SO_2 浓度最高可达 $22761 \mathrm{mg}/\mathrm{m}^3$，尾气通过已建的 95m 高的烟囱有组织进行排放。

为满足新的环保标准的要求，该净化厂新建一套还原类尾气处理装置，与原料气处理能力 $430 \times 10^4 \mathrm{m}^3/\mathrm{d}$ 匹配，硫黄回收装置规模为 78.4t/d，因此，按照新的污染物排放标准，以尾气排放 SO_2 浓度 $\leqslant 800 \mathrm{mg}/\mathrm{m}^3$ 为技术指标，开展净化厂硫黄回收装置尾气 SO_2 排放治

理的治理改造工作。尾气治理改造完成后于 2022 年 11 月顺利投产，2023 年 12 月对装置进行了性能考核，结果见表 6-3-1 至表 6-3-3。从改造结果看，烟气中二氧化硫浓度低于 486mg/m³，远低于 800mg/m³ 的要求。

表 6-3-1　还原吸收装置反应器入口组成分析结果

时间	取样部位	含量/%（体积分数）									
		H_2S	SO_2	O_2+Ar	CO	CO_2	CS_2	COS	N_2	H_2	CH_4
第一天	尾气处理装置	0.270	0.032	1.136	1.049	31.488	0.012	0.009	64.653	1.287	0.064
第二天	加氢反应器	0.220	0.374	0.876	0.906	34.169	0.012	0.010	62.289	1.058	0.086
第三天	入口取样口	0.225	0.029	0.838	1.015	34.881	0.011	0.009	61.721	1.230	0.041

表 6-3-2　还原吸收装置反应器出口组成分析结果

时间	取样部位	含量/%（体积分数）									
		H_2S	SO_2	O_2+Ar	CO	CO_2	CS_2	COS	N_2	H_2	CH_4
第一天	尾气处理装置	0.508	0.000	1.315	0.145	31.744	0.000	0.002	64.458	1.761	0.067
第二天	加氢反应器	0.537	0.000	0.864	0.078	35.032	0.000	0.002	62.260	1.180	0.047
第三天	出口取样口	0.431	0.000	0.836	0.105	34.307	0.000	0.002	62.715	1.550	0.054

表 6-3-3　尾气处理装置烟囱烟气分析结果

时间	取样部位	含量/（mg/L）				
		SO_2	H_2S	O_2+Ar	CO	CO_2
第一天	烟囱取样口	169.7	1.7	64.4	5113	0.96
第二天		133.7	3.8	43.9	7231	0.95
第三天		166.4	4.2	54.8	7104	1.13

3. 还原吸收尾气处理技术结论和认识

还原吸收尾气处理工艺的优点是技术比较成熟，脱硫胺液运行稳定性好，能够实现尾气达标排放，产生的废水不会对污水处理装置产生较大的影响，目前在国内外大型天然气净化厂和炼油厂普遍应用。

还原吸收尾气处理工艺尚存在流程较复杂、设备数量较多、装置占地大、需配套酸水汽提装置处理急冷塔底的酸水等缺点，需在设计与建设过程中不断优化和完善。

（二）氧化类尾气达标治理技术

1. 工艺流程

氧化工艺主要将各种硫化物通过灼烧完全转化为 SO_2，再利用各类溶液或固体吸附剂进行富集，再生出的高浓度 SO_2 回输至 Claus 硫黄回收装置或生产工业硫酸。其工艺流程如图 6-3-1 所示，含硫尾气首先经过焚烧炉将各种硫化物转化为 SO_2；通过文丘里预洗涤器多级水洗急冷除去粉尘杂质和少量 SO_3；通过湿法电除雾器除去酸雾、杂质和水雾；通过吸收塔中贫胺液逆流吸收 SO_2，排放净化气；富胺液进入再生塔通过蒸汽间接加热再生，并通过冷凝获得高纯度的 SO_2 并进行后续利用(返回 Claus 单元或制硫酸等产品)；贫胺液换热降温返回吸收塔；部分贫胺液通过胺液净化系统过滤并除去多余热稳定盐。

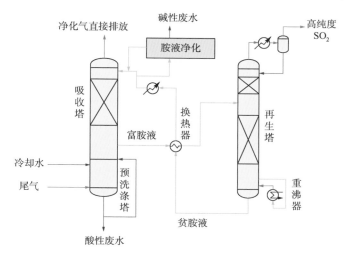

图 6-3-1　氧化吸收尾气处理工艺流程图

相对于其他化工过程，天然气硫黄回收 Claus 尾气中粉尘、重金属、烃类等杂质含量少、尾气组分稳定，理论上更有利于有机胺对 SO_2 的高效吸收和连续操作。

2. 工艺原理

从原料气中除去 SO_2，首先需要发生 SO_2 从气体到二氧化硫吸收剂中的传质过程。在溶液中，溶解的 SO_2 进行了如下的可逆水合反应及电解反应：

$$SO_2 + H_2O \Longleftrightarrow H^+ + HSO_3^- \tag{6-2-1}$$

$$HSO_3^- \Longleftrightarrow H^+ + SO_3^{2-} \tag{6-2-2}$$

18℃下，当 pH 值为 1.81 和 6.91 时，式(6-2-1)和式(6-2-2)各完成一半。当有缓冲溶液(例如吸收剂)存在的情况下，会增加 SO_2 的溶解度。缓冲溶液会与 H^+ 形成胺盐，从而驱使上述反应向右进行：

$$R_1R_2R_3N + H^+ \Longleftrightarrow R_1R_2R_3NH^+ \tag{6-2-3}$$

为使此过程可逆，缓冲溶液应在足够低的 pH 值下运行，这样在再生温度下溶液的 SO_2 蒸气压可达到所需值。水蒸气在多级塔中将 SO_2 汽提出来，式(6-2-1)→式(6-2-3)向反方向进行，吸收剂得到再生。

亚硫酸根离子加水生成盐，如亚硫酸钠，也可以作为缓冲剂：

$$H^+ + SO_3^{2-} \Longleftrightarrow HSO_3^- \tag{6-2-4}$$

但是由于亚硫酸根离子是强碱性离子($pK_a = 6.91$)，作为缓冲溶液会导致 pH 值偏碱性，使得溶液再生困难，导致能耗增加和解吸过程不完全，并且处理后气体中的 SO_2 浓度较高。Cansolv 的 SO_2 清洁系统的设计基于一种特殊的吸收剂，它具有平衡 SO_2 吸收及再生的最佳能力。吸收剂的一个胺官能团呈强碱性，在 Cansolv 系统的工艺条件下不能再生，所以一旦与 SO_2 或任何强酸反应将生成稳定性盐类。如式（6-2-5）中所示的为原胺第一次与酸 HX 反应，式中 X^- 对应强酸根离子，例如 HSO_3^-、Cl^-、NO_3^- 等。

$$R_1R_2N—R_3—NR_4R_5+HX \Longrightarrow R_1R_2NH^+—R_3—NR_4R_5+X^- \qquad (6-2-5)$$

强二元酸例如硫酸与两个胺分子反应会生成 SO_4^{2-}。

$$2R_1R_2N—R_3—NR_4R_5+H_2SO_4 \Longrightarrow (R_1R_2NH^+—R_3—NR_4R_5)_2SO_4^{2-} \qquad (6-2-6)$$

式（6-2-5）和式（6-2-6）右侧的吸收剂即处理过程中的贫溶剂，它可用于脱硫。盐化后，本质上不具挥发性及热再生性，在整个处理过程中均以盐的形式存在。

第二个官能团呈弱碱性，富含 SO_2 的吸收剂的 pH 值为 4，含微量 SO_2 的吸收剂的 pH 值为 5.5，该缓冲范围很好地平衡了吸收与再生。反应如式（6-2-7）所示：

$$R_1R_2NH^+—R_3—NR_4R_5+SO_2+H_2O \Longrightarrow R_1R_2NH^+—R_3—NH^+R_4R_5+HSO_3^- \qquad (6-2-7)$$

在式（6-2-7）中，X^- 没有显示，因为其没有参与吸收 SO_2 的反应。X^- 的性质可以影响整个工艺的性能，如果是 SO_3^{2-}，按照式（6-2-4），它能够对 SO_2 的脱除起作用，如果 X^- 是强酸根离子并且其累计含量超过 1mol，其会中和吸收剂的"吸收氮"并且降低了二氧化硫吸收剂的 SO_2 去除率。因此，可将部分胺液通过吸收剂净化装置（APU）除去不可再生的离子，例如通过亚硫酸盐及亚硫酸氢盐产生的硫酸盐，使"热稳定盐"（HSS）的量处于 1.1~1.3 摩尔当量。

二氧化硫吸收剂具有高选择性，对二氧化硫的选择性是对二氧化碳的 50000 倍。比 SO_2 酸性强的其他酸，例如硫酸及盐酸，也会有效吸附，然而由于它们不能热再生，将通过胺液净化装置被去除。

3. 氧化吸收尾气处理技术工业应用

西南油气田某净化厂于 2009 年投产，处理规模为 $200×10^4m^3/d$，硫黄回收装置采用 CPS 工艺，处理来自脱硫装置的酸气，第 I 套硫黄规模设计为 112t/d，硫黄回收率设计值为 99.25%，设计尾气排放中 SO_2 排放量 ≤71kg/h。2013 年 9 月扩建了一套设计处理规模为 35t/d 的硫黄回收装置（原料气预处理、脱硫、脱水单元未改造），仍采用 CPS 工艺，硫黄回收率设计值为 99.25%，设计尾气排放中 SO_2 排放量 ≤23kg/h；至此，设计尾气中 SO_2 排量增加至 ≤94kg/h。尾气通过已建的 95m 高的烟囱有组织排放。

为了满足新的二氧化硫排放标准，2022 年对该厂实施产品气质量升级及尾气治理改造，其中尾气二氧化硫减排技术选择氧化吸收尾气处理工艺。尾气治理改造完成后于 2022 年 11 月 2 日投产，2023 年 7 月组织对装置进行了性能考核，结果见表 6-3-4。从改造结果看，二氧化硫排放速率与排放浓度均能满足国家标准要求，特别是二氧化硫浓度低于 $50mg/m^3$，远低于 $800mg/m^3$ 的要求。

表 6-3-4　尾气处理装置尾气排放情况考核数据

时　间	SO$_2$ 浓度/（mg/m^3）	NO$_x$ 浓度/（mg/m^3）	SO$_2$ 排放速率/（kg/h）	颗粒物浓度/（mg/m^3）
第一天	28.6	54.3	0.71	未检出
第二天	31.2	67.3	0.99	未检出
第三天	21.4	69.8	0.53	未检出
3 天平均值	27.1	63.8	0.74	未检出

（三）全时段达标技术

现阶段，还原吸收和氧化吸收尾气处理技术可确保装置正常运行期间烟气二氧化硫达标排放，但装置开工时加氢催化剂预硫化、装置停工时催化剂钝化、催化剂除硫和装置吹扫等时段，硫黄回收装置将短时间排放较高浓度、较大量的二氧化硫，在此两个阶段，还原吸收类尾气处理装置由于面临开工时加氢装置需要先开，而停工时加氢又最先停车的现状，使得克劳斯单元除硫操作排放的短时高浓度含硫废气只能通过焚烧成二氧化硫排放，必然造成烟气二氧化硫超标排放。

针对此种问题，有必要研究分析现有尾气处理技术的运行情况及分公司还原吸收尾气处理装置在开停车期间二氧化硫排放现状，结合天然气研究院研究开发的碱液洗涤尾气处理技术和二氧化硫固定床催化氧化处理技术，形成"一厂一方案"及"移动式橇块处理装置"，服务于净化厂开停车期间二氧化硫排放处理。

1. 方案比选

全时段达标设施主要有 4 种方案处理：

（1）增设 SO$_2$ 固体吸附装置；

（2）碱洗装置；

（3）H$_2$S 与 SO$_2$ 复合床层固体吸附装置；

（4）H$_2$S 固体吸附装置与上述装置的组合方式。

其操作流程有以下几种：

方案一：从脱硫再生塔来的脱硫酸气和从尾气再生塔来的尾气再生酸气直接排入尾气焚烧炉；而从液硫捕集器出口来的回收尾气和从 SCOT 反应器出来的尾气经急冷塔碱洗后排入尾气焚烧炉，四股气体经尾气焚烧炉灼烧后，进入 SO$_2$ 吸附装置（吸附剂采用高温吸附剂，吸附剂不可再生），最后排入烟囱，如图 6-3-2 所示。

方案二：从脱硫再生塔来的脱硫酸气和从尾气再生塔来的尾气再生酸气直接排入尾气焚烧炉；而从液硫捕集器出口来的回收尾气和从 SCOT 反应器出来的尾气经急冷塔碱洗后排入尾气焚烧炉，四股气体经尾气焚烧炉灼烧后，进入碱洗装置，然后复热排入烟囱，如图 6-3-3 所示。

方案三：从脱硫再生塔来的脱硫酸气和从尾气再生塔来的尾气再生酸气直接排入复合吸附塔进行 H$_2$S 吸附，再进入尾气焚烧炉升温；而从液硫捕集器出口来的回收尾气和从

SCOT 反应器出来的尾气经急冷塔碱洗后，进入复合吸附塔进行 SO_2 吸附。四股气体经复合吸附塔（吸附剂采用可吸附 H_2S 和 SO_2 的复合吸附剂低温吸附，吸附剂可用热 N_2 再生）吸附完后，再经尾气焚烧炉升温，最后排入烟囱，如图 6-3-4 所示。

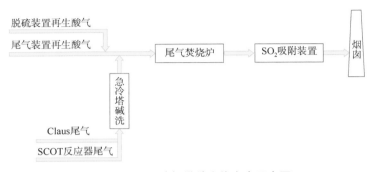

图 6-3-2　SO_2 达标排放实施方案示意图一

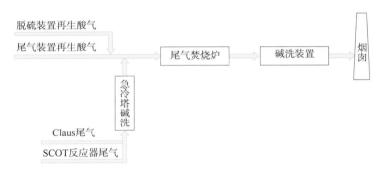

图 6-3-3　SO_2 达标排放实施方案示意图二

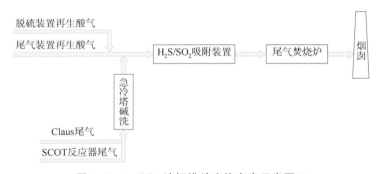

图 6-3-4　SO_2 达标排放实施方案示意图三

　　方案四：从脱硫再生塔来的脱硫酸气和从尾气再生塔来的尾气再生酸气直接排入 H_2S 固体吸附塔进行吸附，再进入尾气焚烧炉升温；而从液硫捕集器出口来的回收尾气和从 SCOT 反应器出来的尾气经急冷塔碱洗后排入尾气焚烧炉升温。四股气体经尾气焚烧炉升温后，进入 SO_2 吸附装置（吸附剂采用高温吸附剂，吸附剂不可再生），最后排入烟囱，如图 6-3-5 所示。

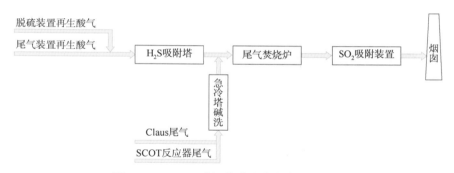

图 6-3-5　SO₂达标排放实施方案示意图四

2. 实施案例

全时段达标技术在某天然气净化厂开展了工业试验。主要目的是在工况条件下，考察吸附剂、吸附和再生过程相关情况，主要包括：（1）长周期运行时吸附剂性能稳定性；（2）多个循环时吸附时间稳定性；（3）多个循环式再生时间稳定性；（4）烟气中残氧对再生过程影响；（5）再生后残氢对吸附过程影响。

（1）吸附剂硫容试验。

2021 年 7—12 月，考察了吸附剂在工况条件下硫容稳定性，吸附剂硫容计算基础是以吸附反应器出口二氧化硫浓度 100mg/m³ 为基准，以吸附剂装填量、吸附时间段烟气累计流量、入口烟气中二氧化硫平均浓度为基础数据进行计算得出单次吸附剂硫容，从 30 个吸附周期分析数据计算得知，吸附剂平均硫容 17.5%。具体情况如图 6-3-6 所示。

（2）吸附时间稳定性。

根据试验过程中 30 个吸附再生循环期间单次吸附时间统计结果来看，在保证反应器床层温度在控制范围内，则每个单次吸附时间基本一致，从吸附时间稳定性也进一步可以看出吸附剂硫容稳定性及吸附剂再生效果较好，吸附次数与时间如图 6-3-7 所示。

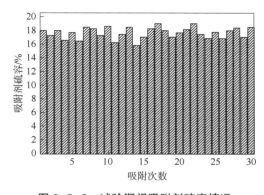

图 6-3-6　试验期间吸附剂硫容情况

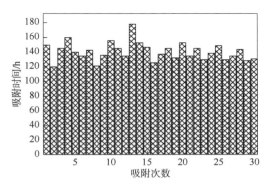

图 6-3-7　吸附时间稳定性统计

（3）再生时间稳定性。

根据试验过程中 30 个吸附再生循环期间单次再生时间统计结果来看，在保持再生过

205

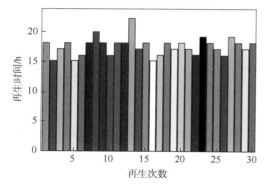

图 6-3-8　再生次数与再生时间统计

程氢气连续和浓度未发生较大波动的前提下，单次再生时间相对稳定，此结果也进一步验证吸附过程及吸附时间稳定性。此外，从再生时间与吸附剂硫容变化也进一步验证了吸附剂硫容的稳定性。再生次数与再生时间情况如图 6-3-8 所示。

（4）烟气中氧气含量对再生过程的影响。

试验原料烟气中氧气含量 5% 左右，氧气是催化吸附的反应物，试验研究过程中氧气浓度变化对吸附反应器床层温度没有明显影响，当吸附结束切换后，该反应器中残余的氧气及吸附剂吸附的氧气可能会对再生过程产生影响，因此在工业试验过程中也考察相关情况，见表 6-3-5。

表 6-3-5　吸附结束后反应器残氧对再生过程的影响

操　作	反应器床层影响	再生出口气体组成影响
吸附结束后马上切换至再生	反应器床层上中下部未发生明显变化	再生出口气体组成没有明显变化，但取样干燥管明显看到水
吸附结束后氮气吹扫后再生（工厂氮气吹扫 2h）	反应器出口检测到氧气含量逐渐降低至氮气中氧气含量 2% 左右，反应器床层温度无明显变化	反应器出口气体组成和含量未发生明显变化，蒸汽冷凝水增多
吸附结束后氮气吹扫后再生（工厂氮气吹扫 2h）	反应器出口检测到氧气含量逐渐降低至氮气中氧气含量 2% 左右，反应器床层温度无明显变化	反应器出口气体组成和含量未发生明显变化，蒸汽冷凝水增多

从试验过程来看，无论吸附结束后直接引入还原气，还是先利用工厂氮吹扫后再引入还原气，两种情况都没有发现反应器床层温度明显变化，分析其主要原因是还原气流量仅有再生气量的 10% 左右，气量小，产生的化学反应或热效应并不明显。

（5）再生过程气体组成及浓度变化。

试验过程中，间隔一定时间取样分析反应器出口再生气的组成及浓度，从分析结果可以看出，再生初期二氧化硫浓度逐渐增加，到再生末期时二氧化硫浓度迅速增加至最大值并迅速降低，直至反应器出口检测不出二氧化硫，同时，分析结果表明，随着氢气进入反应器与吸附产生的硫酸盐还原反应生成二氧化硫，一定时间后，过剩的氢气与反应生成的二氧化硫加氢生成硫化氢，硫化氢的生成速度和浓度都远小于二氧化硫，随着最后吸附剂生成的硫酸盐完全还原为二氧化硫，硫化氢生成量也逐渐降低，如图 6-3-9 所示。

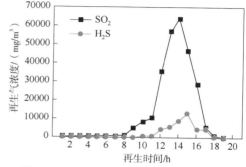

图 6-3-9　再生时间与再生气组成变化

此外，试验过程中发现，取样干燥管有硫雾冷凝生成的硫黄，同时取样口处有液硫出现，分析产生的可能性一方面是由于高温气体在取样口或干燥管冷凝，气体中二氧化硫和硫化氢发生反应生成硫黄；另一方面可能是再生时，在反应器中生成的二氧化硫和硫化氢发生反应生成硫黄，随高温再生气进入后续管道。

二、 长庆油田净化厂尾气治理工程

（一）净化厂尾气治理工艺比选

天然气净化厂尾气处理技术涉及硫黄回收和强化尾气处理技术两部分内容。含硫的酸性气通常采用克劳斯（Claus）法回收硫黄，克劳斯硫黄回收装置通常的硫回收率为92%～95%，同时采用三级、四级催化转化器和高活性的催化剂，装置总硫回收率最高可达到97%左右，尾气经进一步灼烧处理后，总硫回收率最高可达99.8%以上。常用的尾气处理工艺有：SCOT加氢工艺、尾气焚烧+烟气湿法脱硫工艺、串联络合铁氧化工艺等[14-18]。

1. 尾气焚烧工艺比选

尾气焚烧主要是将硫黄回收装置产生的含有 H_2S、S 等的尾气通过化学反应转换为 SO_2 的过程，具体反应如下：

$$H_2S+3/2O_2 \longrightarrow SO_2+H_2O$$

$$S+O_2 \longrightarrow SO_2$$

通过焚烧将尾气中的硫元素全部转换为 SO_2，方便下一步烟气湿法脱硫的整体吸收。

尾气焚烧工艺有催化燃烧、蓄热燃烧和热力燃烧三种工艺，具体见表6-3-6。

表6-3-6 尾气焚烧工艺对比表

序号	对比项目	催 化 燃 烧	蓄 热 燃 烧	热 力 燃 烧
1	工艺特点	①对废气成分要求较高，不能含粉尘、焦油、油烟、铅化合物和硫、磷卤族元素的化合物等容易使催化剂中毒成分。②控制较为复杂，设备的稳定性相对较差。③催化剂价格较贵，国内催化剂的使用寿命不足6个月，进口催化剂的使用寿命为2年左右，维护成本较大	①换气阀需要不断地切换，故障率较高。②蓄热陶瓷使用寿命为3年左右，需要定期更换，维护成本较高。③尾气中的单质硫易堵塞蓄热陶瓷气体通道，影响蓄热陶瓷使用寿命	①技术成熟、可靠，即使废气中含有灰尘、水雾等，也不影响处理效果。②投资少、运行维护费用少，但运行成本相对较高
2	燃烧原理	挥发性有机物在贵金属催化剂的作用下在230～680℃的范围内转化成二氧化碳和水	挥发性有机物在700～800℃范围内氧化成二氧化碳和水，净化率可达99%以上	挥发性有机物在700～800℃范围内氧化成二氧化碳和水，净化率可达99%以上
3	工艺参数	起燃温度：230～370℃ 燃烧温度：230～400℃ 烟气温度：350～400℃ 燃烧方式：催化剂表面无焰燃烧 (NO_x) 产量：几乎没有	起燃温度：400～539℃ 燃烧温度：550～650℃ 烟气温度：80～300℃ 燃烧方式：高温火焰中停留 (NO_x) 产量：产生一定量	起燃温度：400～539℃ 燃烧温度：550～650℃ 烟气温度：350～500℃ 燃烧方式：高温火焰中停留 (NO_x) 产量：产生一定量

序号	对比项目	催化燃烧	蓄热燃烧	热力燃烧
4	投资情况	催化焚烧>蓄热焚烧>热力焚烧		
5	应用情况	国内部分厂家使用,并且出现催化剂更换等现象,由于催化剂较贵,不能处理含尘废气,因此应用有局限性,但有的领域应用广	国内部分厂家使用,直接换热需要不断地进行阀门切换,阀门易损坏,维护成本较高	生产装置使用正常,维护成本低,应用广泛
6	运行成本	热力焚烧>催化焚烧>蓄热焚烧		
7	维护成本	蓄热焚烧>催化焚烧>热力焚烧		

由于催化燃烧工艺进口催化剂较贵,且更换比较频繁,因此不建议选用催化燃烧工艺;同时尾气中的单质硫将会影响蓄热陶瓷使用寿命,因此选用热力燃烧工艺。

在热力焚烧工艺后设置烟气冷却器降低含硫烟气温度,产生的中压蒸汽可以为后续的碱液排放水蒸发结晶提供热源,也可以为其他设施提供热源。

2. 烟气湿法脱硫工艺比选

尾气焚烧后的烟气中含有 0.3% SO_2,烟气脱硫工艺目前有单碱法、双碱法、石膏法、氧化镁法、Cansolv 工艺。通过工艺比选可知[19-20]:

(1) Cansolv 尾气处理工艺流程长、投资高,回收的 SO_2 无法参与直接氧化的硫黄回收反应,因此不建议采用。

(2) 对于尾气中酸性气体的吸收,可供选择的吸收剂种类包括 NaOH、Na_2CO_3、活性生石灰、轻烧氧化镁,氨水也有应用,但需要结晶生产铵盐且刺激性大,该工程不予考虑。

(3) 生石灰与氧化镁的成本都很低,由于生成盐的水溶性相差较大,$CaSO_4$ 难溶于水,导致脱硫固体废物较多,生石灰的利用率低;氧化镁脱硫主要在美国应用,在国内无应用。

(4) Na_2CO_3 的脱硫效果与 NaOH 相同,但需要纯碱固体溶解过程,成本略低。

(5) NaOH 用量最大、成本最高,但由于净化前后均为可溶性盐,人工劳动强度低。

(二) 处理工艺

长庆油田净化厂尾气处理采用"尾气焚烧+NaOH 碱洗脱硫"工艺。

1. 尾气焚烧工艺

尾气焚烧采用热力燃烧工艺,主要是将硫黄回收装置产生的含有 H_2S、S 等的尾气通过燃烧化学反应转换为 SO_2 的过程,工艺原理为:

$$2H_2S+3O_2 =\!=\!= 2SO_2+2H_2O$$

$$S+O_2 =\!=\!= SO_2$$

工艺流程主要包含以下 4 个步骤:

(1) 尾气输送系统:处理的尾气由硫黄回收装置来,尾气压力为 10~11kPa,废气温度为 125℃。尾气进入焚烧炉进行燃烧处理。

（2）尾气焚烧系统：焚烧炉正常运行时可以处理 $9000m^3/h$ 硫黄回收尾气。由于尾气热值低，不能自主进行燃烧，因此，焚烧过程需要辅助燃料进行伴烧，辅助燃烧量约为 $320m^3/h$。炉膛的焚烧温度设计为 760℃ 左右，炉膛内停留时间为 1.2s，保证尾气经过高温分解、氧化，生成 CO_2、H_2O、SO_2 等小分子，生成烟气中还有大量的 N_2 和部分过剩 O_2。

（3）烟气冷却系统：焚烧炉出口烟气温度较高，为给烟气降温以便给脱硫提供条件，在焚烧炉后设置了烟气冷却器。通过烟气冷却器可将烟气温度由 760℃ 降至 260℃ 左右，同时产生 1.5MPa 的饱和蒸汽，蒸汽产量约为 7.7t/h。饱和蒸汽的温度为 201℃，高于烟气酸露点 30℃ 左右，防止酸露点造成设备腐蚀。烟气冷却器出口烟气进入脱硫系统进行脱硫后排放。

（4）蒸汽冷凝系统：烟气冷却器产生的 1.5MPa 饱和蒸汽，需要进行冷凝，冷凝液回至烟气冷却器中循环使用。同时设置预留接口，可将蒸汽引至各用热点。

2. 氢氧化钠碱洗工艺

氢氧化钠碱洗工艺是采用质量比为 15% 的氢氧化钠溶液吸收焚烧尾气的过程，系统脱硫部分的主要化学反应如下：

$$2NaOH+SO_2 \Longrightarrow Na_2SO_3+H_2O（吸收）$$

$$Na_2SO_3+SO_2+H_2O \Longrightarrow 2NaHSO_3（吸收）$$

氧化部分的主要化学反应如下：

$$NaHSO_3+NaOH \Longrightarrow Na_2SO_3+H_2O（中和）$$

$$2Na_2SO_3+O_2 \Longrightarrow 2Na_2SO_4（氧化）$$

工艺流程主要包含以下 5 个步骤：

（1）烟气洗涤冷却：从焚烧炉来的高温含硫烟气温度为 230~260℃，压力约 5.0kPa。从洗涤塔下部进入，与来自洗涤塔上部进入、喷淋而下的循环洗涤水在填料段逆向接触，烟气被急冷到 40~50℃，烟气中的微量三氧化硫、烟尘也被洗涤进入洗涤水中。经洗涤冷却的含硫烟气经塔上部的除液器脱除夹带的水后从顶部流出，去脱硫塔进行脱硫净化处理。洗涤烟气后的循环洗涤热水流入洗涤塔底部，温度约 60℃，用循环洗涤泵抽出，分两路：一路经循环洗涤水冷却器冷却到约 40℃ 后从洗涤塔上部返回，循环洗涤；另一路通过调控洗涤塔液位后送进料加热器脱硫废液入口管道。

（2）烟气脱硫：冷却含硫烟气从脱硫塔下部进入向上流动时，其中的二氧化硫被氢氧化钠溶液吸收后进入溶液中，脱除二氧化硫的净化烟气经设置在塔上部位置的除液器脱除液体后从塔顶烟尘排入大气。吸收二氧化硫的溶液中含有亚硫酸氢钠、亚硫酸钠和少量硫酸钠，流入塔底，用脱硫泵抽出，大部分与补充的新鲜碱液在管道内混合后，从塔上部返回，进行循环吸收；小部分通过调节塔底液位后送氧化系统用空气氧化。

（3）脱硫亚硫酸溶液氧化：从脱硫吸收塔底泵来的脱硫废液（pH 值为 6.0~6.5），首先与从循环洗涤泵来的洗涤废水（pH 值为 4.0~4.8）在管道中混合，再与来自碱液补充泵的碱液在管道中混合，最后经静态混合器进一步混合。混合后的脱硫废液 pH 值为 8.0～8.5，经氧化进料加热器用蒸汽加热到设定温度，依次进入氧化罐，被来自空气缓冲罐中的空气氧化，将亚硫酸钠氧化成硫酸钠。

（4）中和脱色：氧化后的脱硫废液为粗硫酸钠溶液，自流进入硫酸钠溶液中间罐。根据需要给中间罐中加入少量除铁剂和脱色剂，搅拌约 30min，停止搅拌，中和、脱色、除铁工作结束。启动加压过滤泵，将中和脱色罐中的溶液抽出，送入板框压滤机压滤，除去其中的固体杂质(包括烟尘、脱铁沉淀物、脱色吸附剂等)，滤液为硫酸钠产品溶液，送入硫酸钠溶液池。过滤结束后停加压过滤泵。

（5）无水硫酸钠蒸发结晶：硫酸钠产品溶液进入蒸发结晶干燥系统后。先通过 MVR 蒸发压缩系统将质量浓度在 15%～23% 之间的硫酸钠水溶液干燥至含水率为 5% 硫酸钠粉末，通过双桨叶干燥机进一步干燥水分至 1.5%。

（三）处理装置

处理装置具体见表 6-3-7。

表 6-3-7　净化厂尾气处理装置

序号	工艺	步　骤	装　置	规　格　型　号
1	尾气焚烧	尾气输送系统	助燃空气鼓风机	流量：8600m³/h 压头：13kPa 功率：55kW
2		尾气焚烧系统	焚烧炉	设计温度：壳体/衬里 343/1650℃ 设计压力：0.06MPa 炉膛有效容积：19.2m³ 设备最大质量：27500kg
3		烟气冷却系统	烟气冷却器	操作压力：1.5MPa 蒸汽温度：201℃ 排烟温度：260℃ 蒸汽最大产量：7.7t
4		蒸汽冷凝系统	空气冷却器	尺寸：6000mm×3000mm 管束规格及材质： φ25mm×2.510mm/Q245R 变频电动机功率：22kW
5	氢氧化钠碱洗	烟气洗涤冷却	洗涤塔	φ2000mm×15650mm
6		烟气脱硫	脱硫塔	φ2120mm/φ1800mm/φ800mm×39600mm
7		脱硫亚硫酸溶液氧化	氧化罐	φ1400mm×6000mm(筒体)
8		中和脱色	中和脱色罐	φ2000mm×2400mm(筒体)
9		无水硫酸钠蒸发结晶	硫酸钠溶液池	16250mm×5000mm×2000mm

（四）工程应用效果

目前各油田企业在运天然气净化厂15座，硫黄回收装置31套，设计总规模9588t/d。单套装置设计规模和酸气浓度差异都较大，设计规模从2t/d到526t/d，有效解决了烟气硫化氢资源化回收问题，实现了含二氧化硫废气达标外排（表6-3-8）。

表6-3-8　板块各企业现有天然气净化厂硫黄回收装置规模及采用工艺

企业名称		装置套数	单装置设计规模/(t/d)	工艺方法
中国石油西南油气田重庆净化总厂	引进分厂	2	35/35	CBA
	渠县分厂	1	31.5	SuperClaus
	大竹净化厂	1	45.4	CBA
	万州分厂	2	112/35	CPS
	忠县分厂	2	25.6/25.6	SuperClaus
	遂宁龙王庙净化厂	4	42/42/42/42	CPS+SCOT
		2	126/126	3-Claus+SCOT
中国石油西南油气田川中气矿	龙岗净化厂	2	214/214	2-Claus+SCOT
	磨溪净化厂	1	42	CPS
		1	36	MCRC
中国石油西南油气田	川西北气矿净化厂	1	46	MCRC
中国石油西南油气田蜀南气矿	荣县净化厂	1	8	2-Claus
中国石油西南油气田国际合作项目部	罗家寨净化厂	3	526/526/526	2-Claus+SCOT
中国石油塔里木油田	哈6联合站	1	8	Lo-cat
中国石油长庆油田第一采气厂	第一净化厂	2	4	Clinsulf-do
	第二净化厂	2	4	Clinsulf-do
	第三净化厂	1	2.5	Lo-cat
	第三净化厂	1	5	络合铁液相氧化
	第三净化厂	1	4.5	氧化脱硫

长庆油田硫黄回收工程已通过环保部门验收，根据建设项目竣工环境保护验收监测报告，对周围环境质量及硫黄回收尾气焚烧烟气进行监测，监测结果表明环境质量均符合《环境空气质量标准》（GB 3095—1996）及《工业企业设计卫生标准》（TJ 36—79）（表6-3-9），硫黄回收尾气焚烧烟气符合《大气污染物综合排放标准》（GB 16297—1996）表2排放标准；厂界硫化氢浓度范围为0.012~0.045mg/m³，符合《恶臭污染物综合排放标准》（GB 14554—1993）表1二级标准要求；无组织二氧化硫的浓度范围为0.009~0.039mg/m³，符合《大气污染物综合排放标准》（GB 16297—1996）表2中无组织排放限值要求。硫黄回收尾气焚烧烟气有组织颗粒物浓度范围为20.6~25.9mg/m³，排放速率范围为0.107~0.144kg/h，有组织氮氧化物浓度范围为21~63mg/m³，排放速率范围为0.110~0.369kg/h，项目有组织颗粒物及氮氧化物的排放浓度及排放速率均符合《大气污染物综合排放标准》

（GB 16297—1996）表2中二级标准要求。

长庆油田共有 5 个天然气净化厂，每年累计排放约 $3 \times 10^8 m^3$ 废气，通过"尾气焚烧+NaOH 碱洗脱硫"工艺确保了尾气的达标排放，同时每年回收硫黄大于 6200t。

表 6-3-9　焚烧碱洗尾气污染物排放情况表

废气量/ (m³/h)	污染物	排放浓度/ (mg/m³)	排放速率/ (kg/h)	排放量/ (t/a)	执行标准	排放限值/ (kg/h)	无组织排放浓度限值/ (mg/m³)
15933	SO₂	400.00	6.37	50.48	《大气污染物综合排放标准》 (GB 16297—1996)	170	0.4
	NOₓ	101.94	1.62	12.86		52	0.12
	烟尘	23.28	0.37	2.94		85	1.0

第四节　伴生气回收工程应用

油气生产采油/气、油气集输至站场、油气初步加工处理、储存与外输等过程会产生一定的伴生气体，分为有组织排放和无组织挥发两类。有组织排放包括加热炉、导热油炉等供热设施燃料燃烧不完全排放的含少量 VOCs 的烟气、非正常生产工况火炬燃烧排放等；无组织挥发主要有原油天然气初加工过程中分离、稳定等各类设施排放、动静密封处泄漏、储罐损失、装卸损失、废水收集和处理过程逸散等产生的含 VOCs 的气体。

为了回收资源、保护环境，各油田开展了相关的室内研究实验、技术开发，并采取了一系列措施降低原油损耗率，主要工艺技术措施有：一是将开式流程改为密闭式流程：采用有自吸能力、输送混气原油的泵（如螺杆泵），使分离器中的原油可直接进泵，不需在常压罐中进行脱气。二是密闭油、水、气分离：输送至集油站的原油采用三相分离器进行油、水、气的分离，水进污水处理系统，油进原油稳定装置，气进轻烃回收系统。三是原油稳定：为将原油中的 C_1—C_4 这些挥发性较强的组分较彻底地提炼出来，原油进入有一定温度的原油稳定塔分离较轻组分，稳定处理后的原油进储罐，挥发性烃类进轻烃回收系统。四是大罐抽气：原油储罐上部空间充满烃类气体，当压力升至一定值时，通过罐顶呼吸阀外排至大气环境，当压力过高时，通过安全阀外排。为回收这部分气体，江苏油田首创了橇装式大罐抽气装置并在胜利油田得到了推广。五是轻烃回流系统：从三相分离器、原油稳定塔、大罐抽气回收的轻烃进回收系统进一步处理，主要是通过对气体进行压缩，使重组分液化，轻组分干气外输或作为集油站锅炉燃料。六是套管气回收：油井在开采过程中，套管中气体压力必须控制在一定范围内，超过这一范围就要泄压。套管气回收就是利用套管将这部分气体回收作为加热炉燃料。采用密闭流程，轻烃回收工艺处理后，原油损耗率可降至 0.7%以下，经济效益显著。

一、 伴生气回收与治理实验

（一）恶臭气体植物去除技术研究

石油化工行业的恶臭气体主要包括硫化氢、氨、烃类、醛类、吲哚类、硫醚类等，大多具有低沸点、强挥发性等特点。恶臭气体植物去除技术是指利用天然植物(如香樟、薄荷、紫苏和生姜)中提取的汁液进行混合复配，其中有效分子含有的共轭双键等活性基团，可以与异味分子发生作用，从而达到除臭的效果。这类活性成分的反应过程以氧化还原为主，当这些活性成分与硫化物发生碰撞时，将含硫化合物氧化成负二价的硫，产生萜基硫化物，进一步分解成硫酸根离子，与氨、有机胺和硫醇化合物反应；其中的羟基醇可以与酸类发生反应，生成半缩醛，从而消除有机酸产生的恶臭。

1. 实验设计

用注射器抽取有机液体打进玻璃缸，开动玻璃缸内的小型风扇使里面的气体达到均匀，按照实验摸索条件，直到箱体内有机浓度达到预设的初始浓度。当玻璃箱体的浓度达到设置浓度时，按照 1∶1000、1∶500 和 1∶200 的复配植物提取液的稀释比进行稀释后，注入雾化装置。设置不同的条件喷洒于有机实验装置内，在不同间隔时间采集样品分析恶臭物质的去除效果。

2. 实验效果

（1）喷雾时间优化。

三种不同稀释比的复配植物提取液在 10s、30s 和 60s 的喷雾时间下，分析非甲烷总烃的去除效果，由图 6-4-1 可以看出，喷雾 60s 时去除非甲烷总烃的效果最好，原因是喷雾时间越长，提取液各组分与恶臭气体组分接触时间越长，作用效果越好。

（2）植物提取液持续作用时间研究。

由图 6-4-2 可以看出，三种稀释比的复配提取液在喷雾后相同间隔时间采集气体样品分析非甲烷总烃的浓度，三种植物提取

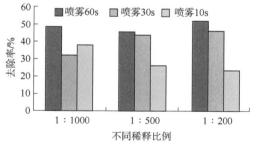

图 6-4-1　不同喷雾时间去除率

液在喷洒后 30min 左右去除率达到最高，此时非甲烷总烃的浓度最低，随后浓度逐渐升高。由此可见，在输油泵不停泵持续运行状态下，一次喷雾作用时间最长可达 30min。

（3）植物提取液稀释比优化。

从表 6-4-1 和图 6-4-3 可以看出，三种稀释比对非甲烷总烃的去除率，1∶200 的稀释比效果最好，对于非甲烷总烃的去除率达到 52% 左右，1∶1000 和 1∶500 效果相当，但1∶500 的作用时间较长，45min 时的去除率为 46%。

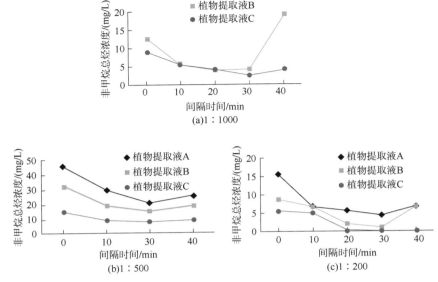

图 6-4-2 植物提取液不同稀释比例去除非甲烷总烃持续作用时间

表 6-4-1 不同稀释比提取液对非甲烷总烃的去除效果

提取液稀释比例	喷雾时间/s	喷雾前浓度/(mg/m³)	间隔时间/min	喷雾后浓度/(mg/m³)
1∶1000	60	3.93	30	2
1∶500	60	13.3	45	7.14
1∶200	60	6.86	30	3.24

分析三个不同稀释比相同时间对苯系物的去除效果,从图 6-4-4 可以看出,1∶500 稀释比具有明显的优势,原因可能是现场苯系物与 1∶500 稀释比的植物提取液能更好地反应。

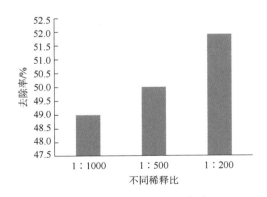

图 6-4-3 不同稀释比去除
非甲烷总烃的效果比较

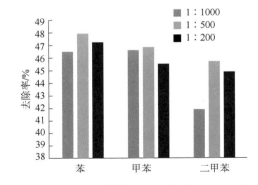

图 6-4-4 不同稀释比去除苯系物效果比较

由图 6-4-5 可以看出,三个不同稀释比对其他恶臭物质的去除效果比较,1∶500 稀释比去除甲硫醇的效果略低于 1：200，原因可能是现场甲硫醇与 1：200 稀释比的植物提取液能更好地反应。综合比较，1：500 稀释比的植物提取液效果更优。

采用 1：500 稀释比喷雾 120s 开展恶臭气体去除实验，并检测 10min、30min、50min 后的各物质浓度，从表 6-4-2 和图 6-4-6 中可以看出，非甲烷总烃在喷雾 10min 后去除效率较低，仅 2%，30min 后去除效率最高，非甲烷总烃去除率达 72%。

表 6-4-2　喷洒 120s 作用不同时间后非甲烷总烃浓度变化

喷雾前浓度/(mg/m³)	作用时间/min	喷雾后浓度/(mg/m³)
5	10	4.9
5	30	1.4
5	50	2.8

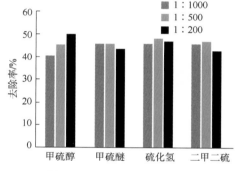

图 6-4-5　不同稀释比去除
恶臭气体效果比较

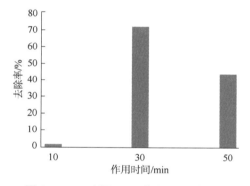

图 6-4-6　喷洒 120s 作用不同时间后
非甲烷总烃去除率

从表 6-4-3 和图 6-4-7 中可以看出，苯系物去除率最高的为作用 30min 后，苯的去除率为 68.12%，甲苯的去除率为 58.41%，二甲苯的去除率为 57.95%。

表 6-4-3　喷洒 120s 作用不同时间后苯系物浓度变化

气体成分	喷雾前浓度/(mg/m³)	间隔时间/min	喷雾后浓度/(mg/m³)
苯	0.170		0.157
甲苯	0.119	10	0.097
二甲苯	0.017		0.015
苯	0.209		0.067
甲苯	0.146	30	0.061
二甲苯	0.021		0.009
苯	0.187		0.110
甲苯	0.139	50	0.073
二甲苯	0.044		0.028

由表 6-4-4 和图 6-4-8 中可以看出，含硫化合物去除率最高的也是作用 30min 后，甲硫醇的去除率为 8%，甲硫醚的去除率为 15.16%，硫化烃的去除率为 19.76%，二甲二硫的去除率为 16.34%。以上结果均表明，1∶500 稀释比在喷雾 30min 后去除效果较好，与前面研究结果一致。因此，建议采用 1∶500 稀释比的复合提取液，每次喷雾 120s，间隔时间 30min。

表 6-4-4　喷洒 120s 作用不同时间后含硫化合物浓度变化

气体成分	喷雾前浓度/(mg/m³)	间隔时间/min	喷雾后浓度/(mg/m³)
甲硫醇	0.032	30	0.019
甲硫醚	0.320		0.173
硫化氢	0.552		0.298
二甲二硫	0.220		0.119
甲硫醇	0.052	30	0.028
甲硫醚	0.34		0.183
硫化氢	0.572		0.295
二甲二硫	0.24		0.127
甲硫醇	0.049	30	0.025
甲硫醚	0.323		0.182
硫化氢	0.543		0.284
二甲二硫	0.228		0.130

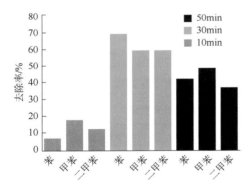

图 6-4-7　喷洒 120s 作用不同时间后
苯系物去除率

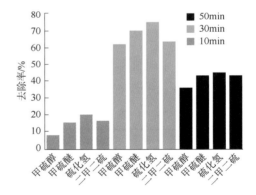

图 6-4-8　喷洒 120s 作用不同时间后
含硫化合物去除率

通过实验研究室内恶臭气体净化技术并对其进行参数优化，确定了提取液稀释比例为 1∶500 的复合植物提取液，喷雾时间 120s，间隔喷雾 30min，非甲烷总烃的去除率为 72%，苯的去除率为 68.12%，甲苯的去除率为 58.41%，二甲苯的去除率为 57.95%，甲硫醇的去除率为 61.64%，甲硫醚的去除率为 69.26%，硫化烃的去除率为 74.78%，二甲二硫的去除率为 62.87%。

(二)高浓度挥发性有机物"冷凝+吸附"模块化集成工艺

针对中流量、高浓度但轻烃含量低、高沸点,且需要满足低浓度排放要求的油气,采用"冷凝+吸附"的模块组合式油气回收工艺,即预处理后油气经过压缩机浓缩后进入冷凝模块,依次经过一级、二级、三级冷凝处理,各级冷凝处理后产生的冷凝液在自身重力作用下流入油水分离器中间缓存区,分离后液态油品被外输再利用。此模块组合式油气回收工艺解决了油气排放不达标问题,冷凝回收到的液态油品可直接外输利用,且经过冷凝回收后油气温度较低,减少吸附过程中产生的吸附热,降低安全隐患,冷凝产生的低温液态水可作为预处理冷却介质,有效利用能量的转换[21-31]。

为了符合实际工业油气浓度排放规律,结合优化结果,配比进气流量为 20m³/h 的高浓度正己烷蒸气,设置两个冷凝温度,分别为-35℃、-50℃,利用"冷凝+吸附"实验平台,研究"冷凝+吸附"与纯冷凝油气回收工艺对油气回收效果之间的差异性。由于是高浓度正己烷蒸气,不断挥发吸热,正己烷蒸气浓度逐渐降低,整个"冷凝+吸附"实验进行了30min。图6-4-9为冷凝温度-35℃、-50℃下,正己烷蒸气回收率随进气浓度变化关系曲线;图6-4-10为正己烷蒸气出口浓度随时间变化关系曲线。由图6-4-10可得,经过"冷凝+吸附"后,吸附塔出口浓度均小于40mg/m³,综合回收率达到99.9%以上,效果远优于国家或地方最新标准的控制指标,很好地满足排放要求,而纯冷凝回收工艺下,虽然冷凝回收率较高,但冷凝出口浓度无法达标排放,表明"冷凝+吸附"模块组合式油气回收工艺对高浓度油气回收效果更加显著。

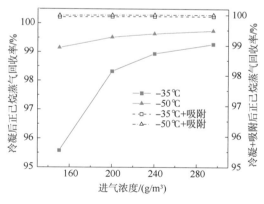

图 6-4-9 正己烷蒸气回收率
随进气浓度变化关系曲线

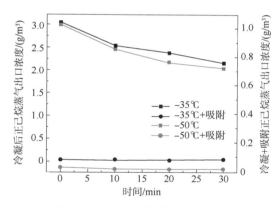

图 6-4-10 正己烷蒸气出口浓度
随时间变化关系曲线

为进一步验证"冷凝+吸附"模块组合式油气回收工艺对高浓度油气回收的高效性,且考虑实际排放多为混合油气。配比体积流量为 20m³/h 的高浓度汽油蒸气,同样设置两个冷凝温度,分别为-65℃、-80℃。由于汽油蒸气组分复杂且初始浓度较高,随着汽油不断挥发吸热,温度降低,从而汽油蒸气浓度逐渐降低,整个实验进行了40min。图6-4-11所示为冷凝温度-65℃、-80℃下,汽油蒸气回收率随进气浓度变化关系曲线;图6-4-12

所示为汽油蒸气出口浓度随时间变化关系曲线。可看出相同进气浓度下，冷凝温度越低汽油蒸气冷凝回收率越高，相同冷凝温度下，汽油蒸气进气浓度越高，冷凝回收率越大，吸附出口浓度始终低于 $40mg/m^3$，综合回收率均达到 99.9% 以上，效果远优于国家或地方最新标准的控制指标，很好地满足排放要求[32-38]。

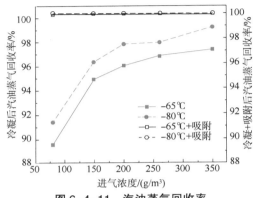

图6-4-11　汽油蒸气回收率
随进气浓度变化关系曲线

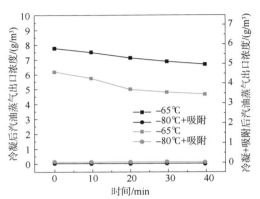

图6-4-12　汽油蒸气出口浓度
随时间变化关系曲线

考虑正己烷挥发的稳定性，以正己烷蒸气为油气代表，配比浓度为 $15g/m^3$（$\pm0.5g/m^3$）的正己烷蒸气，进气流量均为 $20m^3/h$，冷凝温度设定为 $-40℃$（$\pm5℃$），探究"冷凝+吸附"与纯吸附油气回收工艺对油气回收效果的影响，并进行对比分析，分析结果如图 6-4-13 和图 6-4-14 所示。图 6-4-13 所示为正己烷蒸气吸附出口浓度随时间变化关系曲线；图 6-4-14 所示为正己烷蒸气回收量随时间变化关系曲线。由图可得，相同时间内，"冷凝+吸附"回收工艺对正己烷蒸气的回收量高于纯吸附，主要是因为冷凝出口正己烷蒸气浓度低于纯吸附进气浓度，吸附出口浓度不同。"冷凝+吸附"与纯吸附两种回收工艺下，正己烷蒸气最大回收量分别为 2974.22g 和 1118.41g，"冷凝+吸附"比纯吸附工艺的正己烷蒸气回收量增加了 1855.81g，提高了 165.93%，说明"冷凝+吸附"模块组合式油气工艺不仅能够对油气进行高效回收，而且实现了达标排放（图 6-4-15 和图 6-4-16）。

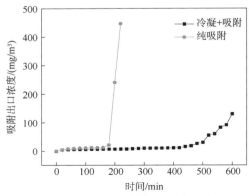

图6-4-13　正己烷蒸气吸附出口浓度
随时间变化关系曲线

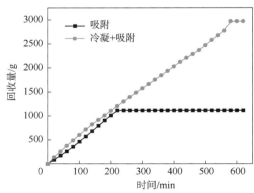

图6-4-14　正己烷蒸气回收量
随时间变化关系曲线

图 6-4-15 为不同进气浓度下吸附正己烷和汽油出口浓度曲线；图 6-4-16 为不同进气浓度下吸附正己烷和汽油吸附量曲线。由图 6-2-15 可知，随着时间增加，正己烷与汽油出口浓度均呈现先持平后上升的趋势，且随着进气浓度的增加，出口浓度呈现反向增加趋势，出口浓度在 25g/m³ 可以达到最小值，约 25g/m³，在该进气浓度下，第 85 分钟左右后出口浓度反向上升；由图 6-2-16 可知，随着时间增加，正己烷与汽油吸附量呈线性增加趋势，且随着进气浓度的增加，出口浓度增加趋势逐渐加剧，表明进气浓度与时间参数的增加可以加快正己烷/汽油吸附反应的速率，同时也提升了两者的吸附量。

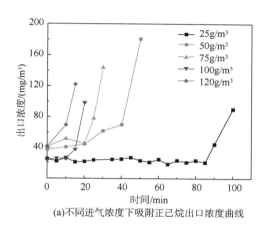 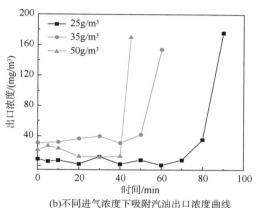

(a)不同进气浓度下吸附正己烷出口浓度曲线　　(b)不同进气浓度下吸附汽油出口浓度曲线

图 6-4-15　不同进气浓度下吸附正己烷和汽油出口浓度曲线

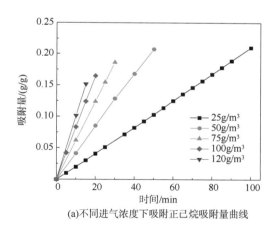 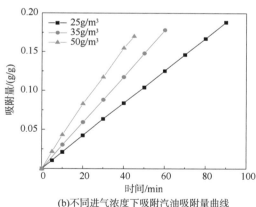

(a)不同进气浓度下吸附正己烷吸附量曲线　　(b)不同进气浓度下吸附汽油吸附量曲线

图 6-4-16　不同进气浓度下吸附正己烷和汽油吸附量曲线

因此针对高浓度、中流量油气，基于 Aspen Plus 模拟，揭示油气回收率、出口浓度与冷凝温度的内在关系，三段式冷凝比单级冷凝的能耗平均降低了 13.84%。确定了"冷凝+吸附"的耦合新技术，如图 6-4-17 所示，回收率高于 99%，能耗降到 0.32kW·h/kg。

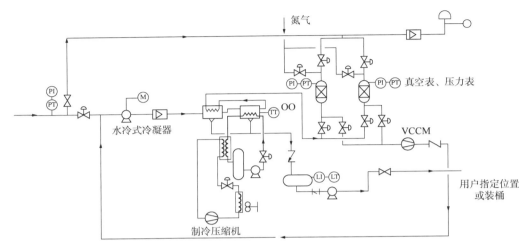

图 6-4-17 "冷凝+吸附"集成技术的油气回收系统

PG—现场安装的压力表；PI—仪表，表示压力指示；PT—仪表，表示压力传递；

LT—现场液位变送器；TT—温度变送器；LI—DCS 或 PLC 操作站上的显示数据；M—电动机

二、伴生气回收与治理技术

（一）井下集气混抽技术

井场伴生气回收技术可分为以下几类：一是定压阀——适合于套压高于回压的油井；二是集气管线——适合于井场气量大、距离下游站点较近的井场；三是油井憋压生产——适合于伴生气量小、套压低的油井。前两种伴生气回收技术属于地面回收，后一种属于井下回收。针对地面回收工艺存在的局限性，研制了井下集气混抽装置，从井下有效回收伴生气。

1. 系统构成

该装置由封隔器、同心管及油气混抽泵三部分组成，上下连接为一体，再连接油管下到泵挂深处。封隔器与同心管组成集气管柱，减少伴生气向油套环空逸散，聚集在泵吸入口。混抽泵具有强排气能力，将泵吸入口的伴生气随油流完成混抽回收。

2. 工作原理

结合自封封隔器与同心管，形成集气管柱，使伴生气分离后聚集在泵吸入口，井下集气混抽原理如图 6-4-18 所示。

封隔器：与同心管连接，双向自封，阻止伴生气进入油套环空。

同心管：油流进入同心管内管后下行进入内外管环空，此过程完成气液分离，油流从油套连通孔排出，分离的气体聚集在泵吸入口，减少环空气量。

采用"负压+强启闭"原理，设计强排气能力的抽油泵，实现油气混抽。

负压排气：下行程防气滑阀关闭，液柱载荷作用于防气滑阀上，泵筒内产生负压腔，柱塞下部流体在负压的作用下很容易进入负压腔；上行程柱塞推动流体顶开防气滑阀排出。

强启闭：柱塞采用强启闭双柱塞，下行程柱塞在摩擦力作用下强制开启，防止气锁。

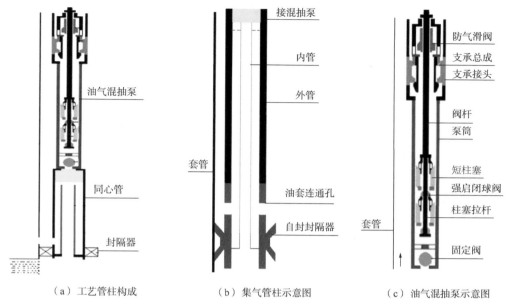

（a）工艺管柱构成　　　　（b）集气管柱示意图　　　　（c）油气混抽泵示意图

图 6-4-18　井下集气混抽示意图

3. 应用效果

在长庆油田采油三厂完成 13 口井的现场试验，日回收套管气 4292m³，折合年回收伴生气 129×10⁴m³，井口套管气的排放量降低 85%。

（二）油田伴生气增压回收技术

站点伴生气回收工艺可以分为两类：一是油气混输——适合于原始气油比<50m³/t 的增压点，采用油气混输增压装置；二是油气分输——适合于原始气油比>50m³/t 的增压点和气量更大的接转站，自压为主、增压为辅。对于油气分输的增压装置，目前主体采用活塞式压缩机，但活塞式压缩机具有压缩比小、设备复杂、易损部件多、故障率高等问题。为此，引进隔膜压缩机，开发新型增压设备和工艺。

隔膜压缩密闭回收伴生气装置，具有高压缩比、易损部件少、免修期长、自动化程度高的隔膜压缩机有效回收伴生气，能够适应油田伴生气物料特性，实现伴生气增压外输。

1. 系统构成

装置整体由隔膜压缩机、前端的过滤分离模块、后端的冷却模块等部分构成。

隔膜压缩机主要由曲轴箱、曲轴连杆机构、活塞部件、缸体部件、液压系统等部分组成。

2. 工艺设计

（1）自动排液设计。

设计前端三级过滤和缸盖排液，延长膜片使用寿命。

伴生气中含有少量杂质和液态组分，是影响膜片寿命的关键，装置前端设计了三级过滤器，实现伴生气的净化。

伴生气进入压缩缸，部分烃类增压后易变为液体，如果堆积在膜腔内，极易引起膜片破裂，故压缩缸竖直放置，并在缸盖下方设计了排液阀。

（2）自动控制设计。

设计多处自控保护点，确保装置自动、安全、高效运行。

进气压力低保护：当进气压力<0.1MPa 时，控制系统变频（最低至 30Hz），压力还低于 0.1MPa，自动停止压缩机；当进气压力>0.2MPa 时，自动启动压缩机。

排气压力高保护：当排气压力>2.6MPa 时，控制系统报警停机。

排气温度保护：排气温度控制在 50~70℃之间，当温度低于 50℃时，风机 1 和风机 2 变频，变频最低控制在 30Hz，温度仍旧低于 50℃，风机 1/风机 2 停机；温度高于 70℃时，风机 1、风机 2 正常工作。

膜片破裂保护：当膜片破裂时，控制系统报警，延时 3min 停机。

（3）应用效果。

在长庆油田采油三厂柳一增、靖平 2 增、盘 59-25 增、新 3 增、旗 20 增进行了现场试验，能够实现场站伴生气增压外输，年可回收气量为 $204×10^4 m^3$。

（三）储罐烃蒸气回收（大罐抽气）技术

大罐抽气技术是利用抽气压缩机的吸气性能将原油储罐挥发出的油中气抽出并增压到 0.15MPa 左右，冷却分液后与三相分离器分离出的气相会合，共同作为轻烃回收装置的原料。该工艺技术中设置了低压保护系统，为了保护储油罐的安全，防止储罐被抽瘪，流程中设置了低压补气系统，当抽气管线的压力检测点检测到压力低于设定值时，系统中的补气阀门自动打开给抽气管线补气。

目前有吸附、吸收、冷凝、膜分离技术、几种方式组合及大罐抽气技术对储罐挥发气进行回收、处理或达标排放。

1. 工作原理

在呼吸阀向外呼气之前，即罐内压力达到启动设定值时，压缩机启动，由抽气装置将伴生气抽出，增压至气处理系统；罐内压力降到停机设定值时停机；当罐内压力低于补气压力设定值时，则开启补气阀门，通过补气设施将伴生气补充至罐顶；当罐内压力达到停止设定值时，停止补气，实现罐顶呼吸阀不动作，隔绝空气，回收储罐伴生气的目的。

2. 运行过程

常压储油罐设计压力一般正压为 2000Pa，负压为 500kPa。以储油罐呼吸阀（压差）开启压力为 1375Pa 和-295Pa 为例，当储油罐进油时罐内压力慢慢升高至 800Pa 时、呼吸阀向外呼气之前，抽气装置启动将伴生气抽出；随着伴生气抽出罐内压力下降至 300Pa 时停机。当储油罐向外输油时罐内压力持续下降至 200Pa 时补气阀门开启，补气设施将站内气系统伴生气补充至罐顶；补充至罐内压力达到 250Pa 时，停止补气。实现大罐抽气装置在 300~800Pa 压力间运行，储罐压力维持在 200~800Pa 之间，罐顶呼吸阀始终关闭，隔绝空气。

3. 应用效果

华北油田结合生产情况，升级、改进技术，应用了小型往复压缩机、活塞气液泵型大罐抽气装置。共计在 38 座站场安装 38 套(往复式 26 套、活塞气液泵型 12 套)，形成 $200m^3$、$500m^3$、$1000m^3$ 三种规格型号装置系列。

如某联合站 2 座储罐，呼气量分别为 $1227m^3/d$ 和 $756m^3/d$，安装 $1000m^3/d$ 活塞气液泵型大罐抽气装置，日收气量 $100 \sim 1450m^3$，累计回收气量 $38772m^3$，回收气与三相分离器分离出的伴生气全部用于发电。

三、 长庆油田伴生气回收工程应用情况及效果

在我国油气田勘探开发领域，低渗透油田在我国油气产量中所占比例持续增大。在近几年新增探明油气储量中，低渗透油气产能建设规模占到总量的70%以上，已经成为油气开发建设的主战场，低渗透油田的伴生气回收与利用的潜力巨大。以长庆油田为例，长庆油田 2010 年生产原油 $1833 \times 10^4 t$，2011 年达到 $2075 \times 10^4 t$，2013 年实现总体规划目标为 $2500 \times 10^4 t$，如果通过技术创新将该部分资源充分回收利用，年可回收伴生气量为 $10 \times 10^8 m^3$ 以上，将取得良好的经济效益、社会效益和环境效益(图 6-4-19)。

图 6-4-19　长庆油田伴生气综合回收利用现状

目前中国石油各油田也均较为重视油田伴生气的回收利用，各油田均已做了大量的工作，但低渗透油田、小断块油田、边远零散井等，由于伴生气资源分散且量小，并限于复杂的自然环境、油井的低产工况、远离市场、无法接入管输系统和开发建设投入不足等因素的制约，实现有效的集输和利用难度较大，放空燃烧的现象较为普遍，尚未有效利用，如长庆油田伴生气回收利用率整体不足 70%，放空量超过 $3 \times 10^8 m^3$，迫切需要解决油田伴生气低成本回收利用技术。

2011 年，自长庆油田设计院加入中国石油低碳关键技术研究——温室气体捕集与利用关键技术研究课题以来，围绕低渗透油田伴生气回收利用技术开展了一系列的技术攻关，研究并开发出了一套适合于低渗透油田特点的、低成本的伴生气回收及综合利用的关键技术，并进行有效的技术集成，实现了典型低渗透油田——长庆油田的伴生气综合回收利用技术，达到了节能降耗减排的目的。

（一）处理工艺与装置

长庆油田地面集输工艺目前以油气混输二级布站工艺为主，可划分为丛式井组、增压点/增压橇、接转站3个层级。经过"低渗透油田伴生气低成本回收利用集成技术"攻关，形成了以套管气增压装置前端回收井口套管气，油气混输多相计量装置提高中端油气混输增压点油气混输效率，并完善油气多相计量功能，后端采用小型凝液回收技术——混烃回收工艺+燃气发电技术，实现低渗透油田伴生气的低成本回收利用集成技术，大幅提高低渗透油田伴生气利用效率，降低回收利用成本，实现油田生产低碳、绿色、可持续发展（图6-4-20）。

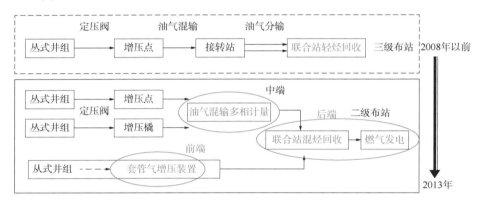

图6-4-20 长庆油田伴生气综合回收利用工艺示意图

1. 小型套管气回收增压装置

根据依托工程区块的伴生气组分、气量情况选择适宜的增压方式及工艺参数，优选增压设备，确定增压装置的技术参数。开展套管气增压装置的结构设计，进行装置制造和现场试验工作。

根据地层供液能力、深井泵的抽吸能力等因素确定不同类型油井的合理油套压，形成相应的选择模板。结合复杂地形条件下井口高回压对集输系统的影响，研究最优的油井套压和井口回压匹配关系，为套管气增压装置设计提供理论基础。优化增压方式、技术参数，优选适宜低渗透油田特点的增压方式。评价安装于抽油机游梁上打气泵对抽油机平衡及功图计量的影响，形成对应的功图修正方法。优选增压设备的材质及结构形式，以及配套的自控系统，完成橇装化套管气回收装置的设计研究，并选择伴生气资源丰富、依托条件较好的新建区块进行现场试验。

2. 油气混输多相计量集成装置

通过多相混输管路流型模拟对混输计量集成装置的优化设计，确定适宜的多相流流量测量技术方案，完成新型多相混输计量集成装置研制，使集成装置不仅具有伴生气综合回收利用和维护混输安全平稳运行的功能，同时具有多相计量的功能，并进一步开展装置制造和现场试验推广工作。

通过理论建模与计算分析，预测管线的流型及持液率，重点评价由大起伏、高落差诱发的严重段塞流特征。对集输管线用于原油—伴生气—水多相混输的压力降与输送能力进行分析计算，对螺杆泵气液混输性能曲线及其与多相混输管路特性曲线的分析计算，评价现有油气混输技术是否满足全面伴生气回收要求，对存在的问题提出改进措施。完成了严重段塞流工况下的油气混输系统安全平稳运行与保护技术。根据流型模拟及来液情况，研究适用于低渗透油田的低成本多相流量计量技术，优选流量计组合方案。完成多相计量与混输系统集成，应用数字化技术对装置进行智能诊断和保护，实现连续自动输油与计量，实现无人值守。

3. 低成本、高收率的小型天然气凝液回收工艺与装置

在充分调研分析现有装置生产运行参数的基础上，分析现有装置的生产运行参数，优化、简化伴生气凝液回收工艺，针对目前凝液回收工艺存在的工艺复杂、占地大、投资高的问题，对其进行优化、简化，初步拟定 3 个简化措施：一是以装置自产的中间混烃为冷剂循环膨胀制冷，以替代常用的冷剂制冷工艺。二是以针对低渗透油田站点多、规模小的现状，以回收混烃为主，简化后端分离工艺。三是应用数字化技术，实现设备安全可靠运行、易操作管理。根据油田伴生气的组分，调研国内 CNG 技术现状，确定装置压缩机选型，结合伴生气凝液回收工艺，开展车用 CNG 脱水、脱烃技术研究，完成小型 CNG 装置橇装集成设计。

4. 移动式井场套管气回收利用技术集成

设计井场套管气回用技术路线，开发适宜的制冷与分离工艺，研发凝液与干气的储运技术，进行套管气回收利用装置的小型化、模块化、橇装化的设计与研制，开展现场试验进行检验与优化。

5. 自压、增压油气分输工艺

当输送原始气油比≥50m³/t，由于国产混输泵携气率较低，无法满足油气混输技术要求，采用混输工艺将造成站点伴生气无效放空。因此，油井采出物(含水含气原油)进入集油收球加药一体化集成装置经收球加药后，经油气分输一体化集成装置后输至下游。伴生气经集成装置内的空冷器冷却除掉凝液后，通过单独敷设的集气管道输至下游站。

自压油气分输工艺：敷设输气管线利用密闭分离装置，余压外输至下一站，工艺流程如图 6-4-21 所示。该工艺目前在长庆油田全面推广，具有较好的经济效益和环保效益。适用于地势起伏小、较为平坦的地区，接转站以上站场或油气比大于 50m³/t 的增压点。

图 6-4-21　站场自压油气分输工艺流程

增压油气分输工艺：接转站压缩机增压油气分输工艺由压缩机对伴生气增压，加压后的伴生气进入输气管线外输至下一站。针对输气管线遭遇极端天气易积液的现象，低压输

送工艺采用气液分离集成装置降温输送方式，中压输送管线需降温、脱水后进入压缩机增压外输，工艺流程如图 6-4-22 所示。该工艺目前在长庆油田仅处于理论研究阶段，未开展现场应用工作。其对管线距离长、高差大、气量足的集输站场，具有推广价值。适用于地势起伏大、地形条件复杂地区的接转站以上站场或油气比大于 $50m^3/t$ 的增压点。

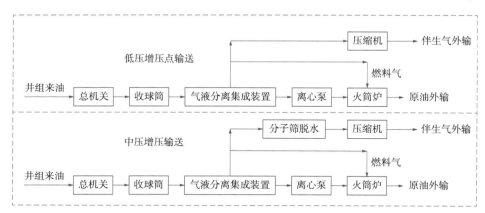

图 6-4-22　增压油气分输工艺流程

6. 大罐抽气

原油储罐上部空间充满烃类气体，使用抽气压缩机将联合站内脱水沉降罐或其他有挥发气的油罐中的挥发油罐气抽出增压后，进入轻烃装置或燃料气管网加以回收利用。该技术适合所有站场的油罐挥发气，回收目前大力推广使用，在回收油罐挥发气创效的同时，解决了站场油罐气对站场造成的污染及安全隐患。江苏油田首创了橇装式大罐抽气装置，并在胜利油田得到了推广。

7. 混烃（轻烃）+LNG 联产工艺

从三相分离器、原油稳定塔、大罐抽气回收的轻烃进回收系统进一步处理，主要是通过对气体进行压缩，使重组分液化，轻组分干气外输或作为集油站锅炉燃料。

联产 LNG 工艺采用"胺法脱碳、分子筛脱水、浸硫活性炭脱汞、混合冷剂深冷"工艺（图 6-4-23）。原料气经增压、脱酸、脱水、脱汞处理合格后，进入冷箱冷却至 -50℃，分离出混烃，干气继续冷却液化为 LNG 产品，混烃经稳定后至储罐暂存。LNG 联产工艺，稳定后的混烃进入液化气塔继续分馏，生产液化石油气和稳定轻烃产品。

（二）技术应用实例

长庆油田形成了以套管气增压装置前端回收井口套管气，油气混输多相计量装置提高中端油气混输增压点油气混输效率，后端采用小型凝液回收技术——混烃回收工艺+燃气发电技术。

油田自 2018 年开展原油稳定及伴生气综合利用一、二、三期工程，一期工程在南梁、马岭、合水、靖安 4 个油田，新建稳定规模 $390×10^4t/a$ 原油稳定装置 4 套，处理能力 $35×10^4m^3/d$ 轻烃回收装置 7 套，工程投资 54002 万元；二期工程围绕安塞、镇北、姬塬、华

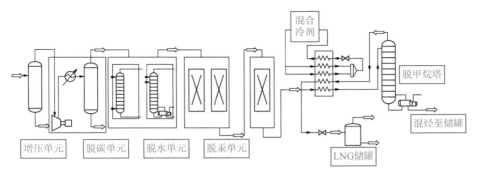

图 6-4-23　混烃（轻烃）+LNG 联产工艺

庆、环江、白豹等 6 个油田，工程投资 124734 万元，建成稳定规模 705×10⁴t/a 原稳装置 7
套、处理能力 32×10⁴m³/d 轻烃处理装置 12 套；三期主要包括绥靖、胡尖山、吴起、姬
塬、华庆、合水、马岭等 7 个油田，工程投资 124872 万元，建成稳定规模 500×10⁴t/a 原
稳装置 6 套、处理能力 42.5×10⁴m³/d 轻烃处理装置 16 套。原油稳定及伴生气综合利用三
期工程建成投产后，全油田伴生气处理装置 96 座，总处理能力 309×10⁴m³/d，原油稳定
率由 15.7% 提升至 91.5%，伴生气处理率由 8.3% 提升至 73.8%，液烃年产量突破 40×
10⁴t，净增 35×10⁴t，年增加收益约 10.5 亿元；年回收天然气 2×10⁸m³，可减排 CO_2
40×10⁴t，可形成经济效益 2.7 亿元/a。

集输系统密闭输送、原油稳定与伴生气回收，实现低渗透油田伴生气的低成本回收利
用集成技术，大幅提高低渗透油田伴生气利用效率，降低回收利用成本，实现油田生产低
碳、绿色、可持续发展，避免了油气田开发中温室气体排放，保护了区域生态环境。

表 6-4-5　油田现有伴生气处理装置情况统计表

序号	单位	油田资产/座	三期在建/座	庆港公司/座	第三方/座	小计/座	伴生气处理能力/（10⁴m³/d）
1	采油一厂	5		2	9	16	42.5
2	采油二厂	3	2	3	3	11	52
3	采油三厂	2		3	8	13	40
4	采油四厂		1			1	2
5	采油五厂	3		1	1	5	17
6	采油六厂		3			3	6
7	采油七厂	2		2	4	8	19
8	采油八厂		1	1	1	3	10
9	采油九厂		3			3	6
10	采油十厂	2	1	1	5	9	24.5

续表

序号	单位	油田资产/座	三期在建/座	庆港公司/座	第三方/座	小计/座	伴生气处理能力/（$10^4 m^3/d$）
11	采油十一厂	1			3	4	10.5
12	采油十二厂	1	1	1	9	12	36.5
13	页岩油	2	3		3	8	43.0
	合计	21	15	14	46	96	309

参 考 文 献

[1] 周娟，张海玲，邱奇. 油田挥发性有机物的来源及控制措施[J]. 油气田环境保护，2017，27(6)：27-28.

[2] 高飞，杨琴，周娟，等. 油田场站挥发性有机物来源及组分分析[J]. 油气田环境保护，2011，31(5)：16-18.

[3] 朱向伟，刘艳升，彭威，等. 油气田挥发性有机物污染管控措施研究[J]. 区域治理，2020，47(1).

[4] 孙先武，汤峥玉. 化工企业VOCs治理现状及发展前景[J]. 安徽化工，2021，47(3)：4-10.

[5] 孟凡伟，周学双，童莉，等. 油气田开发业挥发性有机物排放来源及控制措施[J]. 油气田环境保护，2015，25(3)：32-34，73.

[6] 王明明. 油气田VOCs污染源分析及管控对策[J]. 化工设计通讯，2020，46(3)：38-39.

[7] 成全贵. 计量质量体系管理特点探析[J]. 技术与市场，2015，22(12)：291-293.

[8] 蔡静波. 计量质量体系管理的特点及作用[J]. 城市建设理论研究（电子版），2015，5(28)：1292-1293.

[9] 孙仲涛，李震，陈鲁宁. 辐射计量质量体系运行日常管理软件研究[J]. 电脑编程技巧与维护，2014(18)：21-22.

[10] 冯克明，葛军，于波，等. 通过构建计量管理体系促进管理能力提升[J]. 航天工业管理，2012(10)：84-86.

[11] 杨守英. 中央环保督察制度的法治化定位[J]. 现代盐化工，2020，47(1)：156-157.

[12] 游大龙，沈帆，汪文鹏，等. 建设项目环境保护初探[J]. 环境与可持续发展，2014，39(2)：35-16.

[13] 方奕. 主要废气污染物排放量核算方法比较研究[J]. 环保科技，2021，27(4)：23-26，33.

[14] 张威，陈弘. 国外页岩油开发技术进展及其启示[J]. 化工管理，2019(33)：219-220.

[15] SHANDALII DMITRII. 俄罗斯天然气产量峰值预测与供给趋势研究[D]. 上海：华东师范大学，2019.

[16] 周立明，韩征，任继红，等. 2008—2017年我国新增石油天然气探明地质储量特征分析[J]. 中国矿业，2019，28(8)：107-109.

[17] 何润民，李森圣，曹强，等. 关于当前中国天然气供应安全问题的思考[J]. 天然气工业，2019，39(9)：123-131.

[18] 胡奥林，汤浩，吴雨舟，等. 2018年中国天然气发展述评及2019年展望[J]. 天然气技术与经济，

2019, 13（1）：1-7.

［19］ 王彧嫣，白羽，黄书君，等. 2018 年国内外油气资源形势分析［J］. 中国矿业，2019，28（7）：1-6.

［20］ 韩潇源. 黄河三角洲石油开发的环境影响定量评价研究［D］. 青岛：中国海洋大学，2009.

［21］ 陈立荣，张敏，李辉，等. 四川油气田常规钻井作业边界噪声调查与分析［J］. 石油与天然气化工，2018，47（2）：110-115.

［22］ 杨德敏，袁建梅，程方平，等. 油气开采钻井固体废物处理与利用研究现状［J］. 化工环保，2019，39（2）：129-136.

［23］ Kosajan V，Chang M，Xiong X，et al. The design and application of a government environmental information disclosure index in China［J］. Journal of Cleaner Production，2018，202（20）：1192-1201.

［24］ 文静，徐波，申俊，等. 油气田开采企业生态环境保护管理探讨［J］. 广东化工，2023，50（9）：165-166.

［25］ 李宇慧. 石油采油技术的发展与应用［J］. 中国石油和化工标准与质量，2018（14）：2.

［26］ 宋鹏. 简述石油开采废水处理技术的现状与展望［J］. 中国新技术新产品，2012（1）：199.

［27］ 乔琦，欧阳朝斌，傅泽强，等. 工业污染源产排污系数核算与节能减排［C］//煤炭工业节能减排高层论坛论文集，2007：30-35.

［28］ 明晓光. 石油工程采油技术现状及展望［J］. 赤峰学院学报（自然科学版），2018，34（5）：75-76.

［29］ 苑丹丹. 油田典型石油污染源分析及其对生态影响评价［D］. 大庆：东北石油大学，2011.

［30］ 周琳. 浅谈第二次全国污染源普查［J］. 科技经济导刊，2018（15）：129.

［31］ 段宁，郭庭政，孙启宏，等. 国内外产排污系数开发现状及其启示［J］. 环境科学研究，2009，22（5）：622-626.

［32］ Honda K，Yamamoto Y，Kato H，et al. Heavy metal accumulations and their recent changes in southern minke whalesBalaenoptera acutorostrata［J］. Archives of Environmental Contamination and Toxicology，1987，16（2）：209-216.

［33］ 易爱华，陈陆霞，丁峰，等. 美国 AP-42 排放系数手册简介及其对我国的启示［J］. 生态经济，2016，32（11）：116-119.

［34］ Havens K E，Schelske C L. The importance of considering biological processes when setting total maximum daily loads（TMDL）for phosphorus in shallow lakes and reservoirs［J］. Environmental Pollution，2001，113（1）：1-9.

［35］ 何月欣. 基于 AP-42 方法的东北三省道路扬尘排放清单研究［D］. 长春：中国科学院大学（中国科学院东北地理与农业生态研究所），2018.

［36］ 杜譞，程天金，李宏涛，等. 欧盟大气污染物排放清单管理经验及启示［J］. 环境保护，2014，42（20）：66-68.

［37］ 张雪雨，赵研，于季红，等. 污染防治最佳可行技术的评估及应用研究［J］. 环境保护与循环经济，2012，32（9）：44-47.

［38］ 李蔚，孙宇，程子峰，等. 国外大气污染物排放清单编制机制及对我国的启示［J］. 环境保护，2014，42（7）：64-66.